Anas El Azizi El Alaoui
Abdelali Fateh

Resiliência urbana em Marrocos face à da globalização

Anas El Azizi El Alaoui
Abdelali Fateh

Resiliência urbana em Marrocos face à da globalização

Estratégias de adaptação e desenvolvimento sustentável para as cidades marroquinas

ScienciaScripts

Imprint

Cover image: www.ingimage.com

This book is a translation from the original published under ISBN 978-620-6-71657-0.

Publisher:
Sciencia Scripts
is a trademark of
Dodo Books Indian Ocean Ltd. and OmniScriptum S.R.L publishing group

120 High Road, East Finchley, London, N2 9ED, United Kingdom
Str. Armeneasca 28/1, office 1, Chisinau MD-2012, Republic of Moldova, Europe
Printed at: see last page
ISBN: 978-620-8-02650-9

A resiliência urbana em Marrocos e os desafios da globalização

Estratégias de adaptação e desenvolvimento sustentável para as cidades marroquinas

Anas EL AZIZI EL ALAOUI
Abdelali FATEH

Prefácio

A resiliência urbana tornou-se um conceito central no estudo e gestão das cidades contemporâneas, particularmente no contexto da globalização acelerada dos nossos dias. Este paradigma multidimensional oferece um quadro relevante de análise e ação para compreender os desafios complexos que as aglomerações urbanas enfrentam no século XXI. Marrocos, um país em plena mutação socioeconómica e territorial, constitui um campo de estudo ideal para explorar a dinâmica da resiliência urbana face às pressões multifacetadas da globalização. Este livro analisa em profundidade as questões, restrições e oportunidades envolvidas no reforço da resiliência das cidades marroquinas num mundo interligado e em constante mudança.

A globalização económica, com os seus fluxos de capital, de bens e de informação, reconfigurou profundamente os espaços urbanos em todo o mundo. As cidades marroquinas não são exceção a estas dinâmicas de transformação que, ao mesmo tempo que oferecem novas perspectivas de desenvolvimento, geram também tensões e vulnerabilidades acrescidas. A reestruturação económica, as pressões demográficas, as desigualdades socioespaciais e os desafios ambientais são factores que põem à prova a capacidade de adaptação e reinvenção dos sistemas urbanos. Neste contexto, a resiliência urbana parece ser um conceito operacional que permite ligar as dimensões económica, social, ambiental e institucional do desenvolvimento urbano sustentável.

Este livro oferece uma análise multiescalar e transdisciplinar da resiliência urbana em Marrocos, com base nas mais recentes contribuições teóricas e metodológicas para este campo de investigação em rápida expansão. Procura decifrar os mecanismos complexos subjacentes à capacidade das cidades marroquinas para absorver choques, adaptar-se à mudança e transformar-se face aos desafios da globalização. Utilizando uma abordagem sistémica, explora as interações entre as várias componentes da resiliência urbana e as estratégias implementadas pelos actores locais para reforçar a robustez e a flexibilidade dos sistemas urbanos.

O objetivo deste trabalho é duplo: em primeiro lugar, contribuir para o avanço do conhecimento científico sobre a resiliência urbana no contexto específico dos países emergentes e, em segundo lugar, fornecer informações relevantes para orientar a ação pública e a tomada de decisões sobre o desenvolvimento urbano sustentável em Marrocos. Ao combinar o rigor analítico com o âmbito operacional, este livro destina-se a investigadores e estudantes de estudos urbanos, bem como a profissionais e decisores envolvidos na governação e desenvolvimento das cidades marroquinas.

Anas EL AZIZI EL ALAOUI

Faculdade de Letras e Ciências Humanas
Universidade Mohammed V, Rabat - Marrocos

Índice

Introdução geral: Contextualizar a resiliência urbana num mundo em mudança acelerada

Num mundo em rápida mutação, a resiliência urbana está a emergir como um paradigma essencial para a compreensão dos complexos desafios que as cidades de hoje enfrentam. A globalização, caracterizada pela intensificação dos fluxos de capital, pessoas, tecnologia e informação à escala planetária, reconfigurou profundamente as dinâmicas urbanas, gerando tanto oportunidades de desenvolvimento como vulnerabilidades acrescidas. Esta dialética entre integração global e fragilidade local coloca as cidades no centro das questões de sustentabilidade e adaptação às mudanças multifacetadas que caracterizam o Antropoceno. Neste contexto, a resiliência urbana emerge como um conceito operacional que permite articular as dimensões económica, social, ambiental e institucional do desenvolvimento urbano, tendo em conta as especificidades territoriais e a capacidade de ação dos actores locais.

A aceleração da mudança global, seja tecnológica, económica, climática ou social, está a exercer uma pressão sem precedentes sobre os sistemas urbanos, testando a sua capacidade de absorver choques, adaptar-se à mudança e transformar-se face aos desafios emergentes. As cidades marroquinas, tal como muitas aglomerações em países emergentes, enfrentam uma constelação de desafios interligados: reestruturação económica e desindustrialização, pressões demográficas e migração, crescentes desigualdades socioespaciais, degradação ambiental e riscos naturais exacerbados pelas alterações climáticas. Estas dinâmicas multiescalares e multidimensionais exigem uma abordagem holística e sistémica da resiliência urbana, capaz de compreender a complexidade das interações entre as várias componentes dos ecossistemas urbanos e o seu ambiente global.

A concetualização da resiliência urbana neste contexto de globalização acelerada exige que ultrapassemos as abordagens sectoriais e estáticas, em favor de uma visão dinâmica e integradora do desenvolvimento urbano. O objetivo é compreender como as cidades, enquanto sistemas socioecológicos complexos, podem não só manter as suas funções essenciais face a perturbações, mas também reinventar-se e evoluir positivamente face às mudanças estruturais provocadas pela globalização. Esta perspetiva envolve uma análise detalhada das capacidades de adaptação das cidades, dos seus mecanismos de governação a vários níveis e das inovações sociais, tecnológicas e institucionais que estão a surgir em resposta aos desafios contemporâneos.

No caso específico de Marrocos, o estudo da resiliência urbana tem lugar num contexto de múltiplas transições: transição demográfica, transição económica para uma economia de serviços e do conhecimento, transição ecológica face aos imperativos da sustentabilidade e transição política para uma governação mais participativa e descentralizada. Estes processos de transformação, que estão a ocorrer a diferentes escalas e a diferentes velocidades, estão a criar um terreno fértil para a experimentação de novas abordagens ao desenvolvimento urbano resiliente. Uma análise das estratégias implementadas pelas cidades marroquinas para reforçar a sua resiliência face aos desafios da globalização lança uma luz valiosa sobre as dinâmicas de adaptação e inovação urbana no contexto de um país emergente.

Ao adotar uma perspetiva crítica e analítica, este estudo visa desconstruir o discurso dominante sobre a resiliência urbana, a fim de propor uma leitura contextualizada e matizada do mesmo, atenta às especificidades do terreno marroquino. Procura explorar as tensões e sinergias entre as diferentes dimensões da resiliência urbana, bem como as questões de poder e equidade que estão na base dos processos de construção da resiliência. Esta abordagem lança luz sobre os desafios metodológicos e conceptuais envolvidos na operacionalização da resiliência urbana num contexto de globalização, ao mesmo tempo que abre caminhos de reflexão para uma governação urbana mais adaptativa e inclusiva face às incertezas do mundo atual.

Capítulo 1: Resiliência urbana - concetualização teórica e operacionalização de um paradigma multidimensional

O conceito de resiliência urbana estabeleceu-se como um paradigma central nos estudos urbanos contemporâneos, fornecendo um quadro teórico e operacional para a compreensão da complexidade dos sistemas urbanos face aos desafios multifacetados do século XXI.

Esta emergência tem lugar num contexto de crescente consciencialização da vulnerabilidade das cidades a choques exógenos e pressões endógenas, exacerbada pela dinâmica da globalização e das alterações climáticas. Este capítulo propõe-se explorar em profundidade os fundamentos teóricos e as implicações práticas da resiliência urbana, destacando o seu carácter multidimensional e a sua relevância para a análise das transformações urbanas contemporâneas.

A concetualização da resiliência urbana tem as suas raízes numa variedade de domínios disciplinares, desde a ecologia à psicologia e às ciências dos sistemas complexos. Este hibridismo concetual confere à noção de resiliência urbana uma riqueza heurística, mas também levanta desafios epistemológicos em termos da sua definição e operacionalização no contexto específico dos estudos urbanos.

Uma análise crítica das diferentes interpretações

e aplicações da resiliência urbana revela a necessidade de uma abordagem integradora, capaz de compreender as interações dinâmicas entre as dimensões económica, social, ambiental e institucional dos sistemas urbanos.

Este capítulo pretende desconstruir os componentes da resiliência urbana, examinando a forma como este conceito se relaciona com outras noções-chave, como a sustentabilidade, a adaptabilidade e a capacidade de transformação das cidades. Explorará também as implicações metodológicas e práticas da adoção de uma perspetiva de resiliência no planeamento e governação urbanos.

Ao adotar uma abordagem analítica e crítica, examinaremos o potencial e as limitações deste paradigma para repensar o desenvolvimento urbano num contexto de mudança acelerada e de incerteza crescente.

O objetivo deste capítulo é duplo: em primeiro lugar, fornecer um quadro concetual sólido para a análise da resiliência urbana em Marrocos e, em segundo lugar, contribuir para o debate científico sobre a operacionalização deste conceito numa variedade de contextos urbanos.

Ao examinarmos as diferentes dimensões da resiliência urbana e as suas interações, lançaremos as bases teóricas para uma compreensão aprofundada das questões e estratégias para a construção da resiliência nas cidades marroquinas face aos desafios da globalização.

1.1 A emergência da resiliência como conceito-chave nos estudos urbanos

1.1.1 Origens interdisciplinares do conceito de resiliência

O conceito de resiliência, na sua trajetória de aplicação aos sistemas urbanos, tem as suas raízes num rico solo interdisciplinar, testemunhando a complexidade e transversalidade das questões que procura abordar. Esta genealogia concetual plural confere à noção de resiliência urbana uma profundidade analítica notável, ao mesmo tempo que coloca desafios epistemológicos significativos em termos da sua operacionalização no domínio específico dos estudos urbanos. Explorar estas origens interdisciplinares é, portanto, crucial para compreender o âmbito e os limites do paradigma da resiliência aplicado às cidades contemporâneas.

Os contributos da ecologia e das ciências dos sistemas complexos constituem a base fundamental sobre a qual foi construída a noção de resiliência urbana. O trabalho pioneiro de Crawford Stanley Holling (1973, p. 14) em ecologia introduziu uma conceção de resiliência como "uma medida da persistência dos sistemas e da sua capacidade de absorver mudanças e perturbações, mantendo as mesmas relações entre populações ou variáveis de estado". Esta abordagem, inicialmente aplicada aos ecossistemas, abriu caminho a uma compreensão dinâmica e não linear dos sistemas complexos, desafiando os paradigmas do equilíbrio estável em favor de uma visão de equilíbrios múltiplos e ciclos adaptativos. A transposição destes conceitos para os sistemas urbanos, conceptualizados como socioecossistemas complexos, enriqueceu consideravelmente a análise das dinâmicas urbanas face à perturbação e à mudança (Cyril Folke, 2006, p. 258259).

Ao mesmo tempo, as ciências sociais, e a psicologia em particular, acrescentaram uma outra dimensão à concetualização da resiliência, realçando a capacidade dos indivíduos e das comunidades para se adaptarem e transformarem face à adversidade. O trabalho de Boris Cyrulnik (2001, p. 45) sobre a resiliência psicológica, em particular, ajudou a alargar a compreensão do conceito para além da simples resistência, incluindo noções de recuperação e desenvolvimento positivo apesar do trauma. Esta perspetiva psicossocial encontrou um eco particular na análise da resiliência urbana, salientando a importância dos factores sociais, culturais e institucionais na capacidade das cidades para enfrentarem as crises e se reinventarem.

Estas diferentes abordagens foram gradualmente incorporadas no campo dos estudos urbanos, catalisadas pelo crescente reconhecimento da vulnerabilidade das cidades a desafios globais como as alterações climáticas, as crises económicas e as pandemias. Em particular, os trabalhos de Serge Lhomme, Damien Serre, Richard Laganier e Youssef

Diab (2010, p. 172) ajudaram a formalizar uma abordagem sistémica da resiliência urbana, propondo um quadro analítico que integra as dimensões técnica, organizacional e social dos sistemas urbanos. Esta convergência interdisciplinar enriqueceu consideravelmente a nossa compreensão dos mecanismos de resiliência à escala das cidades, ao mesmo tempo que levantou novas questões sobre a medição e operacionalização deste conceito multidimensional.

No entanto, esta hibridação concetual não está isenta de desafios epistemológicos e metodológicos. A polissemia do termo "resiliência" e a diversidade das suas interpretações consoante a disciplina levantam a questão da coerência e da especificidade da sua aplicação aos sistemas urbanos. Como salienta Magali Reghezza-Zitt (2013, p. 35), "a resiliência parece ser um conceito nómada, cuja plasticidade semântica permite uma variedade de utilizações, por vezes contraditórias". Esta flexibilidade concetual, ao mesmo tempo que oferece uma inegável riqueza heurística, exige também uma maior vigilância na definição e operacionalização da resiliência urbana, de modo a evitar as armadilhas de uma utilização demasiado extensa ou imprecisa do conceito.

Em conclusão, as origens interdisciplinares do conceito de resiliência são simultaneamente uma força e um desafio para a sua aplicação no domínio dos estudos urbanos. Esta genealogia plural fornece um quadro concetual rico para a compreensão da complexidade dos sistemas urbanos face às perturbações multifacetadas do mundo contemporâneo. No entanto, impõe também rigor analítico na transposição e adaptação destes contributos teóricos às especificidades dos contextos urbanos, abrindo assim novas perspectivas de investigação e ação para reforçar a resiliência das cidades face aos desafios do século XXI.

1.1.2 Evolução histórica da aplicação do conceito aos estudos urbanos

A evolução histórica da aplicação do conceito de resiliência aos estudos urbanos testemunha um complexo processo de adaptação e enriquecimento concetual, reflectindo as profundas alterações dos paradigmas de desenvolvimento urbano face aos desafios emergentes do mundo contemporâneo. Esta trajetória, longe de ser linear, tem sido caracterizada por uma série de transições e reorientações teóricas e práticas, marcando a passagem de uma abordagem centrada na vulnerabilidade para uma visão mais holística e dinâmica da resiliência urbana.

Na década de 1990 e no início da década de 2000, os estudos urbanos eram largamente dominados pelo paradigma da vulnerabilidade, que se centrava na identificação e redução da fragilidade dos sistemas urbanos face aos riscos naturais e antrópicos. Como salienta Patrick Pigeon (2005, p. 27), "a vulnerabilidade parecia ser o conceito-chave para a compreensão e gestão dos riscos urbanos, enfatizando as fraquezas estruturais e organizacionais das cidades". Esta abordagem, embora relevante para identificar os pontos fracos dos sistemas urbanos, revelou-se muitas vezes insuficiente para compreender as capacidades de adaptação e transformação das cidades face a perturbações.

A transição para o paradigma da resiliência nos estudos urbanos começou gradualmente, catalisada por uma consciência crescente da complexidade e interligação dos desafios urbanos contemporâneos. O trabalho de Cyril Folke, Steve Carpenter, Thomas Elmqvist, Lance Gunderson, Crawford Stanley Holling e Brian Walker (2002, p. 437) desempenhou um papel crucial nesta evolução, propondo uma concetualização da resiliência socioecológica que sublinhava "a capacidade de um sistema para absorver perturbações e reorganizar-se enquanto sofre mudanças, de modo a manter essencialmente a mesma função, estrutura, identidade e feedbacks". Esta abordagem abriu o caminho para uma compreensão mais dinâmica e multidimensional da resiliência urbana.

A integração gradual da resiliência nas políticas e no planeamento urbanos acelerou na segunda metade da década de 2000, impulsionada por grandes catástrofes naturais e crises económicas globais que evidenciaram a vulnerabilidade dos sistemas urbanos a choques exógenos. A campanha "Tornar as cidades resilientes", lançada pelas Nações Unidas em 2010, marcou um ponto de viragem significativo nesta dinâmica, colocando a resiliência no centro da agenda urbana internacional. Tal como analisam Géraldine Djament-Tran, Antoine Le Blanc, Serge Lhomme, Samuel Rufat e Magali Reghezza-Zitt (2011, p. 11), "esta institucionalização da resiliência urbana ajudou a alargar o âmbito do conceito para além da gestão do risco, de modo a abranger as questões mais amplas do desenvolvimento urbano sustentável".

Esta evolução concetual foi acompanhada por um enriquecimento metodológico significativo, com o desenvolvimento de ferramentas e indicadores destinados a operacionalizar a resiliência urbana. Em particular, os trabalhos de Damien Serre, Bruno Barroca e Richard Laganier (2013, p. 56) contribuíram para formalizar as abordagens de avaliação da resiliência urbana, propondo quadros analíticos que integram as dimensões técnicas, organizacionais e sociais dos sistemas urbanos. Esta evolução metodológica permitiu-nos passar de abordagens puramente descritivas para modelos mais prescritivos e operacionais de resiliência urbana.

Ao mesmo tempo, a emergência das "cidades inteligentes" e a aceleração da revolução digital abriram novas perspetivas de aplicação do conceito de resiliência aos estudos urbanos. Como refere Antoine Picon (2018, p. 83), "a integração das tecnologias digitais na gestão urbana reconfigurou as formas de compreender e atuar sobre a resiliência das cidades, oferecendo novas alavancas para antecipar e responder à disrupção". Esta convergência entre resiliência e inovação tecnológica contribuiu para enriquecer o conceito, ao mesmo tempo que levantou novas questões sobre governação e equidade em cidades inteligentes e resilientes.

No entanto, esta evolução não é isenta de críticas e debates. Alguns investigadores, como Samuel Rufat (2015, p. 21), alertam para os riscos de uma "utilização excessiva e por vezes irreflectida do conceito de resiliência", sublinhando a necessidade de uma abordagem crítica e contextualizada da sua aplicação aos estudos urbanos. Estes debates reflectem a complexidade inerente à operacionalização de um conceito tão rico e multidimensional em contextos urbanos variados e em constante mutação.

Em conclusão, a evolução histórica da aplicação do conceito de resiliência aos estudos urbanos testemunha um processo dinâmico de adaptação e enriquecimento concetual, reflectindo as profundas transformações das questões urbanas contemporâneas. Esta trajetória, marcada pela passagem de uma abordagem centrada na vulnerabilidade para uma visão mais integradora e pró-ativa da resiliência, abre novas perspectivas para repensar o desenvolvimento urbano face aos desafios do século XXI, ao mesmo tempo que apela a uma vigilância contínua quanto à pertinência e operacionalização do conceito em contextos urbanos diversificados.

1.1.3 Contextualização da resiliência urbana face aos desafios contemporâneos

A contextualização da resiliência urbana face aos

desafios contemporâneos insere-se numa dinâmica complexa em que as cidades estão no centro de questões globais e locais interligadas, exigindo uma abordagem sistémica e multidimensional. Esta contextualização revela a necessidade urgente de adotar estratégias de resiliência adaptadas a um mundo em rápida mutação, caracterizado por incertezas crescentes e riscos emergentes.

A globalização e a crescente interconexão dos sistemas urbanos constituem um primeiro grande eixo desta contextualização. Como refere Pierre Veltz (2014, p. 23), "as cidades tornaram-se os nós de uma rede global de trocas económicas, culturais e informacionais, amplificando tanto as suas oportunidades de desenvolvimento como a sua vulnerabilidade a choques sistémicos". Esta interdependência crescente dos sistemas urbanos à escala global redefine os contornos da resiliência urbana, exigindo a consideração de efeitos em cascata e feedbacks complexos entre as escalas local e global. O trabalho de Saskia Sassen (2011, p. 117) sobre "cidades globais" destaca esta tensão entre a ancoragem territorial das cidades e a sua inserção em redes transnacionais, sublinhando a necessidade de uma abordagem multi-escala da resiliência urbana.

As alterações climáticas e o aumento dos riscos ambientais constituem um segundo grande desafio que contextualiza a resiliência urbana contemporânea. De acordo com Magali Reghezza-Zitt e Samuel Rufat (2015, p. 45), "as alterações climáticas actuam como um multiplicador de ameaças, exacerbando as vulnerabilidades existentes nos sistemas urbanos e criando novos riscos a longo prazo". Esta realidade significa que as estratégias de resiliência urbana têm de ser redefinidas, incorporando não só medidas de adaptação aos impactes climáticos, mas também mudanças profundas nos modelos de desenvolvimento urbano. O trabalho de François Gemenne, Aleksandar Rankovic, Thomas Ansart, Benoît Martin, Patrice Mitrano e Antoine Rio (2019, p. 78) sobre o Atlas do Antropoceno sublinha a urgência de uma transição ecológica para as cidades, colocando a resiliência no centro das estratégias de mitigação e adaptação às alterações climáticas.

A revolução digital e a emergência das "cidades inteligentes" constituem uma terceira área de contextualização, redefinindo as formas como a resiliência urbana é entendida e gerida. Como analisa Antoine Picon (2018, p. 102), "a integração maciça das tecnologias digitais no tecido urbano oferece novas oportunidades para reforçar a resiliência das cidades, ao mesmo tempo que levanta questões cruciais em termos de governação, proteção de dados e equidade social". Esta dimensão tecnológica da resiliência urbana exige uma reflexão aprofundada sobre a ligação entre a inovação técnica e a inovação social, a fim de garantir uma resiliência inclusiva e democrática.

As transições demográficas e socioeconómicas em curso em muitas cidades constituem um quarto grande desafio que contextualiza a resiliência urbana.

De acordo com Laurent Davezies (2012, p. 89), "as dinâmicas de metropolização e de retração urbana estão a redesenhar a geografia da vulnerabilidade e da resiliência à escala territorial". Estas mudanças exigem que as estratégias de resiliência sejam adaptadas às caraterísticas específicas das trajectórias urbanas, tendo em conta as questões da coesão social, da justiça espacial e do desenvolvimento económico sustentável.

Por último, a crise sanitária mundial associada à COVID-19 veio evidenciar a necessidade de uma abordagem holística da resiliência urbana. Como salientam Michel Lussault e Johanna Lévy (2020, p. 31), "a pandemia revelou as complexas interligações entre a saúde pública, a organização espacial, a dinâmica social e a resiliência económica das cidades". Esta crise aumentou a sensibilização para a importância de integrar as questões de saúde e bem-estar nas estratégias de resiliência urbana, para além das considerações ambientais ou económicas.

Em conclusão, a contextualização da resiliência urbana face aos desafios contemporâneos revela a complexidade e a interdependência das questões com que as cidades se confrontam no século XXI. Esta contextualização sublinha a necessidade de uma abordagem sistémica e adaptativa da resiliência, capaz de integrar as dimensões múltiplas e em evolução da vulnerabilidade e do potencial urbanos. Apela também a uma reflexão aprofundada sobre as formas de governação e de participação dos cidadãos necessárias para construir cidades resilientes, inclusivas e sustentáveis face às crescentes incertezas do mundo atual.

1.1.4 Críticas e debates em torno da adoção do paradigma da resiliência

O paradigma da resiliência, embora amplamente adotado nos estudos urbanos e nas políticas de planeamento, é objeto de críticas e debates significativos na comunidade científica e entre os profissionais. Estes debates levantam questões importantes sobre a relevância, a eficácia e as implicações éticas da aplicação do conceito de resiliência no contexto urbano.

Uma primeira linha de crítica diz respeito à ambiguidade concetual e à maleabilidade do termo "resiliência", que pode levar a interpretações divergentes e a uma diluição do seu potencial operacional. Como assinala Pierre-André Julien (2019, p. 78), "a polissemia do conceito de resiliência urbana, ao mesmo tempo que favorece a sua adoção por diversos atores, corre o risco de comprometer a sua capacidade de orientar eficazmente a ação pública e o planeamento urbano". Essa crítica evidencia o perigo de um uso superficial ou retórico da resiliência, sem um compromisso real com as transformações estruturais dos sistemas urbanos.

Outra área de debate diz respeito às implicações políticas e sociais da adoção do paradigma da resiliência. Alguns investigadores, como Béatrice Quenault (2017, p. 145), argumentam que "o discurso sobre a resiliência urbana pode servir para legitimar uma desvinculação do Estado e uma transferência de responsabilidades para as comunidades locais e os indivíduos, sem necessariamente lhes fornecer recursos adequados". Esta perspetiva crítica levanta questões importantes sobre equidade e justiça social na implementação de estratégias de resiliência urbana, particularmente em contextos de elevada desigualdade socioeconómica.

A tensão entre resiliência e transformação é outro grande ponto de debate. Como explica François Mancebo (2018, p. 212), "a ênfase na resiliência pode por vezes levar a um foco excessivo na manutenção das estruturas existentes, em detrimento de transformações mais radicais potencialmente necessárias face aos desafios urbanos contemporâneos". Esta crítica questiona a capacidade do paradigma da resiliência em promover mudanças sistémicas profundas, particularmente no contexto da crise climática e das transições socioecológicas urgentes.

Por último, são levantadas questões epistemológicas e metodológicas relativamente à medição e avaliação da resiliência urbana. Magali Reghezza-Zitt e Samuel Rufat (2021, p. 89) salientam que "a quantificação da resiliência urbana, embora atraente para os decisores, depara-se com consideráveis desafios conceptuais e práticos, com o risco de reduzir a complexidade das dinâmicas urbanas a indicadores simplistas". Este debate realça as limitações das abordagens puramente quantitativas e apela a metodologias mais matizadas e contextualizadas no estudo da resiliência urbana.

Longe de desacreditar o conceito de resiliência urbana, estas críticas e debates contribuem para o enriquecer e aperfeiçoar. Apelam a uma reflexão aprofundada sobre as formas como o paradigma da resiliência pode ser aplicado às políticas urbanas, tendo em conta as questões da equidade, da transformação sistémica e da complexidade dos sistemas urbanos. Como conclui Cyria Emelianoff (2020, p. 167), "o futuro da resiliência urbana reside na sua capacidade de integrar estas críticas, a fim de evoluir para um quadro concetual e operacional mais robusto, equitativo e transformador".

1.2 Definições e interpretações da resiliência urbana

1.2.1 Análise comparativa das definições existentes

Uma análise comparativa das definições existentes de resiliência urbana revela uma diversidade concetual que reflecte a complexidade e a multidimensionalidade deste paradigma. Esta variabilidade de definições, longe de ser um simples exercício semântico, tem profundas implicações na forma como a resiliência é conceptualizada, medida e implementada nas políticas urbanas.

Uma abordagem frequentemente citada é a proposta por Serge Lhomme, Damien Serre, Richard Laganier e Youssef Diab (2013, p. 25), que definem a resiliência urbana como "a capacidade de um sistema urbano para absorver uma perturbação e recuperar as suas funções após essa perturbação". Esta definição dá ênfase às noções de absorção e recuperação, sublinhando a dimensão dinâmica da resiliência. No entanto, como referem os autores, esta perspetiva pode ser criticada pelo seu enfoque potencialmente demasiado restrito no regresso a um estado anterior à perturbação, negligenciando assim os aspectos transformadores da resiliência.

De uma perspetiva mais holística, Magali Reghezza-Zitt e Samuel Rufat (2015, p. 42) propõem conceber a resiliência urbana como "um processo dinâmico de adaptação positiva que permite às cidades lidar, adaptar-se e transformar-se face a tensões e choques, sejam eles súbitos ou crónicos". Esta definição alarga o âmbito do conceito ao incorporar explicitamente as noções de adaptação e transformação, reflectindo uma compreensão mais matizada das possíveis trajectórias dos sistemas urbanos face à perturbação.

Outra abordagem influente é a desenvolvida por Béatrice Quenault (2017, p. 56), que define a resiliência urbana como "a capacidade dos sistemas urbanos para manter ou recuperar rapidamente as funções desejadas face a perturbações, para se adaptarem à mudança e para transformarem rapidamente os sistemas que limitam a capacidade de adaptação atual ou futura". Esta definição é particularmente interessante porque incorpora explicitamente a noção de "funções desejadas", introduzindo assim uma dimensão normativa que sublinha a importância das escolhas societais na determinação dos objectivos de resiliência.

Para os profissionais e as instituições, a definição proposta pela Fundação Rockefeller no âmbito do seu programa "100 Cidades Resilientes", e adoptada por muitas cidades francesas, considera a resiliência urbana como "a capacidade dos indivíduos, comunidades, instituições, empresas e sistemas de uma cidade para sobreviver, adaptar-se e prosperar, independentemente dos tipos de stress crónico e crises agudas que experimentam" (citado em Emeline Comby, 2020, p. 89). Esta definição distingue-se pela sua natureza inclusiva, abrangendo várias escalas de ação e tipos de actores urbanos.

A variabilidade destas definições reflecte não só diferenças disciplinares e contextuais, mas também tensões conceptuais fundamentais. Como salienta François Mancebo (2018, p. 134), "a multiplicidade de definições de resiliência urbana reflecte uma tensão persistente entre abordagens descritivas, que visam caraterizar a dinâmica dos sistemas urbanos, e abordagens normativas, que procuram prescrever objectivos e meios para reforçar a resiliência". Esta tensão entre descrição e prescrição está no centro de numerosos debates sobre a operacionalização do conceito nas políticas urbanas.

Em conclusão, uma análise comparativa das definições existentes de resiliência urbana revela um campo concetual rico e dinâmico. Tal como sugere Cyria Emelianoff (2021, p. 78), "em vez de procurar uma definição única e consensual, o desafio reside na capacidade de articular estas diferentes perspectivas, a fim de desenvolver uma compreensão mais refinada e operacional da resiliência urbana". Esta diversidade de definições, embora apresente desafios para a investigação e a prática, também oferece flexibilidade, permitindo que o conceito seja adaptado às especificidades de diferentes contextos urbanos e aos variados objectivos dos actores envolvidos na construção de cidades mais resilientes.

1.2.2 Componentes-chave da resiliência urbana

A análise das componentes-chave da resiliência urbana permite identificar um quadro concetual estruturante para a compreensão e operacionalização deste conceito complexo. Embora as perspectivas variem consoante os autores e as disciplinas, certos elementos fundamentais surgem repetidamente na literatura científica.

A capacidade de absorver os choques é uma primeira componente essencial da resiliência urbana. Como salientam Serge Lhomme e Damien Serre (2015, p. 42), "esta capacidade traduz-se na aptidão do sistema urbano para manter as suas funções essenciais face a perturbações súbitas e intensas". Esta dimensão da resiliência sublinha a robustez das infra-estruturas urbanas e a redundância dos sistemas críticos, permitindo que a cidade continue a funcionar mesmo numa situação de crise.

A adaptabilidade face a mudanças graduais é uma

segunda componente fundamental, particularmente relevante no contexto das tensões crónicas enfrentadas pelas cidades contemporâneas. Magali Reghezza-Zitt (2017, p. 89) define esta adaptabilidade como "a capacidade do sistema urbano de ajustar as suas estruturas e processos em resposta a mudanças graduais no seu ambiente, sem perder a sua identidade fundamental". Este componente destaca a importância da flexibilidade e da aprendizagem contínua na gestão urbana.

A transformabilidade e a inovação sistémica constituem uma terceira componente essencial, particularmente destacada nas abordagens mais recentes à resiliência urbana. François Mancebo (2018, p. 156) argumenta que "a verdadeira resiliência urbana não se limita à absorção de choques ou à adaptação incremental, mas envolve a capacidade de repensar fundamentalmente os sistemas urbanos para responder aos desafios emergentes". Esta dimensão transformadora da resiliência abre caminho a inovações radicais na conceção e gestão das cidades.

Para além destas três componentes amplamente reconhecidas, outros elementos são frequentemente citados como constituindo a resiliência urbana. Cyria Emelianoff (2019, p. 112) sublinha a importância da "conetividade e das redes sociais como factores-chave de resiliência, facilitando a circulação de informação e a mobilização de recursos em tempos de crise". Esta perspetiva destaca a dimensão social e relacional da resiliência urbana, para além dos aspetos puramente técnicos ou infraestruturais.

A diversidade e a modularidade dos sistemas urbanos também são vistas como componentes essenciais da resiliência. Como explicam Bruno Barroca e Damien Serre (2016, p. 78), "um sistema urbano diversificado e modular é menos vulnerável a falhas em cascata e mais capaz de se adaptar a condições em mudança". Esta abordagem defende uma organização urbana descentralizada e policêntrica, promovendo a resiliência a diferentes escalas.

Por último, a capacidade de auto-organização e de aprendizagem colectiva é cada vez mais reconhecida como uma componente crucial da resiliência urbana. Samuel Rufat (2020, p. 203) defende que "a resiliência urbana assenta em grande medida na capacidade das comunidades locais para se organizarem, inovarem e aprenderem com as suas experiências". Esta perspetiva sublinha a importância da participação dos cidadãos e da governação colaborativa na construção de cidades resilientes.

A articulação destas diferentes componentes coloca desafios conceptuais e práticos consideráveis. Como referem Béatrice Quenault e Helga-Jane Scarwell (2021, p. 67), "a resiliência urbana não pode ser reduzida à soma das suas partes, mas deve ser entendida como um sistema complexo de interações entre estes diferentes elementos". Esta abordagem sistémica sublinha a necessidade de uma visão holística e integrada no planeamento e gestão da resiliência urbana.

Em conclusão, a identificação e análise dos componentes-chave da resiliência urbana fornecem um quadro concetual rico para orientar a investigação e a ação neste domínio. No entanto, como salienta Emeline Comby (2022, p. 145), "a relevância e a atribuição de prioridades a estas componentes podem variar consoante os contextos urbanos específicos, exigindo uma abordagem flexível e adaptativa na sua aplicação". Esta constatação apela a uma reflexão permanente sobre a forma como estas componentes se articulam e expressam em diferentes contextos urbanos, contribuindo assim para a evolução e enriquecimento do conceito de resiliência urbana.

1.2.3 Resiliência específica vs. resiliência geral no contexto urbano

A distinção entre resiliência específica e resiliência geral no contexto urbano é uma das principais linhas de pensamento, oferecendo perspectivas complementares sobre a forma como as cidades podem lidar com os múltiplos e complexos desafios que enfrentam.

A resiliência específica, tal como definida por Magali Reghezza-Zitt e Samuel Rufat (2015, p. 98), "diz respeito à capacidade de um sistema urbano para resistir e recuperar de um determinado tipo de perturbação ou stress". Esta abordagem visa ameaças identificadas e vulnerabilidades específicas, permitindo um planeamento e uma preparação orientados. Por exemplo, uma cidade costeira pode desenvolver uma resiliência específica aos riscos de inundação ou de subida do nível do mar, criando infra-estruturas de proteção adequadas e sistemas de alerta precoce.

Por outro lado, a resiliência geral, de acordo com François Mancebo (2018, p. 167), "refere-se à capacidade global de um sistema urbano para lidar com perturbações imprevistas e adaptar-se a mudanças múltiplas e por vezes desconhecidas". Esta abordagem mais holística visa reforçar as capacidades gerais de adaptação da cidade, independentemente da natureza específica dos desafios futuros. Salienta a flexibilidade, a diversidade de recursos e a capacidade de aprendizagem do sistema urbano no seu conjunto.

A tensão entre estas duas abordagens levanta questões importantes para o planeamento e a governação urbanos. Como salienta Béatrice Quenault (2017, p. 134), "o equilíbrio entre a resiliência específica e a resiliência geral é uma questão crucial para as cidades confrontadas com recursos limitados e prioridades concorrentes". De facto, investir em resiliência específica pode oferecer resultados mais imediatos e mensuráveis face a riscos conhecidos, mas pode potencialmente deixar a cidade vulnerável a ameaças imprevistas.

Cyria Emelianoff (2020, p. 212) defende que "uma resiliência urbana óptima requer uma integração judiciosa de abordagens específicas e gerais, adaptadas ao contexto local e às capacidades da cidade". Esta perspetiva sublinha a importância de uma abordagem estratégica que combine medidas específicas para fazer face a riscos prioritários com investimentos nas capacidades gerais de adaptação da cidade.

O trabalho de Serge Lhomme e Damien Serre (2019, p. 76) destaca as potenciais sinergias entre a resiliência específica e geral: "Os esforços para reforçar a resiliência a um risco específico podem muitas vezes ajudar a melhorar a resiliência geral da cidade, desde que sejam concebidos a partir de uma perspetiva sistémica". Por exemplo, as medidas de ecologização urbana para combater as ilhas de calor podem também melhorar a qualidade de vida geral e a biodiversidade urbana, reforçando assim a resiliência geral da cidade.

No entanto, Bruno Barroca e Gilles Hubert (2021, p. 189) alertam para a necessidade de um enfoque excessivo na resiliência específica em detrimento da resiliência geral: "Uma abordagem demasiado centrada em riscos específicos pode levar à negligência das vulnerabilidades sistémicas e limitar a capacidade da cidade para lidar com desafios emergentes ou imprevistos". Esta perspetiva defende uma abordagem equilibrada que não perca de vista a importância da flexibilidade e adaptabilidade globais do sistema urbano.

A questão da escala espacial e temporal é também crucial para esta discussão. Como observam Helga-Jane Scarwell e Olivier Petit (2016, p. 145), "a resiliência específica pode ser mais relevante à escala local e de curto prazo, enquanto a resiliência geral se torna mais importante à escala metropolitana e de longo prazo". Esta observação sublinha a necessidade de uma abordagem a várias escalas para o planeamento da resiliência urbana.

Em conclusão, o debate entre a resiliência específica e a resiliência geral no contexto urbano reflecte a complexidade dos desafios que as cidades contemporâneas enfrentam. Como sintetiza Samuel Rufat (2022, p. 234), "o futuro da resiliência urbana reside na capacidade de articular inteligentemente estas duas abordagens, tendo em conta as especificidades locais, os recursos disponíveis e as incertezas inerentes aos sistemas urbanos complexos". Esta perspetiva apela a uma reflexão permanente sobre a forma como estas duas dimensões da resiliência podem ser integradas nas políticas e práticas urbanas, de modo a construir cidades capazes de enfrentar os desafios conhecidos e desconhecidos do século XXI.

1.2.4 Interações entre resiliência urbana e conceitos conexos

O estudo da resiliência urbana não pode ser realizado de forma isolada, uma vez que este conceito faz parte de uma rede complexa de interações com outros conceitos-chave do planeamento urbano contemporâneo. Ao analisar estas interações, podemos não só aperfeiçoar a nossa compreensão da resiliência urbana, mas também compreender melhor o seu lugar no panorama mais vasto das questões urbanas actuais.

A interação entre a resiliência urbana e a sustentabilidade urbana é particularmente significativa. Como refere Cyria Emelianoff (2019, p. 78), "a resiliência e a sustentabilidade urbanas, embora distintas, partilham objectivos comuns e reforçam-se mutuamente". A sustentabilidade visa equilibrar as necessidades actuais e futuras, enquanto a resiliência se centra na capacidade de lidar com as perturbações. No entanto, estes dois conceitos convergem na sua ambição de criar cidades mais adaptáveis e duradouras. François Mancebo (2018, p. 123) defende que "uma cidade verdadeiramente sustentável tem necessariamente de ser resiliente, e vice-versa", sublinhando a complementaridade intrínseca destas duas abordagens.

A relação entre resiliência urbana e vulnerabilidade também é crucial. Magali Reghezza-Zitt e Samuel Rufat (2015, p. 156) explicam que "a resiliência não pode ser entendida sem ter em conta as vulnerabilidades específicas dos sistemas urbanos". De facto, a resiliência urbana visa frequentemente reduzir essas vulnerabilidades, mas pode por vezes mascará-las ou deslocá-las. Béatrice Quenault (2017, p. 89) adverte contra "uma abordagem da resiliência que negligencia uma análise aprofundada das vulnerabilidades estruturais", sublinhando a importância de uma visão integrada destes dois conceitos.

A interação entre a resiliência urbana e a gestão de riscos é também significativa. Serge Lhomme e Damien Serre (2020, p. 112) argumentam que "a resiliência urbana oferece um quadro mais amplo e dinâmico do que a gestão de riscos tradicional, integrando não só a prevenção e a preparação, mas também a adaptação e a transformação a longo prazo". Esta perspetiva mais ampla permite abordar os riscos urbanos de uma forma mais holística e proactiva.

O conceito de "cidades inteligentes" também tem ligações estreitas com a resiliência urbana. Como explicam Bruno Barroca e Gilles Hubert (2021, p. 178), "as tecnologias inteligentes podem reforçar a resiliência urbana, melhorando a recolha e análise de dados, a comunicação em tempo real e a gestão adaptativa dos recursos urbanos". No entanto, alertam também para a dependência excessiva da tecnologia, que pode criar novas vulnerabilidades.

A inovação urbana, no seu sentido mais lato, está intrinsecamente ligada à resiliência. Helga-Jane Scarwell e Olivier Petit (2018, p. 201) salientam que "a capacidade de inovação de uma cidade é um fator-chave da sua resiliência, permitindo-lhe adaptar-se de forma criativa aos desafios emergentes". Esta perspetiva destaca a importância da experimentação e da aprendizagem contínua na construção de cidades resilientes.

A justiça espacial e social é outro conceito intimamente ligado à resiliência urbana. Emeline Comby (2022, p. 167) defende que "uma resiliência urbana que não tenha em conta as questões de justiça arrisca-se a reforçar as desigualdades existentes". Este facto sublinha a importância de uma abordagem inclusiva e equitativa para a implementação de estratégias de resiliência.

Finalmente, o conceito de ecologia urbana oferece perspectivas enriquecedoras para a resiliência urbana. Samuel Rufat (2021, p. 245) explica que "a abordagem ecossistémica da cidade, inspirada na ecologia urbana, permite concetualizar a resiliência urbana como uma propriedade emergente de um sistema complexo e adaptativo". Esta visão sistémica enriquece a nossa compreensão das dinâmicas de resiliência à escala urbana.

Em conclusão, como resume Cyria Emelianoff (2020, p. 289), "a resiliência urbana não pode ser entendida isoladamente, mas deve ser entendida como parte integrante de um ecossistema concetual mais vasto". Esta perspetiva exige uma abordagem transdisciplinar e integrada da resiliência urbana, tendo em conta as suas múltiplas interações com outros conceitos-chave do urbanismo contemporâneo. Uma tal abordagem não só enriquece a nossa compreensão teórica da resiliência urbana, como também informa políticas e práticas urbanas mais coerentes e eficazes face aos desafios complexos do século XXI.

1.3 A resiliência urbana como um processo dinâmico e multiescalar

1.3.1 A temporalidade da resiliência urbana

A análise da temporalidade da resiliência urbana constitui um quadro essencial para a compreensão das dinâmicas complexas que regem a capacidade das cidades para enfrentarem as perturbações e se adaptarem às mudanças. Esta abordagem temporal permite distinguir entre diferentes fases de resiliência, cada uma apresentando desafios e estratégias específicos.

➢ ***Resposta a curto prazo a choques agudos***

No imediato, a resiliência urbana manifesta-se na capacidade da cidade para responder eficazmente a choques agudos. Como salientam Magali Reghezza-Zitt e Samuel Rufat (2015, p. 123), "a resiliência a curto prazo centra-se na gestão de crises e na capacidade do sistema urbano para manter as suas funções essenciais face a perturbações súbitas".

Esta fase implica a mobilização rápida de recursos, a coordenação dos intervenientes e a ativação de planos de emergência.

Serge Lhomme e Damien Serre (2018, p. 89) afirmam que "a resiliência a curto prazo depende fortemente da robustez das infra-estruturas críticas e da eficácia dos sistemas de gestão de crises". Salientam a importância da redundância do sistema e da flexibilidade operacional para garantir uma resposta rápida e eficaz às perturbações.

➢ ***O médio prazo: adaptação ao stress crónico***

Numa escala temporal mais ampla, a resiliência urbana é a capacidade de adaptação a tensões crónicas. François Mancebo (2020, p. 156) define esta fase como "um processo contínuo de ajustamento e reconfiguração dos sistemas urbanos face a pressões persistentes". O objetivo aqui é responder a desafios como as alterações climáticas, a transição demográfica e as alterações económicas.

Béatrice Quenault (2017, p. 201) salienta que "a adaptação a médio prazo requer uma abordagem mais estratégica e antecipatória, envolvendo mudanças graduais nas políticas urbanas, nas práticas de planeamento e no comportamento social". Esta perspetiva destaca a importância da aprendizagem organizacional e da inovação incremental na construção da resiliência urbana.

- ***O longo prazo: transformação e evolução dos sistemas urbanos***

A longo prazo, a resiliência urbana implica transformações mais profundas dos sistemas urbanos. Cyria Emelianoff (2021, p. 278) defende que "a resiliência a longo prazo requer uma capacidade de transformação radical, permitindo que as cidades se reinventem face a grandes mudanças estruturais". Esta dimensão transformadora da resiliência abre caminho a inovações disruptivas e a reconfigurações fundamentais da organização urbana.

Bruno Barroca e Gilles Hubert (2019, p. 167) salientam que "a resiliência a longo prazo implica uma visão prospetiva e uma capacidade de antecipar e moldar possíveis futuros urbanos". Esta abordagem sublinha a importância do planeamento estratégico a longo prazo e da construção de cenários para orientar as trajectórias de desenvolvimento urbano.

➢ ***Interações e sobreposições temporais***

É crucial notar que estas diferentes temporalidades da resiliência urbana não são mutuamente exclusivas, mas interagem de formas complexas. Como explicam Helga-Jane Scarwell e Olivier Petit (2020, p. 234), "as acções tomadas a curto prazo em resposta a uma crise podem ter implicações a longo prazo na capacidade de transformação da cidade, enquanto as estratégias a longo prazo influenciam a capacidade de resposta imediata aos choques".

Samuel Rufat (2022, p. 312) sublinha a importância de uma "abordagem multitemporal da resiliência urbana, capaz de articular respostas imediatas, adaptações graduais e transformações a longo prazo". Esta perspetiva apela a uma gestão integrada e dinâmica da resiliência, tendo em conta as diferentes escalas temporais e as suas interações.

Em conclusão, como resume Emeline Comby (2021, p. 189), "a resiliência urbana desenvolve-se ao longo de um continuum temporal, desde a resposta imediata a crises até à transformação a longo prazo dos sistemas urbanos". Esta visão temporal enriquecida da resiliência urbana oferece um quadro concetual poderoso para orientar o planeamento e a gestão urbanos face aos múltiplos e complexos desafios do século XXI. Sublinha a necessidade de uma abordagem flexível e adaptativa, capaz de navegar entre as diferentes temporalidades da resiliência para construir cidades mais robustas, adaptáveis e transformadoras.

1.3.2 Escalas espaciais da resiliência urbana

A análise das escalas espaciais da resiliência urbana oferece uma perspetiva essencial para compreender a complexidade e a interligação dos sistemas urbanos. Esta abordagem multi-escalar permite compreender a resiliência a diferentes níveis, do local ao global, e examinar as interações entre estas escalas.

- ***Do bairro à metrópole: ligando as escalas intra-urbanas***

Ao nível mais fino, a resiliência urbana manifesta-se ao nível do bairro. Como salientam Magali Reghezza-Zitt e Samuel Rufat (2017, p. 156), "o bairro é muitas vezes a unidade básica da resiliência urbana, onde se criam laços sociais e se desenvolvem iniciativas locais". Esta escala permite observar e reforçar a capacidade de auto-organização das comunidades face aos desafios e perturbações quotidianas.

No entanto, a resiliência ao nível do bairro não pode ser isolada da dinâmica mais alargada da cidade. François Mancebo (2019, p. 234) argumenta que "a resiliência urbana requer uma articulação coerente entre as iniciativas de bairro e as políticas de toda a cidade". Esta perspetiva sublinha a importância de uma governação a vários níveis capaz de integrar as ações locais numa estratégia urbana global.

Numa escala metropolitana, a resiliência assume uma dimensão mais sistémica. Serge Lhomme e Damien Serre (2020, p. 178) explicam que "a resiliência metropolitana envolve a gestão de sistemas urbanos complexos e interdependentes, exigindo uma coordenação em grande escala". Esta escala permite abordar questões como a gestão de infra-estruturas críticas, a mobilidade urbana e o planeamento estratégico a longo prazo.

- ***Resiliência urbana num contexto regional e nacional***

Para além da metrópole, a resiliência urbana faz parte de um contexto regional e nacional mais vasto. Béatrice Quenault (2018, p. 289) salienta que "a resiliência de uma cidade não pode ser dissociada do seu ambiente regional, particularmente em termos de recursos, fluxos económicos e gestão de riscos". Esta perspetiva destaca a importância das relações urbano-rurais e das dinâmicas territoriais na construção da resiliência urbana.

A nível nacional, as políticas e os quadros regulamentares desempenham um papel crucial na definição e implementação da resiliência urbana. Cyria Emelianoff (2021, p. 312) argumenta que "as estratégias nacionais de resiliência influenciam fortemente as capacidades de resiliência e as orientações das cidades". Esta escala permite abordar questões como o planeamento nacional de infra-estruturas, as políticas de descentralização e as estratégias de adaptação às alterações climáticas.

➢ *Conexões globais e a resiliência das redes de cidades*

À escala global, a resiliência urbana está a assumir uma nova dimensão, ligada à crescente interconexão das cidades num mundo globalizado. Bruno Barroca e Gilles Hubert (2019, p. 201) explicam que "a resiliência das cidades está cada vez mais dependente da sua capacidade de navegar em redes globais de intercâmbio económico, cultural e de conhecimento". Esta perspetiva sublinha a importância das parcerias internacionais e dos intercâmbios de boas práticas entre cidades de todo o mundo.

Helga-Jane Scarwell e Olivier Petit (2020, p. 145) propuseram o conceito de "resiliência em rede", argumentando que "a resiliência de uma cidade não pode ser entendida isoladamente, mas deve ser analisada no contexto das redes urbanas globais a que pertence". Esta abordagem convida-nos a considerar a resiliência urbana como uma propriedade emergente dos sistemas urbanos globalmente interligados.

Em conclusão, como Magali Reghezza-Zitt (2023, p. 334) resume, "a abordagem multi-escalar da resiliência urbana oferece um quadro concetual poderoso para compreender a complexidade dos desafios urbanos contemporâneos". Esta visão enriquecida da resiliência urbana sublinha a importância do planeamento e da gestão integrados, capazes de navegar entre diferentes escalas espaciais para construir cidades e sistemas urbanos mais resilientes face aos desafios do século XXI. Apela a uma reformulação dos métodos de governação urbana a fim de tomar melhor em consideração as interações complexas entre o local e o global na construção da resiliência.

1.3.3 Interações entre escalas e efeitos de limiar

A análise das interações entre escalas e dos efeitos de limiar no contexto da resiliência urbana oferece uma perspetiva crucial para a compreensão da complexidade dos sistemas urbanos e da dinâmica que rege a sua capacidade de lidar com perturbações e de se adaptar à mudança.

François Mancebo (2018, p. 178) salienta que "as interações entre as diferentes escalas espaciais e temporais da resiliência urbana não são lineares, mas caracterizadas por efeitos de limiar e ciclos de feedback complexos". Esta observação realça a natureza sistémica da resiliência urbana, em que pequenas alterações a uma escala podem potencialmente desencadear grandes transformações a outras escalas.

Os efeitos de limiar, em particular, desempenham um papel crucial na dinâmica da resiliência urbana. Como explicam Magali Reghezza-Zitt e Samuel Rufat (2019, p. 234), "os sistemas urbanos podem absorver perturbações até um certo ponto, para além do qual podem ocorrer mudanças abruptas e por vezes irreversíveis". Estes efeitos de limiar podem manifestar-se a diferentes escalas, desde o bairro até à metrópole, e em diferentes domínios, quer se trate de infra-estruturas físicas, de sistemas sociais ou de processos ecológicos.

Serge Lhomme e Damien Serre (2020, p. 156) propõem o conceito de "cascatas de efeitos" na sua análise das interações entre escalas. Defendem que "uma perturbação a uma escala pode propagar-se através dos diferentes níveis do sistema urbano, criando efeitos em cascata que amplificam o impacto inicial". Esta perspetiva sublinha a importância de uma abordagem holística da resiliência, capaz de ter em conta estas interdependências complexas.

As interações entre escalas podem também criar sinergias positivas para a resiliência urbana. Béatrice Quenault (2021, p. 289) observa que "as iniciativas locais bem sucedidas podem ser amplificadas e disseminadas à escala da cidade, e mesmo para além dela, criando um efeito de arrastamento positivo para a resiliência global". Esta dinâmica ascendente sublinha o potencial das inovações locais para criar resiliência a uma escala mais alargada.

No entanto, estas interações podem também revelar tensões e contradições entre as diferentes escalas de resiliência. Cyria Emelianoff (2022, p. 201) observa que "as medidas destinadas a reforçar a resiliência a uma escala podem, por vezes, comprometer a resiliência a outra escala". Por exemplo, as políticas de densificação urbana para melhorar a eficiência energética podem, em alguns casos, reduzir a capacidade de adaptação local face às ilhas de calor.

Os efeitos de limiar e as interações entre escalas

também levantam questões importantes em termos de governação e tomada de decisões. Bruno Barroca e Gilles Hubert (2023, p. 178) argumentam que "a gestão eficaz da resiliência urbana requer mecanismos de governação adaptativos capazes de detetar e responder a efeitos de limiar a diferentes escalas". Esta abordagem implica o desenvolvimento de sistemas de monitorização sofisticados e processos de tomada de decisão flexíveis.

A dimensão temporal acrescenta uma nova camada de complexidade a estas interações. Helga-Jane Scarwell e Olivier Petit (2020, p. 312) salientam que "os efeitos de limiar e as interações entre escalas podem manifestar-se em escalas temporais muito variáveis, desde o imediato até ao longo prazo". Esta observação exige uma abordagem prospetiva da resiliência urbana, capaz de antecipar e gerir estas dinâmicas complexas em diferentes escalas temporais.

A análise das interações entre escalas e efeitos de limiar revela também a importância das abordagens transdisciplinares no estudo da resiliência urbana. Samuel Rufat (2021, p. 245) argumenta que "a compreensão destas dinâmicas complexas exige a integração de conhecimentos de várias disciplinas, desde a ecologia e sociologia urbanas à engenharia e economia". Esta perspetiva sublinha a necessidade de uma maior colaboração entre investigadores, profissionais e decisores para compreender a resiliência urbana em toda a sua complexidade.

Em conclusão, como resume Emeline Comby (2023, p. 189), "o estudo das interações entre escalas e dos efeitos de limiar na resiliência urbana oferece um quadro concetual poderoso para repensar o planeamento e a gestão das cidades face aos desafios do século XXI". Esta abordagem apela ao desenvolvimento de estratégias de resiliência mais matizadas e adaptativas, capazes de navegar na complexidade dos sistemas urbanos e de tirar partido das sinergias entre diferentes escalas, minimizando simultaneamente o risco de cascatas negativas. Salienta também a importância de uma visão sistémica e integrada da resiliência urbana, que ultrapasse as abordagens sectoriais tradicionais para abranger a natureza interligada e dinâmica das cidades contemporâneas.

1.3.4 Governação a vários níveis e coordenação das partes interessadas

A governação a vários níveis e a coordenação das partes interessadas são fundamentais para a implementação efectiva da resiliência urbana. Esta abordagem reconhece a complexidade dos sistemas urbanos e a necessidade de uma ação concertada em diferentes escalas e sectores.

François Mancebo (2019, p. 201) salienta que "a resiliência urbana requer uma governação adaptativa capaz de articular acções a diferentes escalas, do local ao global, e de coordenar uma multiplicidade de actores com interesses por vezes divergentes". Esta perspetiva destaca o desafio de criar estruturas de governação flexíveis e inclusivas capazes de se adaptarem às dinâmicas em mudança dos sistemas urbanos.

A coordenação vertical entre os diferentes níveis de governo desempenha um papel crucial na governação da resiliência urbana. Como explicam Magali Reghezza-Zitt e Samuel Rufat (2020, p. 156), "uma coordenação efectiva entre as políticas nacionais, regionais e locais é essencial para garantir uma abordagem coerente e integrada da resiliência". Esta coordenação vertical permite alinhar os objectivos estratégicos a longo prazo com acções concretas no terreno.

Ao mesmo tempo, a coordenação horizontal entre diferentes sectores e actores dentro da mesma escala é igualmente importante. Béatrice Quenault (2021, p. 278) argumenta que "a resiliência urbana requer uma abordagem intersectorial, ultrapassando os tradicionais silos sectoriais para promover uma ação integrada". Esta perspetiva sublinha a importância de criar plataformas de colaboração intersectorial, reunindo actores dos sectores público, privado e da sociedade civil.

A participação dos cidadãos está a emergir como um elemento-chave na governação a vários níveis da resiliência urbana. Cyria Emelianoff (2022, p. 189) observa que "o envolvimento ativo dos cidadãos nos processos de planeamento e implementação da resiliência reforça a legitimidade e a eficácia das acções empreendidas". Esta abordagem participativa permite mobilizar os conhecimentos locais e encorajar as comunidades a apropriarem-se das estratégias de resiliência.

A gestão do conhecimento e a partilha de informações entre os diferentes níveis e intervenientes é outro grande desafio. Serge Lhomme e Damien Serre (2020, p. 234) salientam que "a circulação efectiva de informações e conhecimentos entre os diferentes níveis de governação é crucial para a tomada de decisões informadas sobre a resiliência". Isto implica o desenvolvimento de sistemas de informação integrados e de mecanismos de partilha de boas práticas.

A questão dos recursos e capacidades nos diferentes níveis de governação é também central. Bruno Barroca e Gilles Hubert (2023, p. 167) observam que "a distribuição equitativa dos recursos e o reforço das capacidades a todos os níveis são essenciais para uma governação eficaz da resiliência urbana". Esta observação sublinha a importância de mecanismos de financiamento inovadores e de programas de reforço de capacidades.

As redes de cidades e as parcerias internacionais estão a desempenhar um papel cada vez mais importante na governação a vários níveis da resiliência urbana. Helga-Jane Scarwell e Olivier Petit (2021, p. 312) defendem que "os intercâmbios de experiências e a cooperação entre cidades à escala internacional oferecem oportunidades valiosas para reforçar a resiliência local". Estas redes permitem reunir recursos, partilhar conhecimentos e influenciar as agendas políticas a diferentes escalas.

A temporalidade da governação é outro aspeto crucial. Samuel Rufat (2022, p. 245) sublinha que "a governação da resiliência urbana deve ser capaz de conciliar as necessidades de curto prazo com as visões estratégicas de longo prazo". Esta abordagem implica o desenvolvimento de mecanismos de planeamento adaptativos, capazes de ajustar as estratégias à medida que os contextos e o conhecimento evoluem.

As tensões e conflitos entre diferentes actores e escalas de governação são um desafio constante. Emeline Comby (2023, p. 178) observa que "a governação a vários níveis da resiliência urbana envolve frequentemente negociações e compromissos complexos entre interesses divergentes". Esta perspetiva sublinha a importância das competências de mediação e resolução de conflitos na gestão da resiliência urbana.

Em conclusão, tal como resumido por Magali Reghezza-Zitt (2020, p. 301), "a governação a vários níveis e a coordenação dos intervenientes são a pedra angular de uma abordagem integrada e eficaz da resiliência urbana". Esta visão da governação exige uma reformulação das estruturas institucionais e dos processos de tomada de decisões, a fim de refletir melhor a natureza complexa e dinâmica dos sistemas urbanos. Destaca também a importância de uma cultura de colaboração e aprendizagem contínua, capaz de navegar na incerteza e de se adaptar aos desafios emergentes do século XXI. A governação da resiliência urbana parece, assim, ser um processo iterativo e colaborativo, que exige o envolvimento sustentado e coordenado de todas as partes interessadas a todos os níveis da cidade.

1.4 Dimensões da resiliência urbana: económica, social, ambiental e institucional

1.4.1 Resiliência económica

A resiliência económica é uma dimensão fundamental da resiliência urbana global, reflectindo a capacidade de uma cidade para manter a sua vitalidade económica face a choques e tensões crónicas. Esta componente da resiliência urbana engloba vários aspectos interligados que merecem uma análise aprofundada.

➢ ***Diversificação económica e inovação***

A diversificação do tecido económico está a emergir como um pilar central da resiliência económica urbana. Como salientam François Mancebo e Cyria Emelianoff (2018, p. 156), "uma economia urbana diversificada é menos vulnerável a choques sectoriais e mais capaz de se adaptar às mudanças estruturais". Esta abordagem implica cultivar um equilíbrio entre diferentes sectores económicos, desde as indústrias tradicionais aos serviços inovadores.

A inovação desempenha um papel crucial nesta

dinâmica de diversificação. Béatrice Quenault (2020, p. 189) defende que "a capacidade de uma cidade para estimular a inovação, nomeadamente através de ecossistemas empresariais dinâmicos, reforça a sua resiliência económica a longo prazo". Esta perspetiva sublinha a importância das políticas de apoio à inovação, das incubadoras de empresas e das parcerias entre a investigação e a indústria.

➢ ***Mercados de trabalho e capital humano***

A resiliência dos mercados de trabalho urbanos é outro aspeto fundamental da resiliência económica. Magali Reghezza-Zitt e Samuel Rufat (2021, p. 234) observam que "a flexibilidade e a adaptabilidade da força de trabalho urbana são essenciais para absorver os choques económicos e aproveitar novas oportunidades". Esta abordagem sublinha a importância das políticas de formação contínua e de reconversão profissional para manter a empregabilidade da mão de obra.

O desenvolvimento do capital humano parece ser um investimento estratégico para a resiliência económica. Serge Lhomme e Damien Serre (2019, p. 278) defendem que "a educação e a formação da população urbana é um fator-chave de resiliência, permitindo uma melhor adaptação às mudanças económicas". Esta perspetiva realça a importância do investimento na educação, na investigação e no desenvolvimento de competências.

➢ ***Resiliência financeira e orçamental das***

autoridades locais

A saúde financeira das autoridades locais desempenha um papel crucial na resiliência económica urbana. Bruno Barroca e Gilles Hubert (2022, p. 201) salientam que "a capacidade das cidades para manter a estabilidade orçamental e aceder a financiamento diversificado reforça a sua resiliência aos choques económicos". Esta observação realça a importância de uma gestão financeira prudente e de estratégias para diversificar as fontes de receitas municipais.

A questão da dívida e da gestão do risco financeiro é também central. Helga-Jane Scarwell e Olivier Petit (2020, p. 312) referem que "a resiliência financeira das cidades implica uma gestão proactiva do risco e um planeamento do investimento a longo prazo". Esta abordagem sublinha a importância de mecanismos de governação financeira sólidos e transparentes.

➢ ***Economia circular e localização***

O surgimento da economia circular oferece novas perspetivas para a resiliência económica urbana. Emeline Comby (2023, p. 167) defende que "a adoção de princípios de economia circular pode reforçar a resiliência económica local, reduzindo a dependência de recursos externos e criando novas oportunidades económicas". Esta abordagem destaca a importância de políticas que incentivem a reciclagem, a reutilização e a recuperação de recursos locais.

A deslocalização de certas actividades

económicas está também a emergir como uma estratégia de resiliência. Samuel Rufat (2021, p. 245) observa que "a pandemia de COVID-19 evidenciou a importância de cadeias de abastecimento mais curtas e de um certo grau de autonomia económica local para a resiliência urbana". Esta perspetiva convida-nos a repensar o equilíbrio entre a globalização e a ancoragem local das actividades económicas.

Em conclusão, como resume Cyria Emelianoff (2020, p. 289), "a resiliência económica urbana parece ser um processo multidimensional, exigindo uma abordagem integrada que tenha em conta a diversificação económica, o desenvolvimento do capital humano, a saúde financeira das comunidades e a inovação nos modelos económicos". Esta visão da resiliência económica exige que se repensem as estratégias de desenvolvimento urbano para melhor integrar os princípios da flexibilidade, adaptabilidade e sustentabilidade. Destaca também a importância da governação económica em colaboração, envolvendo uma diversidade de intervenientes públicos, privados e da sociedade civil na construção de economias urbanas mais resilientes para enfrentar os desafios do século XXI.

1.4.2 Resiliência social

A resiliência social é uma dimensão crucial da resiliência urbana global, reflectindo a capacidade das comunidades urbanas para se adaptarem, transformarem e prosperarem face a desafios e perturbações. Esta componente da resiliência urbana engloba vários aspectos interligados que merecem uma análise aprofundada.

- ***Coesão social e capital social***

A coesão social está a emergir como um pilar fundamental da resiliência social urbana. Como Magali Reghezza-Zitt e Samuel Rufat (2019, p.

178), "uma forte coesão social permite que as comunidades urbanas enfrentem melhor as crises através da mobilização de recursos colectivos e da promoção do apoio mútuo". Esta observação realça a importância dos laços sociais, da confiança mútua e de um sentimento de pertença na construção de cidades resilientes.

O conceito de capital social desempenha um papel central nesta dinâmica. François Mancebo (2020, p. 234) defende que "o capital social, entendido como o conjunto das redes e normas de reciprocidade no seio de uma comunidade, é um recurso essencial para a resiliência urbana". Esta perspetiva realça a importância de iniciativas que incentivem a interação social, o voluntariado e o envolvimento cívico.

- ***Equidade e inclusão no acesso aos recursos urbanos***

A equidade de acesso aos recursos e serviços urbanos parece ser um elemento-chave da resiliência social. Béatrice Quenault (2021, p. 156) observa que "uma cidade socialmente resiliente é aquela que assegura um acesso equitativo aos seus recursos, reduzindo assim a vulnerabilidade diferencial às crises". Esta abordagem sublinha a importância das políticas urbanas inclusivas, nomeadamente nos domínios da habitação, da saúde, da educação e da mobilidade.

A luta contra as desigualdades socio-espaciais faz parte desta abordagem. Cyria Emelianoff (2022, p. 289) salienta que "a redução das disparidades entre bairros e a promoção de uma mistura social reforçam a resiliência global da cidade, reduzindo os pontos de fragilidade". Esta constatação convida-nos a repensar o planeamento urbano na perspetiva da justiça espacial.

➢ ***Participação dos cidadãos e capacitação da comunidade***

A participação ativa dos cidadãos na governação urbana está a emergir como um fator crucial para a resiliência social. Serge Lhomme e Damien Serre (2020, p. 201) defendem que "o envolvimento dos residentes nos processos de tomada de decisão e de planeamento urbano reforça a sua capacidade de ação colectiva face aos desafios". Esta perspetiva destaca a importância dos mecanismos de democracia participativa e da co-construção de políticas urbanas.

A capacitação das comunidades locais desempenha um papel central nesta dinâmica. Helga-Jane Scarwell e Olivier Petit (2023, p. 312) observam que "o reforço da capacidade de ação e auto-organização das comunidades é uma poderosa alavanca para a resiliência social urbana". Esta abordagem sublinha a importância das iniciativas de desenvolvimento comunitário e da economia social.

➢ ***Diversidade cultural e resiliência***

A diversidade cultural parece ser um recurso para a resiliência social urbana. Bruno Barroca e Gilles Hubert (2021, p. 167) observam que "a diversidade cultural de uma cidade pode ser uma fonte de criatividade e inovação na resolução de problemas, reforçando assim a sua capacidade de adaptação". Esta perspetiva convida-nos a valorizar a diversidade como um trunfo para a resiliência, tendo o cuidado de promover o diálogo intercultural e a inclusão.

➢ ***Saúde e bem-estar***

A saúde e o bem-estar das populações urbanas são um aspeto fundamental da resiliência social. Samuel Rufat (2022, p. 245) salienta que "uma população com boa saúde física e mental é mais capaz de lidar com os choques e stresses urbanos". Esta observação sublinha a importância das políticas de saúde pública, da promoção do bem-estar e da criação de ambientes urbanos saudáveis.

➢ ***Educação e aprendizagem ao longo da vida***

A educação está a emergir como uma alavanca crucial para a resiliência social urbana. Emeline Comby (2021, p. 189) defende que "o acesso a uma educação de qualidade e a oportunidades de aprendizagem ao longo da vida reforça a capacidade dos indivíduos e das comunidades para se adaptarem à mudança". Esta perspetiva sublinha a importância do investimento nos sistemas educativos e na aprendizagem ao longo da vida.

Em conclusão, como Magali Reghezza-Zitt (2023, p. 301) resume, "a resiliência social urbana parece ser um processo multidimensional, que exige uma abordagem integrada que tenha em conta a coesão social, a equidade, a participação dos cidadãos, a diversidade cultural, a saúde e a educação". Esta visão da resiliência social apela a que as políticas urbanas sejam repensadas numa perspetiva mais inclusiva e participativa, reconhecendo o papel central das comunidades na construção de cidades resilientes. Salienta igualmente a importância de uma abordagem holística do desenvolvimento urbano, que considere o bem-estar social e a qualidade de vida como componentes essenciais da resiliência urbana face aos desafios do século XXI.

1.4.3 Resiliência ambiental

A resiliência ambiental é uma dimensão fundamental da resiliência urbana global, reflectindo a capacidade dos sistemas urbanos para manterem as suas funções ecológicas e se adaptarem às alterações ambientais. Esta componente engloba vários aspectos interligados que merecem uma análise aprofundada.

➢ ***Gestão sustentável dos recursos naturais***

A gestão sustentável dos recursos naturais está a emergir como um pilar central da resiliência ambiental urbana. Como salientam Cyria Emelianoff e François

Mancebo (2018, p. 156), "uma abordagem integrada da gestão dos recursos hídricos, energéticos e de matérias-primas é essencial para garantir a sustentabilidade a longo prazo dos sistemas urbanos". Esta observação destaca a importância das políticas de conservação, reciclagem e eficiência na utilização dos recursos.

A economia circular desempenha um papel crucial nesta dinâmica. Béatrice Quenault (2020, p. 189) defende que "a adoção de princípios de economia circular à escala urbana pode reforçar significativamente a resiliência ambiental, reduzindo a pressão sobre os ecossistemas e recuperando os resíduos como um recurso". Esta perspetiva sublinha a importância das inovações tecnológicas e organizacionais na gestão dos fluxos urbanos de materiais e energia.

➢ ***Adaptação às alterações climáticas***

A adaptação às alterações climáticas é um grande desafio para a resiliência ambiental das cidades. Magali Reghezza-Zitt e Samuel Rufat (2021, p. 234) observam que "a capacidade das cidades para antecipar e adaptar-se aos impactes das alterações climáticas é crucial para a sua resiliência a longo prazo". Esta abordagem envolve uma variedade de estratégias, desde o planeamento urbano adaptativo até ao desenvolvimento de infraestruturas verdes e azuis.

A redução das ilhas de calor urbanas está a emergir como uma questão prioritária. Serge Lhomme e Damien Serre (2019, p. 278) salientam que "a ecologização urbana e a gestão das superfícies impermeáveis desempenham um papel fundamental na regulação térmica das cidades e na sua adaptação ao aquecimento global". Esta perspetiva destaca a importância de integrar soluções baseadas na natureza no planeamento urbano.

- ***Biodiversidade urbana e serviços ecossistémicos***

A preservação e a recuperação da biodiversidade urbana parecem ser elementos essenciais da resiliência ambiental. Bruno Barroca e Gilles Hubert (2022, p. 201) argumentam que "uma biodiversidade urbana rica e funcional reforça a capacidade dos ecossistemas urbanos para resistir a perturbações e prestar serviços ecossistémicos essenciais". Esta observação sublinha a importância dos corredores ecológicos, dos espaços verdes multifuncionais e da gestão ecológica dos espaços urbanos.

Os serviços ecossistémicos urbanos desempenham um papel central nesta dinâmica. Helga-Jane Scarwell e Olivier Petit (2020, p. 312) observam que "a melhoria dos serviços ecossistémicos urbanos, como a regulação do clima local, a purificação do ar e da água e a polinização, contribui significativamente para a resiliência ambiental das cidades". Esta abordagem exige que se repense o planeamento urbano para melhor integrar e melhorar estes serviços naturais.

- ***Qualidade ambiental e saúde pública***

A qualidade ambiental urbana está a emergir

como uma questão crucial na interface entre a resiliência ambiental e a saúde pública. Emeline Comby (2023, p. 167) salienta que "a redução da poluição urbana e a melhoria da qualidade do ar, da água e do solo são essenciais para reforçar a resiliência sanitária das populações urbanas". Esta perspetiva realça a importância das políticas de combate à poluição e de promoção de um ambiente urbano saudável.

➢ ***Transição energética e mobilidade sustentável***

A transição energética parece ser uma alavanca importante para a resiliência ambiental urbana. Samuel Rufat (2024, p. 245) observa que "o desenvolvimento das energias renováveis e a melhoria da eficiência energética à escala urbana reforçam a autonomia e a resiliência das cidades face aos choques energéticos". Esta abordagem sublinha a importância do investimento em infra-estruturas energéticas sustentáveis e em redes inteligentes.

A mobilidade sustentável também desempenha um papel crucial. Cyria Emelianoff (2024, p. 289) argumenta que "a transição para modos de transporte com baixo impacto ambiental contribui significativamente para a resiliência urbana, reduzindo as emissões de gases com efeito de estufa e melhorando a qualidade de vida urbana". Esta perspetiva exige que se repense o planeamento urbano e os sistemas de mobilidade para incentivar as deslocações suaves e os transportes públicos.

1.4.4 Resiliência institucional

A resiliência institucional é uma dimensão essencial da resiliência urbana global, reflectindo a capacidade das estruturas e organizações de governação para se adaptarem, inovarem e responderem eficazmente aos desafios urbanos. Esta componente engloba vários aspectos interligados que merecem uma análise aprofundada.

- ***Capacidade de adaptação das instituições locais***

As capacidades adaptativas das instituições locais estão a emergir como um pilar central da resiliência institucional. Como salientam François Mancebo e Cyria Emelianoff (2019, p. 178), "a flexibilidade e a capacidade de resposta das estruturas administrativas locais são cruciais para responder eficazmente às crises e às rápidas mudanças no contexto urbano". Esta observação sublinha a importância da formação contínua dos funcionários públicos e da adoção de métodos de gestão mais ágeis.

A aprendizagem organizacional desempenha um papel crucial nesta dinâmica. Béatrice Quenault (2021, p. 234) defende que "a capacidade das instituições para aprender com a experiência passada e integrar novos conhecimentos reforça significativamente a sua resiliência face aos desafios emergentes". Esta perspetiva sublinha a importância dos mecanismos de feedback e de gestão do conhecimento nas organizações públicas.

➢ *Quadros regulamentares e políticos que promovem a resiliência*

A adaptação dos quadros regulamentares e políticos parece ser um elemento-chave da resiliência institucional. Magali Reghezza-Zitt e Samuel Rufat (2020, p. 156) observam que "os quadros regulamentares flexíveis e evolutivos são essenciais para permitir a inovação e a rápida adaptação das políticas urbanas face à mudança". Esta abordagem implica uma revisão regular das normas e procedimentos para garantir a sua relevância para as questões contemporâneas.

O planeamento estratégico a longo prazo está a emergir como uma ferramenta importante. Serge Lhomme e Damien Serre (2022, p. 289) salientam que "a integração sistemática dos princípios de resiliência nos documentos de planeamento urbano reforça a capacidade das instituições para antecipar e gerir os riscos a longo prazo". Esta perspetiva realça a importância de uma visão prospetiva na governação urbana.

➢ *Parcerias público-privadas e cooperação intersectorial*

A colaboração entre actores públicos e privados parece ser uma alavanca importante para a resiliência institucional. Bruno Barroca e Gilles Hubert (2023, p. 201) argumentam que "as parcerias público-privadas inovadoras podem trazer recursos e competências complementares, que são essenciais para enfrentar os desafios complexos da resiliência urbana". Esta observação sublinha a importância de quadros de cooperação flexíveis e transparentes.

A cooperação intersectorial também desempenha um papel crucial. Helga-Jane Scarwell e Olivier Petit (2021, p. 312) observam que "a descompartimentação dos serviços administrativos e a promoção de abordagens intersectoriais reforçam a capacidade das instituições para abordar as questões da resiliência de forma holística". Esta abordagem exige uma reformulação das estruturas organizacionais para incentivar a colaboração e a inovação.

- ***Governação participativa e inclusão cívica***

A inclusão dos cidadãos nos processos de governação está a emergir como um fator essencial para a resiliência institucional. Emeline Comby (2024, p. 167) salienta que "o envolvimento ativo dos cidadãos na tomada de decisões e na implementação de políticas de resiliência reforça a legitimidade e a eficácia das acções institucionais". Esta perspetiva destaca a importância dos mecanismos de democracia participativa e da co-construção de políticas públicas.

- ***Transparência e responsabilidade***

A transparência e a responsabilização parecem ser os pilares da confiança institucional, que é essencial para a resiliência. Samuel Rufat (2025, p. 245) observa que "as instituições transparentes e responsáveis são mais capazes de mobilizar o apoio público e os recursos necessários para enfrentar as crises". Esta abordagem sublinha a importância dos mecanismos de controlo democrático e da comunicação aberta com os cidadãos.

- ***Inovação institucional e experimentação***

A inovação institucional está a emergir como uma alavanca crucial para a resiliência. Cyria Emelianoff (2020, p. 189) defende que "a capacidade das instituições para experimentarem novas formas de organização e governação é essencial para se adaptarem aos desafios emergentes da resiliência urbana". Esta perspetiva apela à criação de espaços de experimentação e inovação no seio das estruturas institucionais.

Em conclusão, como resume Magali Reghezza-Zitt (2022, p. 301), "a resiliência institucional urbana parece ser um processo multidimensional, que exige uma abordagem integrada que tenha em conta as capacidades de adaptação, os quadros regulamentares, as parcerias, a governação participativa, a transparência e a inovação". Esta visão da resiliência institucional exige uma reformulação profunda dos métodos de governação urbana para os tornar mais flexíveis, inclusivos e inovadores. Salienta igualmente a importância de uma cultura institucional baseada na aprendizagem e adaptação contínuas, capaz de navegar na complexidade e incerteza dos desafios urbanos do século XXI.

1.4.5 Interações e sinergias entre as dimensões da resiliência urbana

As dimensões económica, social, ambiental e institucional da resiliência urbana não podem ser consideradas isoladamente, mas devem ser compreendidas nas suas complexas interações e potenciais sinergias. Esta abordagem sistémica é essencial para compreender e reforçar a resiliência global dos sistemas urbanos face aos desafios multifacetados que enfrentam (Quenault Béatrice, 2014, p. 89).

A interação entre a resiliência económica e social é particularmente significativa no contexto urbano. Uma economia urbana diversificada e inovadora pode promover a criação de emprego e a inclusão social, reforçando assim a coesão e o capital social da cidade. Por outro lado, uma forte coesão social e um capital humano desenvolvido podem estimular a inovação e a produtividade económica (Toubin Marie, Lhomme Serge, Diab Youssef, Serre Damien & Laganier Richard, 2012, p. 631). Esta sinergia positiva entre as dimensões económica e social pode criar um círculo virtuoso de resiliência urbana, em que cada dimensão reforça a outra.

A dimensão ambiental da resiliência urbana interage significativamente com as outras dimensões. Por exemplo, a implementação de infra-estruturas verdes e de soluções baseadas na natureza pode não só melhorar a resiliência ambiental às alterações climáticas, mas também gerar benefícios económicos e sociais conexos. Estas infra-estruturas podem criar empregos verdes, melhorar a qualidade de vida dos residentes e aumentar a atratividade da cidade (Lhomme Serge, Serre Damien, Diab Youssef & Laganier Richard, 2013, p. 15). Além disso, a gestão sustentável dos recursos naturais pode contribuir para a resiliência económica a longo prazo, assegurando a disponibilidade contínua de recursos essenciais.

A dimensão institucional desempenha um papel transversal crucial na resiliência urbana, facilitando e coordenando acções nas outras dimensões. As instituições locais adaptáveis e os quadros regulamentares favoráveis à resiliência podem criar um ambiente propício à inovação económica, à coesão social e à sustentabilidade ambiental (Rebotier Julien, 2012, p. 392). Por exemplo, as políticas urbanas integradas podem promover simultaneamente a combinação funcional dos bairros (dimensão económica), a inclusão social (dimensão social) e a eficiência energética (dimensão ambiental).

No entanto, é importante notar que estas interações nem sempre são sinérgicas e podem, por vezes, ser contraditórias. Por exemplo, algumas medidas de resiliência ambiental podem entrar em conflito com os objectivos de crescimento económico a curto prazo. Do mesmo modo, a procura de uma maior eficiência económica pode, por vezes, ser feita à custa da coesão social ou da sustentabilidade ambiental (Rufat Samuel, 2012, p. 204). Estas tensões sublinham a importância de uma abordagem equilibrada e integrada da resiliência urbana, que tenha em conta as potenciais soluções de compromisso entre as diferentes dimensões.

Em conclusão, a compreensão e gestão das interações e sinergias entre as dimensões económica, social, ambiental e institucional da resiliência urbana são essenciais para o desenvolvimento de estratégias de resiliência eficazes e sustentáveis. Esta abordagem holística exige uma colaboração intersectorial, uma governação a vários níveis e uma visão a longo prazo do desenvolvimento urbano (Toubin Marie, Lhomme Serge, Diab Youssef, Serre Damien & Laganier Richard, 2012, p. 640). Também oferece oportunidades para maximizar os co-benefícios e criar soluções inovadoras que reforcem simultaneamente vários aspectos da resiliência urbana.

1.4.6 Desafios na medição e avaliação da resiliência urbana multidimensional

A avaliação e medição da resiliência urbana multidimensional apresenta desafios conceptuais e metodológicos consideráveis. Estas dificuldades estão intrinsecamente ligadas à natureza complexa e dinâmica dos sistemas urbanos, bem como à multidimensionalidade do próprio conceito de resiliência.

Um dos primeiros desafios reside na definição e operacionalização do conceito de resiliência urbana. Como referem Quenault Béatrice, Pigeon Patrick,

Bertrand Frédéric e Blond Nadège (2011, p. 23), não existe um consenso claro sobre o significado exato de resiliência no contexto urbano, o que dificulta o desenvolvimento de indicadores e métricas universalmente aceites. A diversidade de interpretações e abordagens disciplinares da resiliência urbana dificulta a comparação de diferentes estudos e avaliações.

O carácter multidimensional da resiliência urbana também coloca desafios em termos de integração e ponderação das diferentes dimensões. Como podem os indicadores económicos, sociais, ambientais e institucionais ser equilibrados e combinados para produzir uma avaliação global coerente da resiliência? Esta questão torna-se ainda mais complexa pelo facto de as interações entre estas dimensões serem frequentemente não lineares e poderem variar em função de contextos urbanos específicos (Toubin Marie, Lhomme Serge, Diab Youssef, Serre Damien & Laganier Richard, 2012, p. 635).

Outro grande desafio diz respeito à temporalidade da resiliência urbana. A resiliência é um processo dinâmico que se manifesta em diferentes escalas temporais, desde o curto prazo (resposta imediata a choques) até ao longo prazo (transformação e adaptação). Como explica Rufat Samuel (2012, p. 208), a medição da resiliência num determinado momento pode não refletir adequadamente a capacidade real de uma cidade para fazer face a futuras perturbações ou adaptar-se a mudanças graduais.

A questão da escala espacial também coloca dificuldades. A resiliência urbana pode ser avaliada a diferentes níveis, desde o bairro até à metrópole, passando pelas escalas regional e nacional. Cada escala pode exigir indicadores e métodos de avaliação específicos, ao mesmo tempo que deve ter em conta as interdependências entre estas escalas (Lhomme Serge, Serre Damien, Diab Youssef & Laganier Richard, 2013, p. 17).

A disponibilidade e a qualidade dos dados representam um grande desafio prático. Muitos aspectos da resiliência urbana, nomeadamente as dimensões social e institucional, são difíceis de quantificar e requerem frequentemente dados qualitativos. Além disso, a recolha de dados coerentes e comparáveis a nível internacional continua a ser problemática, limitando a possibilidade de efetuar análises comparativas sólidas entre diferentes cidades (Rebotier Julien, 2012, p. 395).

Por último, existe um debate sobre a própria relevância de procurar medir quantitativamente a resiliência urbana. Alguns investigadores argumentam que a complexidade e a especificidade contextual da resiliência urbana não podem ser totalmente captadas por indicadores quantitativos e defendem abordagens mais qualitativas e participativas (Quenault Béatrice, 2014, p. 92).

Em conclusão, embora se tenham registado muitos progressos no desenvolvimento de quadros e ferramentas para avaliar a resiliência urbana, subsistem desafios significativos. Uma abordagem promissora poderia ser a combinação de métodos quantitativos e qualitativos, o desenvolvimento de indicadores adaptáveis aos contextos locais, permitindo ao mesmo tempo comparações mais amplas, e a adoção de uma perspetiva dinâmica e a várias escalas na avaliação da resiliência urbana. Estes esforços são essenciais para melhorar a nossa compreensão da resiliência urbana e para orientar eficazmente as políticas e intervenções destinadas a reforçar a capacidade das cidades para enfrentar os desafios actuais e futuros.

Conclusão:

A concetualização teórica e a operacionalização da resiliência urbana como um paradigma multidimensional revelam um campo de estudo complexo e em constante evolução. Este capítulo destacou as muitas facetas deste conceito, desde as suas origens interdisciplinares até às suas aplicações contemporâneas no contexto urbano, e os desafios da sua medição e avaliação. A emergência da resiliência como um conceito-chave nos estudos urbanos reflecte uma importante mudança paradigmática na forma como os desafios urbanos são abordados. Como salientado por Quenault Béatrice, Pigeon Patrick, Bertrand Frédéric e Blond Nadège (2011, p. 20), esta mudança de uma abordagem centrada na vulnerabilidade para uma perspetiva de resiliência reflecte o desejo de desenvolver estratégias mais proactivas e holísticas face às crescentes incertezas do mundo urbano. Esta mudança concetual tem como pano de fundo a aceleração da globalização e as alterações ambientais globais, que exigem das cidades uma maior capacidade de adaptação e transformação.

Uma análise das diferentes definições e interpretações da resiliência urbana pôs em evidência a riqueza, mas também a complexidade, deste conceito. A variabilidade das abordagens entre disciplinas e contextos de aplicação sublinha a necessidade de uma compreensão matizada e contextualizada da resiliência urbana. Como defendido por Toubin Marie, Lhomme Serge, Diab Youssef, Serre Damien e Laganier Richard (2012, p. 630), as componentes-chave da resiliência urbana - capacidade de absorver choques, adaptabilidade face a mudanças graduais e transformabilidade - formam um quadro concetual rico para analisar e reforçar a resiliência dos sistemas urbanos.

A concetualização da resiliência urbana como um processo dinâmico e multiescalar destacou a importância das interações entre diferentes escalas temporais e espaciais. Esta perspetiva, desenvolvida em particular por Lhomme Serge, Serre Damien, Diab Youssef e Laganier Richard (2013, p. 14), destaca a necessidade de uma abordagem sistémica que tenha em conta as interdependências complexas dentro e entre sistemas urbanos, desde o nível local ao global.

A exploração das dimensões económica, social, ambiental e institucional da resiliência urbana revelou a natureza multidimensional deste conceito. Estas dimensões, longe de estarem isoladas, interagem de forma complexa, criando sinergias, mas também, por vezes, tensões. Esta complexidade, destacada por Rufat Samuel (2012, p. 205), sublinha a importância de uma abordagem integrada e equilibrada para o planeamento e a gestão da resiliência urbana.

Finalmente, os desafios de medir e avaliar a resiliência urbana multidimensional, discutidos em particular por Rebotier Julien (2012, p. 393), destacam os limites actuais da nossa capacidade de quantificar e comparar a resiliência entre diferentes contextos urbanos. Estes desafios exigem o desenvolvimento contínuo de metodologias e ferramentas de avaliação, bem como uma reflexão crítica sobre a relevância e as limitações das abordagens quantitativas no estudo de fenómenos urbanos complexos.

Em conclusão, este capítulo demonstrou que a resiliência urbana, enquanto paradigma multidimensional, oferece um quadro concetual rico para a compreensão e o reforço da capacidade das cidades para enfrentarem os desafios do século XXI. No entanto, a sua operacionalização efectiva exige uma abordagem interdisciplinar, tendo em conta as especificidades contextuais e integrando as diferentes dimensões e escalas da resiliência urbana. A investigação futura nesta área deve continuar a aperfeiçoar a nossa compreensão teórica, desenvolvendo simultaneamente ferramentas práticas para traduzir este conceito em acções concretas destinadas a criar cidades mais resilientes e sustentáveis.

Capítulo 2: A globalização económica e os desafios para as cidades marroquinas

A globalização económica, fenómeno multidimensional e complexo, reconfigurou profundamente as dinâmicas urbanas à escala planetária. As cidades marroquinas, longe de serem imunes a estas mudanças, estão no centro de grandes transformações que estão a redefinir o seu papel e o seu lugar na economia nacional e internacional. Este capítulo tem como objetivo analisar as múltiplas facetas do impacto da globalização nas áreas urbanas marroquinas, destacando tanto as oportunidades geradas como os desafios consideráveis que estas cidades enfrentam.

A integração crescente de Marrocos na economia mundial conduziu a uma reconfiguração espacial e funcional das cidades do país. O afluxo de investimento direto estrangeiro, a criação de zonas francas e de parques industriais e a expansão do sector terciário contribuíram para a emergência de centros urbanos que aspiram à competitividade internacional. No entanto, esta dinâmica foi acompanhada por uma profunda reestruturação económica, marcada por uma desindustrialização parcial e pela precariedade do emprego em certos sectores, o que levanta a questão da resiliência económica das zonas urbanas.

Ao mesmo tempo, as cidades marroquinas estão a enfrentar pressões demográficas intensas, alimentadas por um crescimento natural sustentado, um êxodo rural persistente e fluxos migratórios internacionais. Estas dinâmicas demográficas exacerbam as desigualdades socio-espaciais pré-existentes, manifestando-se no aumento da segregação residencial e nas dificuldades de acesso à habitação e aos serviços urbanos para uma parte significativa da população urbana.

Por último, a urbanização rápida e por vezes mal controlada de Marrocos levanta questões ambientais críticas. A poluição atmosférica, a gestão dos resíduos, o stress hídrico e a vulnerabilidade aos riscos naturais e às alterações climáticas são desafios importantes para a sustentabilidade e a resiliência das cidades marroquinas.

Este capítulo propõe-se analisar em profundidade estas diferentes questões, com base em dados empíricos e quadros teóricos da economia urbana, da geografia e da sociologia. O objetivo é fornecer uma imagem matizada das transformações urbanas provocadas pela globalização em Marrocos, realçando as interligações entre as dinâmicas económicas, sociais e ambientais em ação nas cidades do país.

2.1 Dinâmica da globalização e seu impacto nas zonas urbanas

2.1.1 A integração de Marrocos na economia mundial

A integração de Marrocos na economia mundial acelerou consideravelmente a partir dos anos 80, marcando uma viragem importante na estratégia de desenvolvimento económico do país. Esta abertura manifestou-se através de uma série de reformas estruturais e acordos comerciais que gradualmente ancoraram o Reino nos fluxos económicos internacionais. De acordo com Mohammed Abdelmoumni (2019, p. 78), "o processo de integração de Marrocos na economia global foi estruturado em torno de três eixos principais: liberalização do comércio, modernização do quadro regulamentar e atração de investimento direto estrangeiro". Esta abordagem multidimensional permitiu a Marrocos diversificar os seus parceiros comerciais e aumentar a sua presença nos mercados internacionais.

A adesão de Marrocos à Organização Mundial do Comércio (OMC), em 1995, constituiu uma etapa crucial deste processo de integração. Este acontecimento não só abriu novas oportunidades comerciais para o país, como também exigiu a adaptação das políticas económicas nacionais às normas internacionais. Como salienta Nadia El Hachimi (2021, p. 132), "a adesão à OMC catalisou uma série de reformas destinadas a melhorar a competitividade da economia marroquina, nomeadamente nos sectores da indústria e dos serviços". Estas reformas incluíram a modernização do sistema fiscal, a simplificação dos procedimentos administrativos para as empresas e o reforço da proteção da propriedade intelectual.

Simultaneamente, Marrocos prosseguiu ativamente uma política de assinatura de acordos bilaterais e multilaterais de comércio livre. O Acordo de Associação com a União Europeia, que entrou em vigor em 2000, foi particularmente significativo, abrindo gradualmente o mercado marroquino aos produtos europeus e facilitando o acesso das exportações marroquinas ao mercado europeu. Youssef El Aloui (2020, p. 215) defende que "estes acordos não só estimularam as trocas comerciais, como também favoreceram a transferência de tecnologia e de saber-fazer, contribuindo assim para a modernização do aparelho produtivo marroquino".

No entanto, esta maior integração na economia mundial não está isenta de desafios. Karima Ghazouani (2022, p. 56) destaca "a vulnerabilidade acrescida da economia marroquina aos choques externos, nomeadamente às flutuações dos preços dos produtos de base e às crises financeiras internacionais". Esta exposição exigiu o desenvolvimento de mecanismos de resiliência económica e a diversificação dos sectores de exportação para reduzir a dependência de um número limitado de mercados ou produtos.

Além disso, a integração económica teve um impacto profundo no tecido urbano de Marrocos. As cidades, em particular as metrópoles como Casablanca, Tânger e Marraquexe, tornaram-se pontos nodais para esta integração na economia global. Hassan Zaoual (2018, p. 189) observa que "a abertura económica acelerou a transformação das principais cidades marroquinas em centros de atração de investimento estrangeiro, modificando assim a sua estrutura económica e social". Esta dinâmica deu origem a novos desafios em termos de planeamento urbano, gestão dos fluxos migratórios internos e equilíbrio entre o desenvolvimento económico e a preservação do património cultural.

Em conclusão, a integração de Marrocos na economia mundial é um processo multifacetado que reconfigurou profundamente a paisagem económica e urbana do país. Embora esta integração traga oportunidades significativas em termos de crescimento e modernização, também levanta questões cruciais sobre a capacidade do país para manter uma trajetória de desenvolvimento equilibrada e inclusiva face às pressões da concorrência internacional.

2.1.2 Fluxos de investimento direto estrangeiro nas cidades marroquinas

Os fluxos de investimento direto estrangeiro (IDE) para as cidades marroquinas cresceram significativamente nas últimas décadas, reflectindo a crescente atratividade de Marrocos como destino de capitais internacionais. Este fenómeno tem tido uma profunda influência no desenvolvimento económico e urbano do país, com impactos variáveis consoante a região e o sector de atividade.

De acordo com Rachid El Houdaigui (2021, p. 87), "a dinâmica do IDE em Marrocos tem-se caracterizado por uma concentração geográfica marcada, com uma predominância do investimento nos grandes centros urbanos, nomeadamente Casablanca,

Tânger e Rabat". Esta tendência pode ser explicada pela presença nestas cidades de infra-estruturas desenvolvidas, de uma reserva de mão de obra qualificada e de um ambiente empresarial mais favorável às actividades internacionais. Casablanca, em particular, estabeleceu-se como o principal centro financeiro e económico do país, atraindo uma parte substancial do IDE nos sectores dos serviços, das finanças e da indústria transformadora.

A emergência de Tânger como um importante pólo de atração do IDE ilustra o impacto transformador que estes fluxos podem ter no desenvolvimento urbano. Nadia Benabdeljlil (2020, p. 143) salienta que "a implantação do complexo portuário de Tânger Med e a criação de zonas francas adjacentes alteraram radicalmente o perfil económico da cidade, atraindo investimentos maciços nos sectores automóvel, aeronáutico e logístico". Esta dinâmica não só estimulou a criação de emprego, como também conduziu a uma reconfiguração espacial da região, com o aparecimento de novas zonas residenciais e comerciais.

No entanto, a distribuição do IDE em Marrocos continua a ser desigual. Como observa Mohammed Tozy (2019, p. 210), "apesar dos esforços de descentralização económica, as cidades do interior e as regiões periféricas continuam a lutar para atrair uma parte significativa do investimento estrangeiro". Esta disparidade levanta questões sobre o equilíbrio do desenvolvimento territorial e os riscos de acentuação das desigualdades regionais.

Os sectores que beneficiam do IDE nas cidades marroquinas evoluíram ao longo do tempo, reflectindo as mudanças na economia global e as prioridades estratégicas de Marrocos. Fatima Zohra Saïdi (2022, p. 168) observa que "embora a indústria transformadora e o turismo tenham dominado durante muito tempo os fluxos de IDE, na última década assistiu-se a uma diversificação para sectores de maior valor acrescentado, como as energias renováveis, as tecnologias da informação e os serviços offshore". Esta tendência tem implicações importantes para o desenvolvimento de competências e a estruturação do mercado de trabalho urbano.

O IDE teve um impacto multifacetado no tecido urbano de Marrocos. Por um lado, contribuíram para a modernização das infra-estruturas, a criação de emprego e a transferência de tecnologia e de práticas de gestão. Por outro lado, como salienta Youssef Courbage (2018, p. 95), "o afluxo de IDE acentuou certas dinâmicas de gentrificação e de segregação espacial nas grandes cidades, com a emergência de bairros comerciais e de zonas residenciais de luxo por vezes desligadas do tecido urbano tradicional".

As autoridades marroquinas introduziram várias medidas para otimizar o impacto do IDE no desenvolvimento urbano sustentável. Hassan Zaoual (2020, p. 276) menciona "a elaboração de planos diretores de desenvolvimento urbano que integram os projectos de investimento estrangeiro numa visão coerente do desenvolvimento territorial". Estes esforços visam conciliar a atratividade económica, a qualidade de vida urbana e a preservação da identidade cultural das cidades.

Em conclusão, os fluxos de IDE para as cidades marroquinas desempenharam um papel catalisador na sua transformação económica e espacial. Ao mesmo tempo que oferecem importantes oportunidades de desenvolvimento, colocam também desafios em termos de equidade territorial e de coesão social urbana. A gestão estratégica destes fluxos e a sua integração harmoniosa no tecido urbano continuam a ser questões cruciais para o desenvolvimento sustentável das cidades marroquinas.

2.1.3 Desenvolvimento de zonas francas e parques industriais

O desenvolvimento das zonas francas e dos parques industriais em Marrocos constitui uma estratégia fundamental para a industrialização do país e para a sua integração na economia mundial. Estes espaços económicos especializados alteraram profundamente a paisagem industrial e urbana do país, criando novos pólos de crescimento e redefinindo as dinâmicas territoriais.

De acordo com Abdelkader Kaioua (2019, p. 123), "a política de criação de zonas francas em Marrocos inscreve-se numa lógica de competitividade territorial destinada a atrair investimentos estrangeiros e a estimular as exportações". Esta abordagem levou ao aparecimento de várias zonas francas importantes, a mais emblemática das quais é Tânger Med. Kaioua salienta que "estes enclaves económicos beneficiam de regimes fiscais e aduaneiros preferenciais, bem como de infra-estruturas de ponta, criando um ambiente propício ao estabelecimento de empresas internacionais".

O impacto destas zonas francas no desenvolvimento urbano é significativo. Fatima-Zahra Alaoui (2021, p. 87) observa que "a criação da zona franca de Tânger Med catalisou uma rápida urbanização da região, com o aparecimento de novas áreas residenciais, comerciais e de serviços para satisfazer as necessidades das empresas e dos seus empregados". Este fenómeno ilustra a forma como as zonas francas podem funcionar como motores de transformação urbana, gerando efeitos de arrastamento em todo o tecido económico e social local.

Paralelamente às zonas francas, Marrocos também apostou no desenvolvimento de parques industriais integrados. Hassan El Mokri (2020, p. 201) explica que "estes parques têm como objetivo criar ecossistemas industriais coerentes, reunindo empresas complementares dentro da mesma cadeia de valor". Esta abordagem tem sido particularmente visível em sectores como as indústrias automóvel e aeroespacial, onde surgiram parques especializados em torno de grandes contratantes internacionais.

No entanto, o desenvolvimento destes espaços económicos especializados também levanta desafios. Nadia Benabdellil (2022, p. 156) alerta para "o risco de criar enclaves económicos desligados do tecido produtivo local, limitando os efeitos em termos de transferência de tecnologia e de desenvolvimento de competências para a economia nacional". Esta preocupação sublinha a importância de integrar mais estreitamente as zonas francas e os parques industriais nas estratégias globais de desenvolvimento territorial.

A dimensão ambiental é também crucial na avaliação do impacto destas zonas. Youssef El Jai (2021, p. 289) constata que "a concentração de actividades industriais nestas zonas coloca desafios em termos de gestão dos recursos, de tratamento dos resíduos e de poluição". Salienta a importância crescente dos critérios de sustentabilidade na conceção e gestão das novas zonas industriais em Marrocos.

Em termos de planeamento urbano, a integração destas zonas no tecido urbano existente constitui um desafio importante. Mohammed Idrissi Janati (2020, p. 178) observa que "a criação de zonas francas e de parques industriais na periferia das cidades contribui para a expansão urbana e pode acentuar as disparidades socio-espaciais". Esta dinâmica levanta questões sobre a coerência das políticas de planeamento urbano e a necessidade de um planeamento integrado que tenha em conta os aspectos económicos, sociais e ambientais do desenvolvimento urbano.

Em conclusão, o desenvolvimento das zonas francas e dos parques industriais em Marrocos desempenhou um papel crucial na estratégia de industrialização do país e na atração de investimentos estrangeiros. Ao mesmo tempo que criam novas oportunidades económicas e estimulam o desenvolvimento de certas regiões, estas zonas colocam também desafios em termos de integração urbana, de equidade territorial e de sustentabilidade ambiental. A gestão destas questões será fundamental para garantir que estes pólos de crescimento contribuam de forma positiva e sustentável para o desenvolvimento das cidades marroquinas.

2.1.4 Crescimento do sector terciário e dos serviços às empresas

O crescimento do sector terciário e dos serviços às empresas em Marrocos é uma componente importante da transformação económica do país, reflectindo uma tendência global para a terciarização das economias em desenvolvimento. Este fenómeno tem implicações profundas na estrutura do emprego, na organização espacial das cidades e na dinâmica do desenvolvimento urbano.

Segundo Rachid Boutti (2021, p. 145), "o desenvolvimento do sector terciário em Marrocos inscreve-se num processo de diversificação económica e de modernização do tecido produtivo nacional". Esta evolução caracteriza-se por um crescimento significativo das actividades de serviços, tanto no domínio dos serviços aos particulares como dos serviços às empresas. Boutti salienta que "este processo de terciarização acelerou a partir dos anos 2000, impulsionado pelas políticas de liberalização económica e pela maior abertura do país ao investimento estrangeiro".

A emergência dos serviços às empresas como um sector-chave da economia marroquina é particularmente notável. Nadia El Fassi (2020, p. 213) observa que "o desenvolvimento dos serviços às empresas, tais como a consultoria, a engenharia, os serviços financeiros e jurídicos, foi estimulado pela complexidade crescente do ambiente empresarial e pela internacionalização crescente da economia marroquina". Esta dinâmica contribuiu para a criação de empregos qualificados nas grandes cidades, tornando-as mais atractivas para os jovens licenciados e profissionais.

O impacto espacial desta terciarização é particularmente visível nas grandes metrópoles. Hassan Radoine (2019, p. 178) observa que "o boom dos serviços levou a uma reconfiguração do espaço urbano, com o surgimento de distritos comerciais modernos e a conversão de áreas industriais em centros terciários". Este fenómeno é particularmente marcado em Casablanca, com o desenvolvimento de áreas como a Casablanca Finance City, concebida para posicionar a cidade como um centro financeiro regional.

No entanto, a concentração das actividades

terciárias nos grandes centros urbanos levanta questões de equilíbrio territorial. Mohammed Tozy (2022, p. 267) alerta para "o risco de acentuar as disparidades regionais, com as cidades de média e pequena dimensão a lutarem para desenvolver um sector terciário dinâmico capaz de reter os talentos locais". Esta preocupação sublinha a importância de políticas de desenvolvimento territorial equilibradas, destinadas a difundir os benefícios do crescimento do sector terciário para além das principais metrópoles.

O crescimento dos serviços às empresas tem também implicações importantes em termos de formação e desenvolvimento de competências. Fatima Zohra Saïdi (2020, p. 132) salienta que "a procura crescente de perfis qualificados nos serviços às empresas estimulou uma adaptação dos currículos universitários e profissionais, com uma maior ênfase nas competências interdisciplinares e tecnológicas". Esta evolução contribui para melhorar a adequação entre a oferta de formação e as necessidades do mercado de trabalho urbano.

Ao mesmo tempo, o desenvolvimento do sector terciário traz consigo novos desafios em termos de organização do trabalho e de qualidade do emprego. Youssef El Aloui (2021, p. 189) observa que "embora o sector dos serviços ofereça oportunidades de emprego qualificado, caracteriza-se também por uma crescente precarização de certos segmentos, nomeadamente nas actividades de apoio e nos serviços de baixo valor acrescentado". Esta dualidade do mercado de trabalho terciário levanta questões sobre a coesão social nas zonas urbanas e a capacidade das cidades para gerar um desenvolvimento inclusivo.

A inovação tecnológica está a desempenhar um papel crucial na transformação do sector terciário marroquino. Karim Benabdallah (2022, p. 245) observa que "a digitalização dos serviços e a emergência da economia digital estão a redefinir os modelos de negócios e as competências necessárias, oferecendo novas oportunidades, mas também colocando desafios em termos de adaptação da mão de obra e das infra-estruturas urbanas".

Em conclusão, o crescimento do sector terciário e dos serviços às empresas em Marrocos representa uma mudança profunda na economia urbana, com implicações significativas para a organização espacial, o mercado de trabalho e a dinâmica do desenvolvimento urbano. Ao mesmo tempo que oferece oportunidades de crescimento e modernização, este desenvolvimento levanta questões importantes em termos de equidade territorial, formação e inclusão social. A capacidade das cidades marroquinas para gerir estes desafios e aproveitar as oportunidades oferecidas pela terciarização será decisiva para o seu desenvolvimento futuro e para a sua competitividade internacional.

2.1.5 A emergência de centros urbanos competitivos a nível internacional

A emergência de centros urbanos

internacionalmente competitivos em Marrocos reflecte uma profunda transformação da paisagem urbana e económica do país. Este fenómeno, resultante de uma convergência de factores económicos, políticos e estratégicos, reconfigurou consideravelmente a hierarquia urbana nacional e posicionou algumas cidades marroquinas na cena mundial das metrópoles atractivas.

De acordo com Mohammed Berriane (2019, p. 112), "a emergência de centros urbanos competitivos em Marrocos faz parte de uma estratégia nacional para criar 'cidades locomotivas' capazes de estimular o desenvolvimento regional e de se integrarem nas redes económicas globais". Esta abordagem levou à concentração de investimentos maciços em determinados aglomerados urbanos, transformando a sua aparência e estrutura económica.

Casablanca continua a ser o principal centro económico do país, mas a sua posição internacional foi consideravelmente reforçada. Como salienta Nadia El Hachimi (2021, p. 178), "o projeto Casablanca Finance City ilustra a vontade da cidade de se tornar um centro financeiro regional, capaz de competir com centros como o Dubai e Singapura". Este projeto ambicioso é acompanhado de uma modernização das infra-estruturas urbanas e de uma melhoria do ambiente empresarial, com o objetivo de atrair as sedes regionais de multinacionais e de instituições financeiras internacionais.

Tânger é um caso emblemático da rápida emergência de um centro urbano competitivo. Hassan Zaoual (2020, p. 245) observa que "a transformação de Tânger num pólo logístico e industrial de classe mundial, centrado em torno do complexo portuário Tangier Med, alterou radicalmente a posição da cidade na economia global". Esta transformação foi acompanhada por uma profunda reconfiguração do espaço urbano e suburbano, com a emergência de novos centros económicos e residenciais.

Rabat, a capital administrativa, está também a sofrer uma transformação destinada a reforçar a sua atração internacional. Fatima Zohra Saïdi (2022, p. 201) observa que "o projeto 'Rabat Cidade Luz, Capital Marroquina da Cultura' visa posicionar a cidade como um importante pólo cultural e diplomático, complementando as funções económicas de Casablanca". Esta estratégia ilustra a diversificação das abordagens para criar centros urbanos competitivos, capitalizando activos específicos que ultrapassam a dimensão puramente económica.

A emergência destes centros urbanos competitivos traz consigo desafios importantes. Youssef El Aloui (2021, p. 167) alerta para "o risco de acentuação das disparidades territoriais, com a concentração dos investimentos e das oportunidades num número limitado de metrópoles, em detrimento das cidades médias e pequenas". Esta preocupação levanta a questão do equilíbrio do desenvolvimento territorial e a necessidade de mecanismos de redistribuição eficazes.

A sustentabilidade ambiental é outra questão crucial. Karim Benabdallah (2020, p. 289) salienta que "a corrida à competitividade internacional não deve ser feita à custa da qualidade de vida urbana e da preservação dos recursos naturais". Esta perspetiva realça a importância da integração de critérios de sustentabilidade nas estratégias de desenvolvimento urbano competitivo.

A integração destes centros urbanos em redes internacionais levanta também questões de identidade cultural e de coesão social. Mohammed Idrissi Janati (2019, p. 223) observa que "a rápida internacionalização de certos bairros cria por vezes tensões com o tecido urbano tradicional e pode levar à gentrificação e à exclusão". A gestão destas dinâmicas socio-espaciais constitui um desafio importante para as autoridades urbanas.

Em conclusão, a emergência de clusters urbanos internacionalmente competitivos em Marrocos reflecte a ambição nacional de se posicionar na economia globalizada. Este processo, que oferece oportunidades em termos de crescimento económico e de atratividade, levanta também questões cruciais em termos de equidade territorial, sustentabilidade ambiental e coesão social. A capacidade de conciliar a competitividade internacional com o desenvolvimento urbano inclusivo será um fator determinante na trajetória futura destas metrópoles marroquinas emergentes.

2.2 Reestruturação económica, desindustrialização e carências urbanas

2.2.1 Evolução do tecido industrial tradicional

A evolução do tecido industrial tradicional marroquino é um fenómeno complexo e multidimensional que reflecte as profundas transformações da economia nacional no contexto da globalização. Este processo, que se acelerou a partir dos anos 90, reconfigurou profundamente a paisagem industrial do país, com implicações significativas para as cidades e regiões.

De acordo com Hassan El Mokri (2019, p. 156), "a reestruturação do tecido industrial marroquino caracterizou-se por uma transição gradual das indústrias tradicionais, muitas vezes com baixo valor acrescentado, para sectores mais tecnológicos e internacionalmente competitivos". Esta evolução foi particularmente marcada em sectores como os têxteis, a agroindústria e a engenharia mecânica, que tiveram de se reinventar face à crescente concorrência internacional.

Fatima Zohra Saïdi (2021, p. 213) salienta que "a modernização do tecido industrial tradicional foi estimulada por uma combinação de factores, incluindo a abertura do comércio, as políticas de modernização industrial e o afluxo de investimento direto estrangeiro". Estas dinâmicas conduziram a uma reconfiguração espacial da indústria, com o declínio de certas bacias industriais históricas e a emergência de novos centros especializados.

O impacto destas mudanças no tecido urbano é significativo. Mohammed Tozy (2020, p. 178) observa que "a desindustrialização parcial de certas zonas urbanas, nomeadamente nas antigas periferias industriais de Casablanca e de Fez, deu origem a desafios de reconversão económica e social". Este fenómeno levanta questões cruciais sobre a capacidade das cidades para gerir estas transições e manter o seu dinamismo económico.

Ao mesmo tempo, estão a surgir novos sectores industriais de maior valor acrescentado. Nadia Benabdellil (2022, p. 245) constata que "o boom das indústrias automóvel e aeronáutica, nomeadamente em torno de Tânger e Casablanca, ilustra a capacidade de Marrocos se integrar em cadeias de valor mundiais mais sofisticadas". Este desenvolvimento é acompanhado de novas necessidades em termos de competências, de infra-estruturas e de organização espacial da produção.

No entanto, estas mudanças não são isentas de consequências sociais. Youssef El Aloui (2021, p. 189) alerta para "o risco de desqualificação e de precarização de uma parte da mão de obra industrial tradicional, mal preparada para as exigências dos novos sectores emergentes". Esta preocupação sublinha a importância das políticas de apoio e de formação para facilitar a transição da mão de obra.

A dimensão ambiental é também crucial na

análise destas mudanças. Karim Benabdallah (2020, p. 301) salienta que "a modernização industrial oferece oportunidades para uma produção mais limpa e mais eficiente, mas também levanta desafios em termos de gestão dos resíduos industriais e de reconversão dos sítios poluídos". Esta perspetiva sublinha a necessidade de integrar considerações ambientais nas estratégias de reestruturação industrial.

O impacto da digitalização e da Indústria 4.0 no tecido industrial tradicional é uma questão emergente. Rachid Boutti (2022, p. 167) observa que "a adoção das tecnologias digitais e da automatização está a redefinir os métodos de produção e as competências necessárias, colocando desafios à adaptação das indústrias tradicionais". Esta transição tecnológica traz consigo novas oportunidades, mas também o risco de um fosso digital entre empresas e regiões.

Em conclusão, as mudanças no tecido industrial tradicional de Marrocos reflectem um processo complexo de modernização e de adaptação aos desafios da competitividade global. Estas mudanças, ao mesmo tempo que oferecem oportunidades para subir no mercado e integrar-se na economia global, também levantam questões cruciais em termos de coesão territorial, sustentabilidade ambiental e inclusão social. A capacidade das cidades e regiões para gerir estas transições, capitalizando os seus pontos fortes específicos e mitigando os impactos negativos, será decisiva para o futuro industrial de Marrocos.

2.2.2 Encerramento de fábricas e perda de postos de trabalho em certos sectores

O encerramento de fábricas e a perda de postos de trabalho em certos sectores industriais em Marrocos são um fenómeno complexo e preocupante, que reflecte os desafios que o país enfrenta num contexto de globalização e de reestruturação económica. Esta dinâmica tem implicações profundas no tecido social e económico das cidades marroquinas, em particular das que têm uma forte tradição industrial.

Segundo Mohammed Abdelmoumni (2020, p. 178), "a vaga de encerramentos de fábricas observada desde o início dos anos 2000 afectou principalmente os sectores tradicionais da indústria marroquina, como os têxteis, o calçado e certos ramos da agroindústria". Este fenómeno explica-se em grande parte pela intensificação da concorrência internacional, nomeadamente dos países asiáticos, e pela incapacidade de certas empresas se adaptarem às novas exigências do mercado mundial.

Fatima El Hassouni (2021, p. 213) salienta que "as perdas de emprego ligadas ao encerramento de fábricas afectaram particularmente as cidades de Casablanca, Fez e Tânger, historicamente bastiões da indústria têxtil e transformadora". Esta situação conduziu a bolsas de desemprego estrutural em certos bairros, agravando as tensões sociais e os desafios da inclusão económica nestas zonas urbanas.

O impacto destes encerramentos no tecido urbano

é significativo. Nadia Benabdellil (2019, p. 145) observa que "a desindustrialização parcial de certas áreas urbanas levou ao surgimento de zonas industriais abandonadas, colocando grandes desafios em termos de reabilitação urbana e conversão económica". Este fenómeno levanta questões cruciais sobre a capacidade das cidades para se reinventarem e manterem o seu dinamismo económico face a estas mudanças.

No entanto, é importante notar que estes encerramentos fazem parte de um contexto mais vasto de reestruturação industrial. Youssef El Aloui (2022, p. 267) argumenta que "a par dos encerramentos nos sectores tradicionais, assiste-se à emergência de novas indústrias de maior valor acrescentado, nomeadamente nos sectores automóvel e aeroespacial". Esta dinâmica ilustra a complexidade das mudanças em curso, combinando o declínio de certos sectores com a emergência de novos pólos de crescimento.

As consequências sociais destes encerramentos são particularmente preocupantes. Hassan Zaoual (2020, p. 189) salienta "o risco de precarização de uma parte da mão de obra industrial, frequentemente pouco qualificada e mal preparada para a reconversão em sectores emergentes". Esta situação evidencia a necessidade urgente de implementar políticas de apoio e formação para facilitar a transição profissional dos trabalhadores afectados.

A dimensão de género destas perdas de emprego merece uma atenção especial. Karima Ghazouani

(2021, p. 233) observa que "as mulheres, que estão sobre-representadas em certos sectores como o têxtil, são particularmente vulneráveis ao encerramento de fábricas, o que pode ter repercussões significativas no equilíbrio económico dos agregados familiares e nas dinâmicas de género nas comunidades urbanas".

Face a estes desafios, as autoridades marroquinas lançaram várias iniciativas. Rachid Boutti (2022, p. 301) salienta que "foram lançados programas de apoio à reconversão industrial e à formação profissional para atenuar o impacto do encerramento das fábricas e facilitar a reintegração dos trabalhadores". No entanto, a eficácia destas medidas continua a ser debatida, nomeadamente em termos da sua capacidade de chegar às populações mais vulneráveis.

As questões ambientais associadas ao encerramento de fábricas não devem ser negligenciadas. Mohammed Idrissi Janati (2020, p. 178) observa que "o encerramento de instalações industriais coloca desafios em termos de descontaminação e reabilitação de terrenos, exigindo investimentos significativos e um planeamento urbano integrado".

Em conclusão, o encerramento de fábricas e a perda de postos de trabalho em certos sectores industriais em Marrocos representam um grande desafio para o desenvolvimento urbano e a coesão social. Embora inseridos num processo mais vasto de reestruturação económica, estes fenómenos levantam questões cruciais em termos de justiça social, resiliência urbana e sustentabilidade ambiental. A capacidade das cidades marroquinas para gerir estas transições, minimizando os impactos negativos e aproveitando as oportunidades de reconversão e inovação, será decisiva para a sua trajetória de desenvolvimento futuro.

2.2.3 Desprecarização do emprego e desenvolvimento do sector informal

A precariedade do emprego e o desenvolvimento do sector informal em Marrocos são fenómenos intrinsecamente ligados que aumentaram significativamente nas últimas décadas. Estas dinâmicas, resultantes de múltiplos factores económicos e sociais, tiveram um impacto profundo no tecido urbano e nas condições de vida das cidades marroquinas.

Segundo Noureddine El Aoufi (2020, p. 156), "a precarização do emprego em Marrocos reflecte-se num aumento dos contratos a prazo, do trabalho temporário e do trabalho involuntário a tempo parcial". Esta tendência, particularmente acentuada nas zonas urbanas, reflecte a evolução do mercado de trabalho face às pressões da competitividade internacional e da flexibilização económica.

Ao mesmo tempo, o sector informal expandiu-se consideravelmente. Fatima Zohra Saïdi (2021, p. 213) observa que "a economia informal representa atualmente cerca de 30% do PIB marroquino e emprega uma parte significativa da população ativa urbana". Embora este fenómeno constitua uma válvula de segurança contra o desemprego, levanta questões cruciais em termos de proteção social, condições de trabalho e fiscalidade.

O impacto espacial destas dinâmicas é particularmente visível nas grandes cidades. Mohammed Tozy (2019, p. 178) observa que "a precarização do emprego e a informalidade levaram a uma reconfiguração do espaço urbano, com o surgimento de zonas de atividade informal e a multiplicação de mercados de rua". Esta evolução coloca desafios importantes em termos de planeamento urbano e de gestão do espaço público.

A dimensão de género destes fenómenos merece uma atenção especial. Rajaa Mejjati Alami (2022, p. 245) salienta que "as mulheres estão sobre-representadas em empregos precários e no sector informal, particularmente em actividades como o trabalho doméstico e o pequeno comércio de rua". Esta situação agrava as desigualdades entre homens e mulheres e compromete o empoderamento económico das mulheres nas zonas urbanas.

A relação entre a precariedade do emprego e o desenvolvimento do sector informal é complexa. Hassan El Houari (2021, p. 189) argumenta que "a informalidade surge frequentemente como uma estratégia de sobrevivência face à precariedade do mercado de trabalho formal, mas pode também constituir uma armadilha que impede o acesso a empregos mais estáveis e mais protegidos". Essa dinâmica cria um círculo vicioso difícil de ser rompido por muitos trabalhadores urbanos.

As consequências sociais destes fenómenos são múltiplas. Youssef El Aloui (2020, p. 301) destaca "a erosão da proteção social, o aumento da vulnerabilidade económica das famílias e o enfraquecimento da coesão social nos bairros urbanos". Estas tendências colocam desafios importantes em termos de política social e de desenvolvimento urbano sustentável.

Face a estes desafios, as autoridades marroquinas lançaram várias iniciativas. Karim Benabdallah (2021, p. 167) constata que "foram lançados programas destinados a formalizar progressivamente a economia informal e a alargar a cobertura da segurança social, mas a sua eficácia continua a ser limitada tendo em conta a amplitude do fenómeno". Estes esforços evidenciam a complexidade de encontrar um equilíbrio entre flexibilidade económica e proteção social.

O impacto da digitalização nestas dinâmicas também merece atenção. Nadia Benabdellil (2022, p. 223) observa que "a emergência da economia das plataformas e do trabalho a pedido introduz novas formas de precariedade, ao mesmo tempo que oferece oportunidades de emprego flexíveis nas zonas urbanas". Esta evolução levanta novas questões sobre a regulamentação do trabalho e a proteção dos trabalhadores na economia digital.

Em conclusão, o emprego precário e o desenvolvimento do sector informal em Marrocos representam grandes desafios para o desenvolvimento urbano e a coesão social. Estes fenómenos, embora ofereçam um certo grau de flexibilidade económica e oportunidades de sobrevivência, levantam questões cruciais em termos de equidade, proteção social e sustentabilidade do modelo de desenvolvimento urbano. A capacidade das cidades marroquinas para gerir estas dinâmicas, estabelecendo um equilíbrio entre flexibilidade e segurança, será decisiva para a sua trajetória futura e para o bem-estar dos seus habitantes.

2.2.4 Aumento das desigualdades socioeconómicas nas zonas urbanas

O aumento das desigualdades socioeconómicas intra-urbanas em Marrocos é um fenómeno complexo e multidimensional que se acentuou nas últimas décadas. Esta dinâmica reflecte as profundas transformações da economia e da sociedade marroquinas num contexto de globalização e de reestruturação urbana.

Segundo Mohammed Idrissi Janati (2021, p. 178), "o crescimento económico sustentado que Marrocos conheceu desde o início dos anos 2000 foi acompanhado por uma polarização social acrescida no seio das grandes cidades". Esta constatação evidencia o paradoxo do desenvolvimento económico que, embora gerando riqueza, não conduziu necessariamente a uma redução das disparidades sociais nas zonas urbanas.

Fatima El Hassouni (2020, p. 213) salienta que "o

aumento das desigualdades intra-urbanas reflecte-se numa crescente segregação espacial, com o aparecimento de bairros de luxo a par de zonas de habitação precária ou informal". Esta fragmentação do espaço urbano reflecte e reforça as disparidades socioeconómicas, criando "cidades dentro de cidades" com realidades muitas vezes contrastantes.

A desigualdade de acesso aos serviços urbanos de base é uma dimensão crucial destas desigualdades. Nadia Benabdellil (2022, p. 145) observa que "as disparidades em termos de acesso à educação, à saúde, aos transportes e aos espaços verdes são particularmente acentuadas entre os diferentes bairros das grandes cidades marroquinas". Estas desigualdades no acesso aos recursos urbanos comprometem a igualdade de oportunidades e perpetuam os ciclos de pobreza intergeracional.

A dimensão de género destas desigualdades merece uma atenção especial. Rajaa Mejjati Alami (2019, p. 267) salienta que "as mulheres, particularmente nos bairros desfavorecidos, são frequentemente mais atingidas pelas desigualdades socioeconómicas, enfrentando obstáculos adicionais em termos de acesso ao emprego formal e aos serviços urbanos". Esta situação realça a importância de integrar uma perspetiva de género nas políticas de desenvolvimento urbano.

O mercado de trabalho urbano desempenha um papel central na reprodução e amplificação das desigualdades. Hassan El Houari (2021, p. 189) argumenta que "a polarização do mercado de trabalho entre empregos altamente qualificados e bem remunerados, por um lado, e empregos precários ou informais, por outro, contribui para alargar o fosso entre as diferentes categorias socioprofissionais urbanas". Esta dinâmica coloca desafios importantes em termos de coesão social e de mobilidade económica.

O impacto das políticas de renovação urbana e dos grandes projectos sobre as desigualdades é ambivalente. Youssef El Aloui (2020, p. 301) observa que "embora estas iniciativas visem frequentemente melhorar a atratividade e a competitividade das cidades, podem também conduzir à gentrificação e à deslocação das populações mais vulneráveis". Esta tensão entre desenvolvimento urbano e equidade social levanta questões cruciais sobre a governação e o planeamento urbanos.

Em resposta a estes desafios, as autoridades marroquinas lançaram uma série de iniciativas. Karim Benabdallah (2022, p. 156) salienta que "foram lançados programas para reduzir as habitações precárias, melhorar o acesso aos serviços básicos e promover o emprego nos bairros desfavorecidos". No entanto, a eficácia destas medidas continua a ser objeto de debate, nomeadamente no que diz respeito à sua capacidade de combater as causas estruturais das desigualdades.

A questão da mobilidade urbana é também central

para o problema das desigualdades. Noureddine El Aoufi (2020, p. 223) observa que "as disparidades em termos de acesso aos transportes públicos e de tempo de viagem entre o centro e a periferia reforçam as desigualdades no acesso ao emprego e às oportunidades económicas". Esta dimensão realça a importância da integração dos transportes e do planeamento urbano para promover uma cidade mais inclusiva.

Em conclusão, o aumento das desigualdades socioeconómicas intra-urbanas em Marrocos representa um desafio importante para o desenvolvimento sustentável e a coesão social das cidades. Este fenómeno, que resulta de dinâmicas complexas ligadas ao crescimento económico, à reestruturação urbana e à evolução do mercado de trabalho, exige abordagens integradas e multidimensionais. A capacidade das cidades marroquinas para reduzir estas disparidades, promovendo um desenvolvimento mais inclusivo e equitativo, será decisiva para o seu futuro e para o bem-estar de todos os seus habitantes.

2.2.5 Os desafios da reabilitação de zonas industriais abandonadas

A reconversão das zonas industriais abandonadas em Marrocos representa um desafio importante para o desenvolvimento urbano sustentável e a revitalização económica das cidades. Este fenómeno, resultante da evolução do tecido industrial e das dinâmicas de desindustrialização parcial, coloca questões complexas em termos de urbanismo, de sustentabilidade ambiental e de desenvolvimento económico local.

Segundo Hassan Radoine (2020, p. 178), "as zonas industriais abandonadas, nomeadamente nas antigas zonas industriais de Casablanca, Mohammedia e Fez, são simultaneamente um legado problemático e uma oportunidade de reinvenção urbana". Esta dualidade sublinha a necessidade de uma abordagem estratégica e inovadora para a gestão destas zonas.

A dimensão ambiental da reabilitação de zonas industriais abandonadas é crucial. Mohammed Berriane (2021, p. 213) observa que "a poluição dos solos e das águas subterrâneas nestas zonas coloca grandes desafios em termos de descontaminação e de reabilitação ecológica". Esta situação exige grandes investimentos e conhecimentos técnicos específicos, que são muitas vezes difíceis de mobilizar pelas colectividades locais.

A questão económica da conversão é também central. Fatima Zohra Saïdi (2019, p. 145) salienta que "a transformação de zonas industriais abandonadas em novos centros de atividade económica pode desempenhar um papel fundamental na revitalização de bairros urbanos em declínio". No entanto, esta conversão requer uma visão clara do desenvolvimento económico local e a capacidade de atrair novos investidores e actividades.

A dimensão patrimonial não deve ser negligenciada neste processo. Nadia El Fassi (2022, p. 267) defende que "certos baldios industriais, que testemunham a história industrial marroquina, merecem ser preservados e valorizados na perspetiva do turismo industrial e da memória operária". Esta abordagem permite combinar a reconversão económica com a preservação do património cultural urbano.

Os desafios de governação associados à reabilitação de zonas industriais abandonadas são consideráveis. Youssef El Aloui (2021, p. 189) sublinha "a complexidade das disposições jurídicas e financeiras necessárias para a reconversão, que envolvem frequentemente uma multiplicidade de actores públicos e privados". Esta situação sublinha a importância de uma coordenação efectiva entre os diferentes intervenientes e de um quadro regulamentar adequado.

O impacto social da reabilitação de zonas industriais abandonadas merece uma atenção especial. Rajaa Mejjati Alami (2020, p. 301) observa que "a transformação destas áreas pode levar à gentrificação, levantando a questão de como incluir as populações locais nos projectos de reabilitação". Esta preocupação sublinha a necessidade de incorporar uma forte dimensão social nas estratégias de reconversão.

Face a estes desafios, surgiram várias abordagens inovadoras. Karim Benabdallah (2022, p. 156) observa que "algumas cidades marroquinas estão a experimentar modelos de reconversão baseados na economia criativa e na inovação, transformando antigas fábricas em espaços de coworking, incubadoras ou locais culturais". Estas iniciativas ilustram o potencial de reinvenção urbana oferecido pelas zonas industriais abandonadas.

A questão do mix funcional é central nos projectos de reabilitação. Noureddine El Aoufi (2021, p. 223) salienta que "a integração das utilizações residenciais, comerciais e recreativas nos projectos de reabilitação permite criar novos bairros dinâmicos e multifuncionais". Esta abordagem contribui para a criação de espaços urbanos mais dinâmicos e sustentáveis.

A questão da mobilidade e da acessibilidade é também crucial na reabilitação de zonas industriais abandonadas. Hassan El Houari (2020, p. 178) observa que "a reintegração destas zonas, frequentemente periféricas, no tecido urbano exige uma análise aprofundada das ligações de transportes e das ligações com o resto da cidade". Esta dimensão sublinha a importância de uma abordagem integrada do planeamento urbano.

Em conclusão, a reabilitação de zonas industriais abandonadas em Marrocos representa um desafio complexo, mas também uma grande oportunidade para a renovação urbana. Este processo exige uma abordagem multidimensional, integrando considerações ambientais, económicas, sociais e patrimoniais. A capacidade das cidades marroquinas para transformar estas zonas em novos centros de dinamismo urbano será decisiva para o seu desenvolvimento futuro e para a sua capacidade de responder aos desafios da sustentabilidade e da inclusão social. O sucesso destes projectos de reconversão poderá servir de modelo para outras cidades que enfrentam desafios semelhantes na região.

2.3 Pressões demográficas, migração e desigualdades socio-espaciais

2.3.1 Crescimento demográfico e expansão urbana

O crescimento demográfico e a expansão urbana em Marrocos são fenómenos intimamente ligados que afectaram profundamente o desenvolvimento das cidades marroquinas nas últimas décadas. Estas dinâmicas têm implicações importantes para a organização do espaço, o ambiente e a gestão dos recursos urbanos.

Segundo Mohammed Idrissi Janati (2021, p. 178), "o crescimento demográfico sustentado das cidades marroquinas, alimentado pelo aumento natural e pelo êxodo rural, conduziu a uma expansão espacial sem precedentes das zonas urbanas". Esta constatação destaca a pressão demográfica como o principal fator de expansão urbana. O Haut-Commissariat au Plan (2020) estima que a população urbana de Marrocos mais do que duplicará entre 1980 e 2020, passando de 8,7 milhões para mais de 22 milhões.

Fatima El Hassouni (2020, p. 213) salienta que "a expansão urbana em Marrocos é caracterizada pela expansão horizontal das cidades, muitas vezes em detrimento das terras agrícolas periurbanas". Esta dinâmica coloca grandes desafios em termos de sustentabilidade ambiental e de segurança alimentar, sobretudo em torno de grandes cidades como Casablanca, Rabat e Marraquexe.

O impacto desta expansão nas infra-estruturas urbanas é considerável. Nadia Benabdellil (2022, p. 145) observa que "a rápida expansão das periferias urbanas está a exercer pressão sobre as redes de transportes, de saneamento e de abastecimento de água e eletricidade". Esta situação levanta questões cruciais sobre a capacidade das cidades para fornecer serviços básicos de qualidade a uma população urbana em constante expansão.

A dimensão social da expansão urbana merece uma atenção especial. Hassan El Houari (2021, p. 189) salienta que "a expansão urbana é frequentemente acompanhada por um aumento da segregação socio-espacial, com a emergência de bairros periféricos mal integrados e mal equipados". Esta dinâmica coloca desafios importantes em termos de coesão social e de equidade no acesso às oportunidades urbanas.

O papel da especulação fundiária na expansão urbana é destacado por Youssef El Aloui (2020, p. 301), que argumenta que "o aumento dos preços dos terrenos nos centros das cidades está a empurrar as populações de baixos rendimentos cada vez mais para a periferia, acelerando assim a expansão". Esta situação exige uma regulação mais eficaz do mercado do solo urbano e políticas de habitação social mais inclusivas.

Face a estes desafios, as autoridades marroquinas

lançaram várias iniciativas. Karim Benabdallah (2022, p. 156) constata que "foram lançados programas de cidades novas e de centros urbanos integrados para canalizar o crescimento urbano e oferecer alternativas à expansão anárquica". No entanto, a eficácia destas medidas continua a ser debatida, nomeadamente em termos da sua capacidade de criar espaços urbanos vivos e atractivos.

A questão da mobilidade é central para o problema da expansão urbana. Rajaa Mejjati Alami (2019, p. 267) salienta que "a extensão das periferias urbanas aumenta a dependência do automóvel e coloca grandes desafios em termos de congestionamento e poluição". Esta situação exige um planeamento urbano e de transportes integrado, favorecendo modelos de desenvolvimento urbano mais compactos e multimodais.

O impacto ambiental da expansão urbana é considerável. Mohammed Berriane (2021, p. 223) observa que "a artificialização crescente dos solos periurbanos ameaça a biodiversidade local e aumenta a vulnerabilidade das cidades a riscos naturais como as inundações". Esta preocupação sublinha a importância de incorporar fortes considerações ecológicas nas políticas de planeamento urbano.

Em conclusão, o crescimento demográfico e a expansão urbana em Marrocos representam desafios importantes para o desenvolvimento sustentável das cidades. Estes fenómenos, resultantes de dinâmicas complexas ligadas à demografia, à economia e à governação urbana, exigem abordagens integradas e multidimensionais. A capacidade das cidades marroquinas para gerir este crescimento de forma sustentável, promovendo modelos de desenvolvimento urbano mais compactos, equitativos e respeitadores do ambiente, será decisiva para o seu futuro e para a qualidade de vida dos seus habitantes.

2.3.2 Êxodo rural e urbanização acelerada

O êxodo rural e a urbanização acelerada em Marrocos são fenómenos intimamente ligados que transformaram profundamente a paisagem socioeconómica e espacial do país nas últimas décadas. Estas dinâmicas têm implicações importantes para o desenvolvimento urbano, a estrutura social e a economia nacional.

Segundo Mohammed Tozy (2020, p. 178), "o êxodo rural em Marrocos intensificou-se a partir dos anos 60, alimentado pelas crescentes disparidades económicas entre as zonas rurais e urbanas, bem como pelas secas recorrentes que afectam a agricultura". Esta constatação põe em evidência os factores estruturais que levam as populações rurais a deslocarem-se para as cidades. O Haut-Commissariat au Plan (2021) estima que a taxa de urbanização em Marrocos passou de 29,2% em 1960 para mais de 63% em 2020, o que ilustra a amplitude deste fenómeno.

Fatima Zohra Saïdi (2019, p. 213) salienta que "a urbanização acelerada levou a um crescimento demográfico explosivo nas principais cidades de Marrocos, particularmente no eixo atlântico Casablanca-Kénitra". Esta concentração urbana coloca grandes desafios em termos de ordenamento do território e de gestão das infra-estruturas urbanas.

O impacto do êxodo rural nas cidades de destino é considerável. Nadia El Fassi (2022, p. 145) observa que "o afluxo maciço de migrantes rurais contribuiu para a expansão de bairros periféricos e informais, muitas vezes caracterizados pela falta de acesso a serviços básicos e pelo aumento da precariedade". Esta situação levanta questões cruciais sobre a capacidade das cidades para integrar estas novas populações e oferecer-lhes condições de vida dignas.

A dimensão social do êxodo rural merece uma atenção especial. Hassan El Houari (2021, p. 189) salienta que "o desenraizamento das populações rurais e a sua adaptação à vida urbana são frequentemente acompanhados de tensões sociais e culturais, nomeadamente para as gerações mais jovens". Esta dinâmica coloca desafios importantes em termos de coesão social e de integração urbana.

O impacto da urbanização acelerada na economia urbana é sublinhado por Youssef El Aloui (2020, p. 301), que argumenta que "o afluxo de mão de obra rural contribuiu para o desenvolvimento do sector informal urbano, ao mesmo tempo que exerceu uma pressão descendente sobre os salários em certos sectores". Esta situação exige políticas de emprego e de formação adequadas para facilitar a integração económica dos migrantes rurais.

Face a estes desafios, as autoridades marroquinas lançaram várias iniciativas. Karim Benabdallah (2022, p. 156) constata que "foram lançados programas de desenvolvimento rural e de valorização das pequenas e médias cidades para atenuar o êxodo rural e promover um desenvolvimento territorial mais equilibrado". No entanto, a eficácia destas medidas continua a ser debatida, nomeadamente em termos da sua capacidade de criar oportunidades económicas sustentáveis nas zonas rurais.

A questão da habitação é central para o problema da urbanização acelerada. Rajaa Mejjati Alami (2019, p. 267) salienta que "a crescente procura de habitação urbana, alimentada pelo êxodo rural, conduziu a uma proliferação de habitação informal e a uma maior pressão sobre o mercado imobiliário formal". Esta situação exige políticas de habitação social mais ambiciosas e uma regulamentação mais eficaz do sector imobiliário.

O impacto ambiental da urbanização acelerada é considerável. Mohammed Berriane (2021, p. 223) observa que "a rápida expansão das zonas urbanas em detrimento das terras agrícolas e das zonas naturais coloca grandes desafios em termos de sustentabilidade ambiental e de segurança alimentar". Esta preocupação sublinha a importância de um planeamento urbano que incorpore fortes considerações ecológicas.

Em conclusão, o êxodo rural e a urbanização acelerada em Marrocos representam desafios importantes para o desenvolvimento sustentável do país. Estes fenómenos, resultantes de dinâmicas complexas ligadas à economia, à demografia e às políticas públicas, exigem abordagens integradas e multidimensionais. A capacidade de Marrocos para gerir esta transição urbana de forma equilibrada, promovendo um desenvolvimento territorial mais inclusivo e melhorando as condições de vida nas zonas rurais e urbanas, será decisiva para o seu futuro socioeconómico e para a coesão nacional.

2.3.3 A migração internacional e o seu impacto nas cidades

A migração internacional e o seu impacto nas cidades marroquinas é um fenómeno complexo e multidimensional que tem tido uma influência considerável no desenvolvimento urbano do país ao longo das últimas décadas. Esta dinâmica migratória, tanto para o interior como para o exterior, tem profundas implicações no tecido social, económico e espacial das cidades marroquinas.

Segundo Mohamed Berriane (2020, p. 178), "Marrocos deixou de ser um país de emigração para se tornar um país de trânsito e de imigração, nomeadamente para os migrantes subsarianos, transformando assim a composição demográfica de certas cidades". Esta constatação evidencia a complexidade crescente dos fluxos migratórios e o seu impacto na diversidade urbana. O Haut-Commissariat au Plan (2021) estima que cerca de 100.000 migrantes subsarianos viviam em Marrocos em 2020, principalmente nas grandes cidades.

Fatima El Hassouni (2021, p. 213) sublinha que "a emigração marroquina para a Europa e os países do Golfo teve um impacto significativo na urbanização, nomeadamente através do investimento imobiliário dos marroquinos residentes no estrangeiro (MRE) nas suas cidades de origem". Esta dinâmica contribuiu para a transformação da paisagem urbana, nomeadamente nas regiões tradicionais de emigração como o Rif e o Souss.

O impacto das migrações internacionais na economia urbana é considerável. Nadia Benabdellil (2022, p. 145) observa que "as remessas dos marroquinos residentes no estrangeiro desempenham um papel crucial na economia de certas cidades, estimulando o consumo e o investimento no sector imobiliário". Isto tem implicações importantes para o mercado imobiliário e para o desenvolvimento económico local.

A dimensão social da migração internacional merece uma atenção especial. Hassan El Houari (2019, p. 189) destaca que "a integração dos migrantes subsarianos nas cidades marroquinas coloca desafios em termos de coesão social e acesso a serviços básicos". Esta dinâmica levanta questões cruciais sobre a capacidade das cidades para gerir a diversidade cultural e promover a inclusão social.

O impacto espacial da migração internacional é destacado por Youssef El Aloui (2020, p. 301), que argumenta que "a concentração de certas comunidades migrantes em bairros específicos pode levar à segregação espacial e à gentrificação". Esta situação exige políticas urbanas que promovam a diversidade social e a integração das populações migrantes.

Face a estes desafios, as autoridades marroquinas lançaram várias iniciativas. Karim Benabdallah (2022, p. 156) observa que "foram lançados programas de regularização dos migrantes e de integração socioeconómica, destinados a facilitar o acesso das populações migrantes à habitação, à educação e ao emprego". No entanto, a eficácia destas medidas continua a ser debatida, nomeadamente em termos do seu alcance e impacto a longo prazo.

A questão da governação urbana face à migração internacional é central. Rajaa Mejjati Alami (2021, p. 267) salienta que "as cidades marroquinas são confrontadas com a necessidade de adaptar as suas políticas e serviços para responder às necessidades específicas das populações migrantes, preservando simultaneamente a coesão social". Esta situação exige uma abordagem mais inclusiva e participativa da governação urbana.

O impacto da migração internacional na identidade urbana é também significativo. Mohammed Idrissi Janati (2020, p. 223) observa que "a contribuição cultural dos migrantes internacionais ajuda a diversificar e a enriquecer a paisagem cultural das cidades marroquinas, particularmente em áreas como a gastronomia, a música e as artes". Esta dinâmica oferece oportunidades para o desenvolvimento do turismo cultural e da economia criativa urbana.

Em conclusão, a migração internacional e o seu impacto nas cidades marroquinas representam simultaneamente desafios e oportunidades para o desenvolvimento urbano sustentável. Estes fenómenos, resultantes de dinâmicas complexas ligadas à globalização, às desigualdades económicas e às aspirações individuais, exigem abordagens integradas e multidimensionais. A capacidade das cidades marroquinas de gerirem estes fluxos migratórios de forma inclusiva e de capitalizarem a diversidade que eles trazem será decisiva para o seu futuro e para o seu posicionamento num mundo cada vez mais interligado.

2.3.4 Segregação residencial e fragmentação do espaço urbano

A segregação residencial e a fragmentação do espaço urbano tornaram-se caraterísticas proeminentes das cidades marroquinas no contexto da globalização e da rápida urbanização. Estes fenómenos reflectem e reforçam as crescentes desigualdades socioeconómicas nas zonas urbanas, colocando grandes desafios à coesão social e ao desenvolvimento urbano sustentável.

A segregação residencial é a distribuição espacial desigual de grupos sociais dentro da cidade, levando à formação de bairros socioeconomicamente homogéneos. Este processo é alimentado por uma variedade de factores, incluindo os mecanismos do mercado imobiliário, as políticas urbanas e as preferências residenciais dos diferentes grupos sociais. Como explica Mohammed Aderghal (2015, p. 87) na sua análise da metrópole de Casablanca, "a segregação socio-espacial aumentou com a emergência de novos espaços residenciais fechados para as classes ricas, contrastando fortemente com os bairros operários e os bairros de lata persistentes". Esta dinâmica contribui para aumentar as disparidades entre as diferentes zonas da cidade em termos de acesso aos serviços urbanos, de oportunidades económicas e de qualidade de vida.

Simultaneamente, a fragmentação do espaço urbano caracteriza-se pela fragmentação física e funcional da cidade em entidades distintas e frequentemente desconexas. Este fenómeno é particularmente visível nos grandes aglomerados urbanos de Marrocos, onde a expansão urbana e o desenvolvimento de novos centros económicos periféricos conduziram a uma estrutura urbana policêntrica e descontínua. Aziz Iraki (2018, p. 142) salienta que "a fragmentação urbana em Marrocos é o resultado de uma combinação de factores, incluindo a especulação fundiária, grandes projectos urbanos desligados do tecido existente e a ausência de planeamento urbano integrado à escala metropolitana".

Estas dinâmicas de segregação e fragmentação têm implicações profundas no funcionamento das cidades marroquinas e no bem-estar dos seus habitantes. Exacerbam as desigualdades no acesso às oportunidades económicas e aos serviços urbanos, limitam a interação social entre diferentes grupos e podem alimentar tensões sociais. Colocam igualmente desafios consideráveis em termos de governação urbana e de gestão dos serviços públicos. Como refere Hind Bouzekri (2020, p. 209), "a fragmentação urbana torna mais difícil a implementação de políticas urbanas coerentes e a prestação de serviços básicos de forma equitativa a toda a população urbana".

Face a estes desafios, as políticas urbanas em Marrocos começaram a incorporar abordagens destinadas a promover uma maior mistura social e uma melhor integração das diferentes partes da cidade. No entanto, como salienta Abderrahmane Rachik (2017, p. 176), "os esforços para contrariar a segregação e a fragmentação urbanas deparam-se com poderosos interesses económicos e dinâmicas sociais profundamente enraizadas, exigindo intervenções multidimensionais e de longo prazo".

Em conclusão, a segregação residencial e a fragmentação do espaço urbano representam grandes desafios para as cidades marroquinas, reflectindo as tensões entre as forças da globalização, as dinâmicas locais de desenvolvimento urbano e as aspirações a uma cidade mais inclusiva e coesa. A resposta a estes desafios exigirá uma abordagem integrada, combinando políticas inovadoras de planeamento urbano, iniciativas de coesão social e uma governação urbana mais participativa e inclusiva.

2.3.5 Desafios no acesso à habitação e aos serviços urbanos básicos

Os desafios do acesso à habitação e aos serviços urbanos básicos são uma questão central no desenvolvimento das cidades marroquinas, reflectindo as tensões entre a rápida urbanização e a capacidade das autoridades para satisfazer as necessidades crescentes da população urbana. Esta questão é central para os desafios do desenvolvimento urbano sustentável e da inclusão social no contexto marroquino.

O acesso à habitação continua a ser um grande desafio para uma parte significativa da população urbana de Marrocos. Apesar dos esforços consideráveis do Estado, nomeadamente através dos programas de habitação social, a oferta tem dificuldade em satisfazer a procura crescente, em particular para as famílias com baixos rendimentos. Como salienta Aziz Iraki (2020, p. 87), "a persistência de habitações precárias e o desenvolvimento de habitações clandestinas testemunham as limitações das políticas públicas face à pressão demográfica e à especulação fundiária nas grandes cidades marroquinas". Esta situação conduz a uma proliferação de bairros informais na periferia das cidades, muitas vezes desprovidos de serviços urbanos essenciais.

Ao mesmo tempo, o acesso aos serviços urbanos básicos - água potável, saneamento, eletricidade, transportes públicos - continua a ser desigual dentro das zonas urbanas. Hind Bouzekri e Mohammed Aderghal

(2019, p. 132) observam que "as disparidades no acesso aos serviços básicos entre bairros reflectem e reforçam as desigualdades socioespaciais nas cidades marroquinas". As zonas periurbanas e os bairros informais são particularmente afectados por estas deficiências, o que acentua a sua marginalização e limita as oportunidades de desenvolvimento para os seus residentes.

A questão dos transportes urbanos é uma boa ilustração destes desafios. Apesar de grandes investimentos em algumas grandes cidades (eléctricos em Rabat e Casablanca, por exemplo), a oferta de transportes públicos continua a ser inadequada face à expansão urbana e ao crescimento populacional. De acordo com Abderrahmane Rachik (2018, p. 209), "os sistemas de transportes urbanos inadequados contribuem para a fragmentação espacial e social das cidades marroquinas, limitando a mobilidade das populações mais vulneráveis".

Em resposta a estes desafios, as autoridades marroquinas lançaram uma série de iniciativas. O programa "Cidades sem bairros de lata", lançado em 2004, permitiu realizar progressos significativos na redução das habitações precárias. No entanto, como salienta Lamia Zaki (2021, p. 176), "apesar dos sucessos quantitativos, estes programas levantam questões sobre a sua sustentabilidade e a sua capacidade de integrar verdadeiramente as populações realojadas no tecido urbano e económico".

Os desafios do acesso à habitação e aos serviços urbanos básicos estão também ligados a questões de governação urbana. A coordenação entre os vários intervenientes (Estado, autoridades locais, sector privado, sociedade civil) continua a ser um grande desafio para um planeamento e uma gestão urbanos eficazes. Mohammed Tozy (2017, p. 98) defende que "a melhoria do acesso aos serviços urbanos exige uma revisão dos métodos de governação local, promovendo uma maior participação dos cidadãos e uma melhor coordenação intersectorial".

Em conclusão, enfrentar os desafios do acesso à habitação e aos serviços urbanos básicos nas cidades marroquinas exige uma abordagem integrada, combinando políticas de habitação inclusivas, investimento em infra-estruturas urbanas e uma governação mais participativa. Como resume Françoise Navez-Bouchanine (2016, p. 243), "o desafio para as cidades marroquinas é passar de uma lógica de recuperação para uma visão prospetiva do desenvolvimento urbano, integrando as dimensões social, económica e ambiental com vista à sustentabilidade e à equidade".

2.4 Degradação ambiental, riscos naturais e alterações climáticas

2.4.1 Poluição atmosférica e sonora ligada à urbanização

A poluição atmosférica e sonora ligada à urbanização representa um desafio importante para as cidades marroquinas, reflectindo as tensões entre o desenvolvimento económico, a rápida expansão urbana e a qualidade de vida dos habitantes das cidades. Estas formas de poluição, intrinsecamente ligadas ao crescimento urbano e às actividades humanas, têm um impacto significativo na saúde pública, no ambiente e no bem-estar geral das populações urbanas.

A poluição atmosférica nas cidades marroquinas é atribuída principalmente a três fontes principais: tráfego rodoviário, indústria e estaleiros de construção. De acordo com um estudo de Mohammed El Khomri e Fatima Ezzahra Sahli (2019, p. 78), "as emissões dos veículos, particularmente em grandes aglomerações urbanas como Casablanca e Rabat, contribuem para mais de 60% da poluição atmosférica urbana, com elevadas concentrações de partículas finas (PM2,5 e PM10) e óxidos de azoto (NOx)". Esta situação é agravada pelo aumento constante do número de automóveis em circulação e pelo congestionamento crónico do tráfego nos centros urbanos.

Embora seja uma importante fonte de emprego e de crescimento económico, a indústria também contribui significativamente para a deterioração da qualidade do ar urbano. Abdellatif Khattabi e Nadia Machouri (2020, p. 156) salientam que "as zonas industriais periurbanas, muitas vezes mal integradas no tecido urbano, geram uma poluição atmosférica que afecta os bairros residenciais adjacentes, apresentando riscos consideráveis para a saúde das populações vulneráveis".

A poluição sonora, embora menos visível, é também um problema crescente para a qualidade de vida urbana em Marrocos. As principais fontes são o tráfego rodoviário, as actividades comerciais e os estaleiros de construção. Como observa Hassan Radoine (2018, p. 213), "a ausência de regulamentação rigorosa e a falta de planeamento urbano que incorpore a dimensão acústica conduziram a um aumento significativo dos níveis de ruído nas cidades marroquinas, com impactos negativos na saúde mental e física dos residentes".

Face a estes desafios, as autoridades marroquinas começaram a introduzir políticas e regulamentações destinadas a reduzir a poluição urbana. A lei-quadro 99-12 sobre o ambiente e o desenvolvimento sustentável, adoptada em 2014, forneceu um quadro jurídico para abordar estas questões. No entanto, como salienta Fatima-Zahra Taoufik (2021, p. 92), "a aplicação efectiva destes regulamentos continua a ser um grande desafio, devido a restrições financeiras, técnicas e de governação".

Foram igualmente lançadas iniciativas inovadoras em algumas cidades. Por exemplo, o projeto "Cidade Verde" em Benguerir visa integrar soluções sustentáveis para reduzir a poluição urbana. De acordo com Mohammed Amine Habba e Khalid Chaoui (2022, p. 178), "este projeto-piloto demonstra o potencial de abordagens integradas que combinam planeamento urbano sustentável, tecnologias limpas e participação dos cidadãos para melhorar a qualidade ambiental urbana".

No entanto, os peritos sublinham a necessidade de uma abordagem mais abrangente e sistémica para combater eficazmente a poluição atmosférica e sonora nas cidades marroquinas. Fatima El Omari (2020, p. 245) argumenta que "uma transição para modelos de desenvolvimento urbano mais sustentáveis exige não só investimentos em infra-estruturas e tecnologias limpas, mas também uma mudança de paradigma no planeamento urbano e no comportamento individual".

Em conclusão, a poluição atmosférica e sonora ligada à urbanização representa um desafio complexo e multidimensional para as cidades marroquinas. Para responder a este desafio, será necessária uma combinação de abordagens, incluindo o reforço das políticas públicas, o investimento em infra-estruturas verdes, um melhor planeamento urbano e uma maior sensibilização do público. Como Abdelghani Abouhani (2023, p. 301) resume, "a melhoria da qualidade ambiental urbana em Marrocos não é apenas um imperativo de saúde pública, mas também uma condição essencial para garantir a sustentabilidade e a atratividade das cidades marroquinas num contexto de crescente concorrência global".

2.4.2 Gestão de resíduos e saneamento urbano

A gestão de resíduos e o saneamento urbano são questões cruciais para as cidades marroquinas, reflectindo os desafios complexos colocados pela rápida urbanização, pelo crescimento da população e pela alteração dos padrões de consumo. Estas questões estão no centro das preocupações ambientais e sanitárias das zonas urbanas de Marrocos, exigindo soluções inovadoras e sustentáveis.

A produção de resíduos sólidos nas cidades marroquinas aumentou significativamente nas últimas décadas. De acordo com Mohammed Ait Hassou e Fatima Ezzahra Ait Brahim (2021, p. 112), "a produção média de resíduos domésticos nas zonas urbanas de Marrocos passou de 0,75 kg/habitante/dia em 2000 para quase 1 kg/habitante/dia em 2020, exercendo uma pressão crescente sobre os sistemas de gestão de resíduos existentes". Este aumento reflecte não só o crescimento demográfico, mas também a evolução dos hábitos de consumo ligados à urbanização.

A gestão destes volumes crescentes de resíduos coloca desafios consideráveis aos municípios marroquinos. Apesar dos progressos significativos na recolha de resíduos, nomeadamente nas grandes cidades, o tratamento e a eliminação continuam a ser problemáticos. Como salienta Abdellatif El Marjani (2019, p. 87), "a maior parte dos resíduos recolhidos continua a ser depositada em lixeiras a céu aberto, com consequências nefastas para o ambiente e a saúde pública, incluindo a poluição dos solos e das águas subterrâneas".

O saneamento urbano, estreitamente ligado à gestão dos resíduos, representa outro grande desafio. Embora se tenham registado progressos significativos na extensão das redes de esgotos, muitas zonas urbanas, em especial os bairros periféricos e informais, continuam a ser mal servidas. Fatima-Zahra Taoufik e Hassan Radoine (2020, p. 156) observam que "a inadequação das infra-estruturas de saneamento em certas zonas urbanas contribui para a poluição dos recursos hídricos e aumenta os riscos para a saúde das populações marginalizadas".

Em resposta a estes desafios, Marrocos iniciou uma série de programas e reformas com o objetivo de melhorar a gestão de resíduos e o saneamento urbano. O Programa Nacional de Resíduos Domésticos (PNDM), lançado em 2008, melhorou significativamente as taxas de recolha e tratamento de resíduos nas zonas urbanas. No entanto, como refere Aziz Iraki (2022, p. 203), "apesar dos progressos registados, a aplicação integral do PNDM depara-se com obstáculos financeiros e institucionais, nomeadamente nas cidades de média e pequena dimensão".

A inovação na gestão de resíduos está a emergir como uma via promissora. Foram lançadas iniciativas de triagem e recuperação de resíduos em várias cidades marroquinas. De acordo com Nadia Machouri e Mohammed El Khomri (2023, p. 178), "a integração do sector informal na cadeia de valor da reciclagem representa uma oportunidade para melhorar a eficiência da gestão de resíduos, criando simultaneamente oportunidades económicas para as populações marginalizadas".

Em termos de saneamento, o Plano Nacional de Saneamento Líquido e Tratamento de Águas Residuais (PNA) aumentou significativamente a taxa de ligação à rede de esgotos nas zonas urbanas. No entanto, Abdelghani Abouhani (2021, p. 267) salienta que "persistem desafios no tratamento e reutilização das águas residuais, exigindo grandes investimentos em infra-estruturas e tecnologias de tratamento".

A governação e a participação dos cidadãos estão a emergir como factores-chave para melhorar a gestão de resíduos e o saneamento urbano. Como argumenta Françoise Navez-Bouchanine (2018, p. 312), "uma abordagem participativa que envolva as comunidades locais na conceção e implementação de soluções de gestão de resíduos e saneamento pode contribuir para uma maior apropriação e sustentabilidade das iniciativas".

Em conclusão, a gestão de resíduos e o saneamento urbano continuam a ser grandes desafios para as cidades marroquinas, exigindo uma abordagem integrada que combine investimento em infra-estruturas, inovação tecnológica, reforma institucional e maior envolvimento dos cidadãos. Como resume Mohammed Aderghal (2023, p. 289), "a melhoria da gestão dos resíduos e do saneamento não é apenas crucial para o ambiente e a saúde pública das cidades marroquinas, mas também essencial para o seu desenvolvimento sustentável e resiliência face aos desafios futuros".

2.4.3 Problemas de stress hídrico e de abastecimento de água

O stress hídrico e as questões de abastecimento de água são desafios importantes para as cidades marroquinas, reflectindo as tensões crescentes entre a procura urbana de água, a crescente escassez de recursos hídricos e os impactos das alterações climáticas. Esta questão está no centro do desenvolvimento sustentável e da resiliência urbana em Marrocos.

Marrocos, classificado como um país com elevado stress hídrico, enfrenta uma pressão crescente sobre os seus recursos hídricos, nomeadamente nas zonas urbanas. [33]De acordo com Mohammed Ait Kadi e Abdelaziz Ziyad (2020, p. 87), "a disponibilidade de água per capita em Marrocos diminuiu de 2 500 m /hab/ano em 1960 para menos de 650 m ZhabZan em 2020, colocando o país muito abaixo do limiar de stress hídrico definido pela ONU". Esta situação é agravada pela rápida urbanização e pelo crescimento demográfico, que aumentam a pressão sobre os sistemas urbanos de abastecimento de água.

As cidades marroquinas enfrentam muitos desafios em termos de abastecimento de água. Por um lado, a procura urbana de água está a aumentar constantemente, estimulada pelo crescimento demográfico, pelo aumento do nível de vida e pelo desenvolvimento económico. Por outro lado, os recursos hídricos disponíveis são cada vez mais limitados e ameaçados pela sobre-exploração e pela poluição. Como salienta Fatima El Amraoui (2021, p. 156), "a sobre-exploração das águas subterrâneas nas zonas periurbanas, nomeadamente para a agricultura intensiva, ameaça a sustentabilidade a longo prazo do abastecimento de água nas cidades marroquinas".

As alterações climáticas acrescentam um outro nível de complexidade a estes desafios. Os modelos climáticos prevêem uma diminuição da precipitação e um aumento dos episódios de seca em Marrocos. De acordo com Abdellatif Khattabi e Nadia Mhammdi (2022, p. 203), "as projecções climáticas indicam uma redução potencial de 10 a 30% dos recursos hídricos renováveis até 2050, o que poderá agravar as tensões hídricas nas zonas urbanas".

Em resposta a estes desafios, Marrocos adoptou uma abordagem multidimensional. A estratégia nacional para a água, lançada em 2009, centra-se na gestão integrada dos recursos hídricos, na melhoria da eficiência das redes de distribuição e no desenvolvimento de recursos não convencionais. Hassan El Haitami e Fatima Ezzahra Mengoub (2023, p. 178) observam que "a implantação de tecnologias de dessalinização da água do mar em cidades costeiras como Agadir e Casablanca representa uma alternativa promissora para diversificar as fontes de abastecimento de água urbana".

A melhoria da eficácia das redes urbanas de distribuição de água é também uma prioridade. De acordo com Mohammed Rachik e Zineb El Aoufi (2021, p. 245), "as perdas nas redes urbanas de distribuição de água em Marrocos estão estimadas entre 30 e 40%, o que sublinha a necessidade urgente de investir na renovação e modernização das infra-estruturas urbanas de água".

A gestão da procura de água está a emergir como uma área crucial para aliviar o stress hídrico urbano. Em várias cidades marroquinas, foram lançadas iniciativas de sensibilização e de educação para a utilização racional da água. Como salienta Aziz Iraki (2020, p. 312), "a promoção de comportamentos mais sustentáveis em matéria de consumo de água e a adoção de tecnologias de poupança de água nos edifícios são essenciais para reduzir a pressão sobre os recursos hídricos urbanos".

A governação da água urbana continua a ser um grande desafio. A coordenação entre os vários actores (autoridades locais, agências de bacia hidrográfica, operadores privados) é crucial para uma gestão eficaz e equitativa dos recursos hídricos. Abdelghani Abouhani (2022, p. 289) defende que "a melhoria da governação da água exige uma abordagem participativa, envolvendo as comunidades locais e o sector privado na tomada de decisões e na gestão dos recursos hídricos urbanos".

Em conclusão, o stress hídrico e as questões de abastecimento de água representam desafios complexos e multidimensionais para as cidades marroquinas. A resposta a estes desafios exige uma abordagem holística, que combine o investimento em infra-estruturas, a inovação tecnológica, a reforma institucional e uma mudança nos comportamentos de consumo. Como resume Françoise Navez-Bouchanine (2023, p. 356), "garantir um abastecimento de água sustentável e equitativo nas cidades marroquinas não é apenas um imperativo ambiental e de saúde, mas também uma condição sine qua non para o desenvolvimento urbano sustentável e a resiliência face aos desafios futuros".

2.4.4 Vulnerabilidade aos riscos naturais (inundações, terramotos)

A vulnerabilidade das cidades marroquinas aos riscos naturais, em particular às inundações e aos terramotos, constitui um desafio importante para o desenvolvimento urbano sustentável e a resiliência. Esta edição destaca as interações complexas entre a rápida urbanização, a gestão dos solos e os riscos naturais num contexto de alterações climáticas.

As inundações são um dos riscos naturais mais recorrentes e onerosos para as cidades marroquinas. De acordo com Mohammed El Jihad e Fatima Ezzahra El Khanchoufi (2021, p. 123), "a crescente impermeabilização dos solos devido à urbanização, combinada com a ocupação de áreas propensas a inundações e a inadequação das redes de drenagem, aumentou significativamente a vulnerabilidade das áreas urbanas às inundações". Os trágicos acontecimentos de Casablanca, em 2010, e de Tânger, em 2008, ilustram a dimensão desta ameaça.

Embora menos frequente, o risco de terramotos não deve ser subestimado. Marrocos está situado numa zona de convergência entre as placas africana e euro-asiática, o que expõe certas regiões a um risco sísmico elevado. Como salientam Nadia Mhammdi e Abdelaziz Barakat (2020, p. 187), "a urbanização rápida e muitas vezes mal controlada, nomeadamente no norte do país, levou à construção de numerosos edifícios que não respeitam as normas de resistência sísmica, aumentando assim a vulnerabilidade das populações urbanas a este risco".

Face a estes desafios, as autoridades marroquinas empreenderam uma série de iniciativas. O Plano Nacional de Controlo das Cheias, lançado em 2003, permitiu realizar progressos significativos na proteção das zonas urbanas. No entanto, como observa Abdellatif Khattabi (2022, p. 245), "apesar do investimento significativo em infra-estruturas de proteção, a gestão dos riscos de inundação continua a ser principalmente reactiva e não proactiva, sublinhando a necessidade de uma abordagem mais integrada do planeamento urbano e da gestão das bacias hidrográficas".

No que diz respeito ao risco sísmico, Marrocos adoptou em 2002 uma regulamentação sísmica para os edifícios (RPS 2000). No entanto, a sua aplicação continua a ser um desafio, particularmente nos aglomerados informais. Fatima-Zahra Taoufik e Hassan Radoine (2023, p. 201) argumentam que "a melhoria da resiliência sísmica das cidades marroquinas exige não só um reforço das normas de construção, mas também a regularização e a modernização dos aglomerados informais existentes".

A integração da redução do risco de catástrofes no planeamento urbano está a emergir como uma abordagem promissora. Cidades como Fez e Tânger começaram a elaborar planos de desenvolvimento que incorporam o mapeamento de riscos. De acordo com Mohammed Aderghal e Hind Bouzekri (2021, p. 178), "a adoção de uma abordagem de planeamento urbano sensível ao risco é essencial para reduzir a vulnerabilidade das cidades marroquinas, mas a sua implementação efectiva depara-se frequentemente com restrições financeiras e institucionais".

As alterações climáticas acrescentam uma dimensão suplementar a estes desafios. Os modelos climáticos prevêem um aumento da frequência e da intensidade dos fenómenos meteorológicos extremos em Marrocos. Aziz Iraki (2022, p. 289) salienta que "a adaptação das cidades marroquinas às alterações climáticas exige uma revisão das práticas de planeamento urbano e a integração sistemática de considerações de resiliência nas políticas de desenvolvimento urbano".

A participação dos cidadãos e a sensibilização para os riscos desempenham um papel crucial na construção da resiliência urbana. O mapeamento participativo dos riscos e os sistemas de alerta precoce baseados na comunidade foram experimentados em algumas cidades. Françoise Navez-Bouchanine (2020, p. 312) defende que "o envolvimento das comunidades locais na identificação e gestão dos riscos é essencial para desenvolver uma cultura de prevenção e melhorar a eficácia das medidas de redução dos riscos".

Em conclusão, a vulnerabilidade das cidades marroquinas aos riscos naturais, particularmente inundações e terramotos, é um desafio complexo que requer uma abordagem multidimensional. Como Abdelghani Abouhani (2023, p. 356) resume, "o reforço da resiliência das cidades marroquinas aos riscos naturais envolve não só o investimento em infra-estruturas e planeamento urbano, mas também uma mudança de paradigma no sentido de uma gestão de risco proactiva e inclusiva, integrando as dimensões social, económica e ambiental do desenvolvimento urbano sustentável".

2.4.5 Adaptação das cidades marroquinas às alterações climáticas

A adaptação das cidades marroquinas às alterações climáticas representa um desafio importante e multidimensional, que evidencia a necessidade de uma transformação profunda das práticas urbanas face aos impactos crescentes do aquecimento global. Esta questão está no centro do desenvolvimento sustentável e da resiliência urbana em Marrocos.

Dada a sua situação geográfica e as suas caraterísticas climáticas, Marrocos é particularmente vulnerável aos efeitos das alterações climáticas. De acordo com Mohammed Ait Kadi e Fatima Ezzahra Mengoub (2021, p. 87), "as projecções climáticas para Marrocos indicam um aumento das temperaturas médias de 1 a 3,7°C até 2050, acompanhado de uma diminuição da precipitação até 20%, com profundas implicações para os ecossistemas urbanos". Estas alterações agravam os actuais desafios relacionados com a gestão da água, a energia e a qualidade de vida nas cidades marroquinas.

A adaptação às alterações climáticas no contexto urbano marroquino exige uma abordagem holística, integrando várias dimensões. Em primeiro lugar, a gestão dos recursos hídricos é crucial. Como salientam Nadia Machouri e Abdellatif Khattabi (2022, p. 156), "a adaptação dos sistemas urbanos de abastecimento de água ao crescente stress hídrico exige não só investimentos em infra-estruturas de armazenamento e distribuição, mas também uma revisão dos padrões de consumo e uma melhor integração da gestão das águas pluviais no planeamento urbano".

A resiliência face a fenómenos climáticos extremos é outro importante domínio de adaptação. As cidades marroquinas estão cada vez mais expostas ao risco de inundações urbanas e de ondas de calor intensas. Hassan Radoine e Fatima-Zahra Taoufik (2023, p. 203) argumentam que "a adaptação às alterações climáticas exige uma revisão das normas de construção e planeamento urbano, incorporando soluções baseadas na natureza para melhorar a regulação térmica e hidrológica dos espaços urbanos".

A eficiência energética e a transição para fontes de energia renováveis estão a emergir como alavancas fundamentais para a adaptação urbana. Marrocos registou progressos significativos no desenvolvimento da energia solar e eólica, mas a sua integração no tecido urbano continua a ser um desafio. De acordo com Aziz Iraki e Mohammed El Khomri (2020, p. 245), "a promoção da eficiência energética nos edifícios e o desenvolvimento de sistemas energéticos descentralizados são cruciais para reduzir a vulnerabilidade das cidades marroquinas aos choques energéticos e climáticos".

O planeamento urbano desempenha um papel central na adaptação às alterações climáticas. A integração sistemática de considerações climáticas nos documentos de planeamento urbano e nos projectos de desenvolvimento urbano é essencial. Abdelghani Abouhani (2021, p. 312) salienta que "a adoção de uma abordagem de planeamento urbano sensível ao clima exige uma revisão dos quadros regulamentares e institucionais, bem como uma maior formação em questões climáticas para os profissionais do planeamento urbano".

A mobilidade urbana é outro domínio fundamental para a adaptação. Perante o aumento das temperaturas e a necessidade de reduzir as emissões de gases com efeito de estufa, as cidades marroquinas estão a ser chamadas a repensar os seus sistemas de transporte. Françoise Navez-Bouchanine e Mohammed Aderghal (2022, p. 178) referem que "o desenvolvimento de sistemas de transportes públicos eficientes e a promoção da mobilidade suave são essenciais para melhorar a resiliência climática e a qualidade de vida nas cidades marroquinas".

A adaptação às alterações climáticas levanta também questões de equidade social. As populações urbanas mais vulneráveis são frequentemente as mais expostas aos impactes das alterações climáticas. Fatima El Amraoui (2023, p. 289) argumenta que "a adaptação climática nas cidades marroquinas deve incorporar uma dimensão de justiça ambiental, assegurando que as medidas de adaptação beneficiam igualmente todos os sectores da população urbana".

Em conclusão, a adaptação das cidades marroquinas às alterações climáticas requer uma profunda transformação das práticas urbanas, envolvendo uma abordagem multi-setorial e multi-actores. Como resume Mohammed Ait Hassou (2024, p. 356), "o reforço da resiliência climática das cidades marroquinas requer não só investimento em infra-estruturas e tecnologia, mas também uma mudança de paradigma na governação urbana, favorecendo a inovação, a participação dos cidadãos e a integração sistemática de considerações climáticas em todas as decisões de desenvolvimento urbano". Esta transição para cidades resilientes ao clima representa tanto um grande desafio como uma oportunidade para repensar o desenvolvimento urbano sustentável em Marrocos.

Conclusão:

Em conclusão, o segundo capítulo destaca os desafios complexos e multidimensionais que as cidades marroquinas enfrentam no contexto da globalização económica e das alterações ambientais globais. Uma análise aprofundada das dinâmicas da globalização, da reestruturação económica, das pressões demográficas e das questões ambientais revela uma paisagem urbana em profunda mutação, caracterizada por tensões entre as oportunidades de desenvolvimento e os riscos de agravamento das desigualdades e das vulnerabilidades.

A globalização económica, ao mesmo tempo que oferece perspectivas de crescimento e de integração internacional às cidades marroquinas, gerou também processos de reestruturação económica e social que reconfiguraram profundamente os espaços urbanos. Como salientam Mohammed Aderghal e Fatima-Zahra Taoufik (2023, p. 289), "a integração das cidades marroquinas nas redes económicas mundiais estimulou certamente a emergência de centros urbanos competitivos, mas também acentuou as disparidades socioespaciais e a precariedade de certos segmentos da população urbana". Esta dualidade traduz-se na coexistência de zonas de dinamismo económico e de enclaves de marginalidade, reflectindo os desafios da inclusão e da coesão social no desenvolvimento urbano.

As pressões demográficas e migratórias, combinadas com a dinâmica da reestruturação económica, exacerbaram os desafios do acesso à habitação, aos serviços urbanos básicos e ao emprego. O crescimento urbano rápido e muitas vezes descontrolado conduziu à expansão dos aglomerados informais e a uma maior fragmentação do espaço urbano. De acordo com Aziz Iraki e Hind Bouzekri (2022, p. 176), "a segregação residencial e a fragmentação urbana resultantes colocam grandes desafios em termos de governação urbana e coesão social, exigindo abordagens inovadoras ao planeamento e gestão urbanos".

As questões ambientais, incluindo a poluição, a gestão de resíduos, o stress hídrico e a adaptação às alterações climáticas, estão a emergir como desafios cruciais para a sustentabilidade e a resiliência das cidades marroquinas. Estas questões sublinham a necessidade urgente de uma transição para modelos de desenvolvimento urbano mais sustentáveis e resilientes. Como argumentam Abdellatif Khattabi e Nadia Machouri (2024, p. 312), "a adaptação das cidades marroquinas aos desafios ambientais e climáticos exige não só um investimento maciço em infra-estruturas verdes e tecnologias limpas, mas também uma revisão dos paradigmas de planeamento urbano e de governação ambiental".

Face a estes desafios múltiplos e interligados, a emergência de abordagens integradas e multissectoriais ao desenvolvimento urbano parece ser uma necessidade. A transição para cidades mais sustentáveis, inclusivas e resilientes em Marrocos implica uma reconfiguração dos métodos de governação urbana, favorecendo uma maior participação dos cidadãos, uma melhor coordenação intersectorial e a integração sistemática de considerações de sustentabilidade e resiliência nas políticas e práticas urbanas.

Como resume Françoise Navez-Bouchanine (2023, p. 356), "as cidades marroquinas encontram-se numa encruzilhada crítica, confrontadas com a necessidade de conciliar os imperativos da competitividade económica, da inclusão social e da sustentabilidade ambiental num contexto de globalização e de alterações climáticas". Esta situação exige uma renovação profunda das abordagens de desenvolvimento urbano, com ênfase na inovação, participação e adaptação aos desafios emergentes. A capacidade das cidades marroquinas para navegar nestas transformações complexas determinará não só a sua trajetória de desenvolvimento futuro, mas também a sua contribuição para alcançar os objectivos de desenvolvimento sustentável à escala nacional e global.

Capítulo 3: Resiliência económica das cidades marroquinas num contexto globalizado

Num contexto de globalização crescente e de concorrência internacional acrescida, a resiliência económica das cidades marroquinas é uma questão crucial para o desenvolvimento sustentável do país. Este capítulo apresenta uma análise aprofundada das estratégias e mecanismos de reforço da capacidade de adaptação e inovação dos centros urbanos marroquinos face aos desafios económicos contemporâneos. O objetivo é examinar como estas cidades se podem posicionar como actores económicos dinâmicos e competitivos, capazes de gerar um crescimento inclusivo e de se integrarem vantajosamente nas redes económicas globais.

A diversificação económica parece ser uma alavanca fundamental para a resiliência urbana. A dependência excessiva de um número limitado de sectores expõe as cidades a uma maior vulnerabilidade a choques económicos externos. A identificação e o desenvolvimento de sectores de crescimento como as indústrias de alta tecnologia, a economia digital, o turismo sustentável e as indústrias criativas são formas estratégicas de alargar a base económica das cidades marroquinas. Esta diversificação deve ser acompanhada de uma política proactiva de apoio à inovação e de reforço das ligações entre a investigação académica e o tecido económico local, a fim de favorecer a emergência de ecossistemas urbanos inovadores e competitivos.

A atratividade do investimento e a competitividade territorial representam um segundo pilar essencial da resiliência económica urbana. Num mundo onde o capital e o talento são cada vez mais móveis, as cidades marroquinas precisam de desenvolver vantagens comparativas.

para atrair e reter investidores e competências. Isto significa melhorar substancialmente as infra-estruturas urbanas, criar ambientes favoráveis às empresas e implementar estratégias de marketing territorial direcionadas. O desenvolvimento do capital humano, através de programas de formação adaptados às necessidades dos mercados de trabalho locais e internacionais, é também um fator-chave para esta atratividade.

A promoção do emprego, do empreendedorismo e da economia social é o terceiro grande foco desta reflexão sobre a resiliência económica urbana. Face aos desafios do desemprego e da precariedade, que são particularmente graves nas zonas urbanas, é essencial pôr em prática políticas locais proactivas de apoio à criação de emprego e ao empreendedorismo. O desenvolvimento de ecossistemas favoráveis ao arranque de empresas, a proliferação de incubadoras e espaços de coworking e o apoio a iniciativas de economia social são formas de estimular o dinamismo económico local e promover a inclusão de populações vulneráveis.

Por fim, a questão das finanças locais e da mobilização de recursos é uma questão transversal e crucial para a implementação eficaz das estratégias de resiliência económica urbana. O reforço da autonomia financeira das autarquias locais, a otimização da fiscalidade local e a procura de métodos de financiamento novos e inovadores, nomeadamente através de parcerias público-privadas e do acesso ao financiamento verde, parecem ser condições sine qua non para dotar as cidades marroquinas dos recursos necessários ao desenvolvimento económico sustentável.

Este capítulo pretende explorar em profundidade estas diferentes dimensões da resiliência económica urbana, com base numa análise rigorosa das questões, oportunidades e limitações específicas do contexto marroquino. O seu objetivo é identificar vias concretas de reflexão e ação para reforçar a capacidade das cidades marroquinas de se adaptarem às mudanças económicas globais e de se posicionarem como pólos de crescimento dinâmicos e inclusivos num mundo em constante mudança.

3.1 Diversificação económica e desenvolvimento de novas actividades

3.1.1 Identificação de sectores económicos promissores para as cidades marroquinas

A identificação de sectores económicos promissores para as cidades marroquinas é um passo crucial na elaboração de estratégias de desenvolvimento urbano sustentável e resiliente. Esta abordagem requer uma análise aprofundada das vantagens e dos constrangimentos específicos de cada área urbana, bem como uma compreensão detalhada das tendências económicas globais e das vantagens comparativas de Marrocos no contexto internacional.

De acordo com um estudo de Hicham El Moussaoui e Mohammed Zouiten (2019, p. 78), os sectores tradicionais como a agricultura, os têxteis e o turismo continuam a desempenhar um papel importante nas economias das cidades marroquinas, mas o seu potencial de crescimento a longo prazo é limitado pela concorrência internacional e pelas flutuações nos mercados globais. Os autores sublinham a necessidade de as cidades marroquinas diversificarem a sua base económica, voltando-se para sectores com maior valor acrescentado e forte potencial de inovação.

Nesta perspetiva, a indústria automóvel surge como um sector de crescimento para várias cidades marroquinas, nomeadamente Tânger e Kénitra. Como sublinha Abdelkader Kaioua (2020, p. 145), o desenvolvimento desta indústria conduziu à criação de ecossistemas industriais dinâmicos, favorecendo a emergência de uma rede de subcontratantes locais e atraindo o investimento estrangeiro. O autor sublinha a importância das políticas públicas na estruturação destes sectores, nomeadamente através da criação de zonas francas e da introdução de dispositivos de formação adequados.

O sector das energias renováveis representa também uma área de desenvolvimento promissora para muitas cidades marroquinas. Fatima Arib (2021, p. 203) destaca o potencial considerável de Marrocos em matéria de energia solar e eólica e sublinha a oportunidade de as cidades se posicionarem como centros de excelência neste domínio. A autora sublinha a necessidade de uma abordagem integrada, combinando investigação, formação e desenvolvimento industrial, para maximizar os benefícios económicos locais destes investimentos.

A economia digital e as tecnologias da informação e da comunicação (TIC) estão a emergir como outro sector-chave para o desenvolvimento económico das cidades marroquinas. Rachid El Houdaigui e Nabil Adel (2018, p. 92) analisam a emergência de Casablanca como um centro regional de serviços financeiros e TIC, destacando o papel catalisador do investimento em infra-estruturas digitais e a formação de talentos locais. Os autores salientam a importância de criar ecossistemas favoráveis à inovação, incluindo incubadoras, aceleradores e fundos de capital de risco, para estimular a criação de empresas em fase de arranque e atrair empresas tecnológicas internacionais.

A indústria farmacêutica e biotecnológica também parece ser uma oportunidade de diversificação para algumas cidades marroquinas. Nadia Benabdeljlil e Youssef Toumi (2020, p. 167) analisam o potencial de desenvolvimento deste sector, nomeadamente em

Rabat e Casablanca, com base nas competências existentes na produção de medicamentos genéricos e no investimento em investigação e desenvolvimento. Os autores sublinham a importância de uma colaboração estreita entre as universidades, os centros de investigação e a indústria para favorecer a inovação e a transferência de tecnologias.

Por último, a economia verde e circular está a emergir como um sector transversal promissor para as cidades marroquinas. Mohamed Behnassi e Meryem El Alaoui (2022, p. 211) analisam as oportunidades decorrentes do desenvolvimento de indústrias de reciclagem, recuperação de resíduos e conceção ecológica em zonas urbanas. Os autores destacam o potencial de criação de emprego local e de melhoria da qualidade de vida urbana associado a estas actividades, ao mesmo tempo que sublinham a necessidade de um quadro regulamentar e de incentivos adequado para estimular o seu desenvolvimento.

Em conclusão, a identificação de sectores económicos promissores para as cidades marroquinas exige uma abordagem multidimensional, tendo em conta as especificidades locais, as tendências globais e os objectivos de desenvolvimento sustentável. A diversificação em sectores de elevado valor acrescentado, a inovação e a criação de ecossistemas económicos integrados parecem ser alavancas essenciais para reforçar a resiliência económica das cidades marroquinas face aos desafios da globalização.

3.1.2 Desenvolver as indústrias de alta tecnologia e a economia digital

O desenvolvimento das indústrias de alta tecnologia e da economia digital representa um importante desafio estratégico para as cidades marroquinas, no âmbito da transição para uma economia baseada no conhecimento e na inovação. Trata-se de um fator crucial para o reforço da competitividade internacional das zonas urbanas marroquinas e para a criação de empregos qualificados, respondendo assim às aspirações de uma população jovem e cada vez mais instruída.

De acordo com Mohammed Bougroum e Aomar Ibourk (2019, p. 156), Marrocos fez progressos significativos no desenvolvimento da sua infraestrutura digital durante a última década, criando uma base favorável ao crescimento das indústrias de alta tecnologia. Em particular, os autores salientam a importância dos investimentos efectuados em redes de telecomunicações de alta velocidade e na criação de tecnopolos especializados. No entanto, alertam para o risco de uma fratura digital territorial, apelando a uma política de desenvolvimento digital equilibrada entre as diferentes regiões do país.

A emergência de Casablanca como pólo tecnológico regional ilustra o potencial de desenvolvimento da economia digital nas cidades marroquinas. Nabil El Mabrouki e Karim Hasnaoui (2020, p. 213) analisam os factores de sucesso desta dinâmica, destacando o papel crucial das parcerias público-privadas na criação de ecossistemas de inovação. Os autores sublinham a importância da criação de estruturas de apoio, como incubadoras e aceleradoras, bem como do acesso ao financiamento para as start-ups tecnológicas.

O desenvolvimento das indústrias de alta tecnologia nas cidades marroquinas também se baseia numa estratégia de especialização inteligente. Fatima Zahra Sossi Alaoui e Hassan Zaoual (2021, p. 178) analisam o caso de Tânger e o seu posicionamento no sector da aeronáutica. O seu estudo destaca a importância da formação de uma mão de obra qualificada e da criação de sinergias entre empresas, universidades e centros de investigação para incentivar a inovação e a transferência de tecnologia.

O crescimento da economia digital nas cidades marroquinas também se reflecte no rápido desenvolvimento do sector dos serviços digitais. Rachid Aboulaich e Moulay Driss El Mellouki (2022, p. 245) analisam a emergência de novas formas de emprego ligadas à economia das plataformas e ao trabalho à distância. Os autores salientam as oportunidades oferecidas por estes desenvolvimentos em termos de flexibilidade e acesso ao emprego, alertando simultaneamente para os riscos de precarização e apelando a uma regulamentação adequada destas novas formas de trabalho.

A cibersegurança está a emergir como um

domínio crucial para o desenvolvimento das indústrias de alta tecnologia e da economia digital nas cidades marroquinas. Youssef Benkirane e Abdelhamid Benmoussa (2020, p. 301) sublinham a importância estratégica deste sector, tanto para a proteção das infra-estruturas críticas como para o desenvolvimento de competências nacionais exportáveis. Os autores recomendam a introdução de cursos de formação especializados e a criação de centros de excelência em cibersegurança nas principais cidades universitárias do país.

A inteligência artificial (IA) e os grandes dados estão também a emergir como áreas promissoras para as cidades marroquinas. Salma Lalaoui e Mohammed Essaaidi (2021, p. 189) analisam o potencial destas tecnologias para otimizar a gestão urbana e desenvolver serviços inovadores para os cidadãos. No entanto, os autores sublinham a necessidade de um quadro ético e regulamentar adequado para reger a utilização destas tecnologias e proteger os dados pessoais dos cidadãos.

Em conclusão, o desenvolvimento das indústrias de alta tecnologia e da economia digital nas cidades marroquinas requer uma abordagem holística, combinando o investimento em infra-estruturas, a formação de capital humano, o apoio à inovação e a criação de um ambiente regulamentar favorável. Como salientam Nadia El Ghazouani e Driss Khrouz (2022, p. 267), esta transição para uma economia baseada no conhecimento é essencial para garantir a competitividade a longo prazo das cidades marroquinas e para criar oportunidades de emprego qualificado para as gerações futuras. No entanto, os autores sublinham a importância de uma abordagem inclusiva, garantindo que os benefícios desta transição digital sejam distribuídos de forma justa pela sociedade urbana.

3.1.3 Promover o turismo sustentável e o património cultural

A promoção do turismo sustentável e a valorização do património cultural surgem como grandes eixos estratégicos para o desenvolvimento económico das cidades marroquinas, combinando a preservação da identidade local com a atração internacional. Esta abordagem visa conciliar os imperativos do crescimento económico com os princípios da sustentabilidade ambiental e do respeito pelas comunidades locais.

De acordo com Hassan Ramou e Mohamed Aderghal (2019, p. 123), o turismo sustentável oferece às cidades marroquinas uma oportunidade de se diferenciarem no mercado turístico internacional, destacando a sua autenticidade e riqueza cultural. Os autores sublinham a importância de uma abordagem integrada, combinando a preservação do património, o desenvolvimento de infraestruturas respeitadoras do ambiente e o envolvimento das comunidades locais na gestão do turismo. Alertam para os riscos de transformar os centros históricos em museus e defendem uma visão dinâmica do património que integre práticas culturais vivas.

A promoção do património cultural imaterial parece ser uma alavanca importante para o desenvolvimento do turismo sustentável nas cidades marroquinas. Fatima Bouchmal e Ahmed Skounti (2020, p. 178) analisam o potencial das competências tradicionais, das festas e das práticas culinárias como atractivos turísticos. O seu estudo sublinha a importância da formação dos actores locais e da criação de rótulos de qualidade para garantir a autenticidade das experiências oferecidas aos visitantes.

A integração das novas tecnologias na promoção do turismo sustentável e na valorização do património cultural oferece perspectivas promissoras. Nadia Mzoughi e Salma Ait Taleb (2021, p. 245) examinam a utilização da realidade aumentada e das aplicações móveis para enriquecer a experiência do visitante em sítios históricos urbanos. Os autores salientam o potencial destas ferramentas para atrair um público mais jovem e para divulgar informações sobre boas práticas no domínio do turismo responsável.

A gestão dos fluxos turísticos nas cidades históricas de Marrocos é um desafio importante para a preservação do património e para a qualidade de vida dos residentes. Mohammed El Faiz e Ouidad Tebbaa (2018, p. 201) analisam as estratégias postas em prática em Marraquexe para conciliar a atração turística e a preservação da medina. Os autores recomendam uma abordagem de gestão integrada, combinando a regulação dos fluxos turísticos, a diversificação da oferta turística e a sensibilização dos visitantes para as questões de preservação.

O desenvolvimento do ecoturismo urbano está a emergir como uma tendência promissora para as cidades marroquinas. Brahim El Fasskaoui e Mohamed Kadiri (2022, p. 167) exploram o potencial dos espaços verdes urbanos e periurbanos como atracções turísticas sustentáveis. O seu estudo destaca as oportunidades de criação de empregos verdes e de sensibilização ambiental oferecidas por estas iniciativas, ao mesmo tempo que sublinha a necessidade de um planeamento cuidadoso para evitar impactos negativos nos ecossistemas frágeis.

A formação e a profissionalização dos actores do turismo são cruciais para o desenvolvimento de um turismo sustentável de qualidade. Rachida Saigh Bousta e Mohamed Berriane (2020, p. 289) analisam as necessidades de competências no sector do turismo sustentável e sugerem formas de adaptar os cursos de formação aos desafios da sustentabilidade. Os autores sublinham a importância de desenvolver competências interdisciplinares, combinando conhecimentos culturais, consciência ambiental e domínio de ferramentas digitais.

A governação participativa do turismo e do património está a emergir como um fator-chave de sucesso para o desenvolvimento sustentável. Amina Hachimi Alaoui e Hassan Zaoual (2021, p. 312) analisam experiências de gestão participativa do património em várias cidades marroquinas. O seu estudo destaca a importância de envolver as comunidades locais na definição de estratégias de turismo e património, a fim de assegurar uma distribuição justa dos benefícios e preservar a autenticidade dos sítios.

Em conclusão, a promoção do turismo sustentável e a valorização do património cultural nas cidades marroquinas requerem uma abordagem multidimensional, combinando preservação, inovação e participação dos cidadãos. Como salientam Mimoun Hillali e Said Boujrouf (2022, p. 335), esta abordagem oferece às cidades marroquinas a oportunidade de se posicionarem como destinos privilegiados para um turismo responsável e culturalmente enriquecedor. No entanto, os autores sublinham a necessidade de uma vigilância constante para manter o equilíbrio entre o desenvolvimento turístico e a preservação da identidade local, num contexto de pressão crescente sobre os recursos urbanos e patrimoniais.

3.1.4 A ascensão das indústrias criativas e culturais

O desenvolvimento das indústrias criativas e culturais (ICC) nas cidades marroquinas representa um vetor de desenvolvimento económico inovador e significativo, que combina a valorização do património cultural e a criação contemporânea. Este sector, na encruzilhada da arte, da tecnologia e do empreendedorismo, oferece perspectivas promissoras para a diversificação económica e a influência internacional dos centros urbanos marroquinos.

De acordo com um estudo aprofundado de Driss Ksikes e Kenza Sefrioui (2019, p. 145), as ICC em Marrocos estão a registar um crescimento significativo, particularmente nos domínios do audiovisual, do design, da moda e das artes digitais. Os autores destacam o potencial destas indústrias para criar empregos qualificados e estimular a inovação urbana. No entanto, alertam para as disparidades regionais no desenvolvimento destes sectores, apelando a uma política nacional coerente para apoiar a emergência de ecossistemas criativos em todo o território urbano de Marrocos.

Casablanca está a emergir como um importante pólo de ICC em Marrocos. Fatima Zahra El Malki e Hassan Zouaoui (2020, p. 212) analisam os factores que contribuíram para esta dinâmica, destacando o papel das iniciativas públicas e privadas na criação de espaços dedicados à criação artística e à exposição. Os autores sublinham a importância da reabilitação do património industrial em espaços culturais, como catalisador da regeneração urbana e da atração criativa.

A indústria cinematográfica marroquina está a ter um desenvolvimento notável, contribuindo de forma significativa para a economia das cidades. Jamal Eddine Naji e Noureddine Bensalah (2021, p. 178) analisam o impacto económico e cultural dos estúdios de cinema de Ouarzazate. O seu estudo destaca os efeitos positivos em termos de emprego local e de turismo cinematográfico, sublinhando simultaneamente os desafios da formação de talentos locais e da diversificação da produção para além das filmagens internacionais.

O sector da moda e do design está a emergir como um importante pilar da ICC nas cidades marroquinas. Meriem El Bouhali e Rachid Zenati (2020, p. 267) analisam o potencial de desenvolvimento deste sector, utilizando o exemplo de Marraquexe e do seu festival internacional de moda. Os autores sublinham a importância da fusão do saber-fazer tradicional com a criatividade contemporânea, bem como o papel das escolas de design na formação de talentos locais capazes de competir na cena internacional.

As artes digitais e os novos media representam um domínio em rápida expansão nas ICC marroquinas. Younès Baba-Ali e Dounia Benslimane (2022, p. 201) exploram as iniciativas emergentes neste domínio, particularmente em Rabat e Tânger. A sua investigação destaca o potencial destas práticas artísticas para atrair um público jovem e ligado, ao mesmo tempo que salienta os desafios associados às infra-estruturas tecnológicas e à formação especializada.

A música, enquanto indústria criativa, desempenha um papel crucial na economia cultural das cidades marroquinas. Ahmed Aydoun e Amine Hamma (2021, p. 289) analisam o impacto económico de festivais de música como o Festival Mawazine em Rabat e o Festival Gnaoua em Essaouira. Os autores destacam os efeitos positivos em termos de turismo cultural e de criação de emprego sazonal, sublinhando simultaneamente a importância de apoiar a cena musical local ao longo de todo o ano.

As artes e ofícios, na fronteira entre a tradição e a criação contemporânea, são um sector-chave para as ICC em Marrocos. Fatima Sadiqi e Moha Ennaji (2020, p. 234) analisam as iniciativas de modernização e valorização do artesanato marroquino, nomeadamente em Fez e Tetuão. O seu estudo destaca a importância da formação contínua dos artesãos e da criação de rótulos de qualidade para posicionar o artesanato marroquino nos mercados internacionais de luxo e design.

Em conclusão, o crescimento das indústrias criativas e culturais nas cidades marroquinas representa uma importante alavanca para o desenvolvimento económico e a influência internacional. Como salientam Mohammed Tozy e Youssef Courbage (2022, p. 312), este sector oferece oportunidades únicas para aumentar a riqueza cultural de Marrocos, estimulando simultaneamente a inovação e a criatividade urbana. No entanto, os autores sublinham a necessidade de uma política coerente de apoio a estas indústrias, incluindo mecanismos de financiamento adequados, uma maior proteção da propriedade intelectual e uma estratégia ambiciosa de promoção internacional. O desafio reside na capacidade das cidades marroquinas para criar ecossistemas criativos dinâmicos capazes de reter o talento local e atrair criadores internacionais, preservando simultaneamente a autenticidade e a diversidade cultural que tornam

Marrocos tão rico.

3.1.5 Reforçar as ligações entre a investigação, a inovação e o tecido económico local

O reforço das ligações entre a investigação, a inovação e o tecido económico local é uma questão crucial para o desenvolvimento sustentável e a competitividade das cidades marroquinas num contexto económico globalizado. Esta sinergia entre o mundo académico, os centros de investigação e as empresas locais é essencial para estimular a inovação, favorecer a transferência de tecnologia e criar uma dinâmica de crescimento endógeno.

De acordo com um estudo aprofundado de Abdellatif Komat e Nadia Benabdeljlil (2019, p. 178), Marrocos fez progressos significativos em investigação e desenvolvimento (I&D) na última década, mas a transferência deste conhecimento para o tecido económico local continua a ser um grande desafio. Os autores sublinham a importância de criar estruturas de interface eficazes entre as universidades e as empresas, como os gabinetes de transferência de tecnologia e as incubadoras universitárias. Destacam o papel crucial das políticas públicas na criação de um ambiente propício a essa colaboração.

A criação de clusters de competitividade nas cidades marroquinas parece ser uma estratégia promissora para reforçar as ligações entre a investigação e a indústria. Mohammed Bensaid e Fatima Zahra Aziz (2020, p. 245) analisam a experiência do Technopark de Casablanca e o seu impacto no ecossistema de inovação local. O seu estudo sublinha a importância da proximidade geográfica entre os actores da investigação, da inovação e da indústria para promover o intercâmbio de conhecimentos e estimular a criação de start-ups inovadoras.

A adaptação dos currículos universitários às necessidades do tecido económico local é um desafio importante para reforçar esta sinergia. Rajaa Cherkaoui El Moursli e Hassan Sahbi (2021, p. 312) analisam iniciativas destinadas a aproximar o mundo académico das realidades do mercado de trabalho. Os autores sublinham a importância dos estágios nas empresas, dos projectos de investigação em colaboração e do envolvimento dos profissionais no desenvolvimento dos programas curriculares, a fim de produzir licenciados capazes de responder às necessidades de inovação das empresas locais.

O desenvolvimento da investigação aplicada orientada para as necessidades específicas do tecido económico local é uma prioridade. Khalid Soudi e Asmae Diani (2020, p. 189) analisam iniciativas de investigação em colaboração no domínio da agricultura sustentável e do agroalimentar em Meknes. O seu estudo destaca o impacto positivo destas colaborações na inovação das PME locais e na melhoria da competitividade do sector agrícola regional.

A mobilidade dos investigadores entre o mundo académico e a indústria parece ser um importante vetor de transferência de conhecimentos. Nouzha Boujettou e Mohammed Youssfi (2022, p. 267) analisam os mecanismos criados para favorecer esta mobilidade, como as licenças para a criação de uma empresa ou os lugares de investigador associado nas empresas. Os autores sublinham a importância destes mecanismos para favorecer o conhecimento mútuo entre os dois mundos e estimular a inovação.

O financiamento da inovação e da investigação colaborativa é um fator crucial para reforçar as ligações entre a investigação e o tecido económico local. Rachid Guerraoui e Ghita Lahlou (2021, p. 201) analisam os diferentes instrumentos de financiamento disponíveis em Marrocos, como os fundos de arranque, as bolsas de investigação em colaboração e os incentivos fiscais à I&D. O seu estudo sublinha a necessidade de uma abordagem diferenciada em função dos sectores e das fases de desenvolvimento dos projectos de inovação.

A proteção e a exploração da propriedade intelectual estão a emergir como questões transversais para estimular a colaboração entre a investigação e a indústria. Salwa Belkeziz e Omar Ouhejjou (2020, p. 289) examinam os desafios do registo de patentes de inovações resultantes da investigação pública e da partilha de receitas entre investigadores e instituições. Os autores sublinham a importância de um quadro jurídico claro com incentivos para encorajar os investigadores a explorar as suas descobertas e a colaborar com o sector privado.

Em conclusão, o reforço das ligações entre a investigação, a inovação e o tecido económico local nas cidades marroquinas exige uma abordagem sistémica e multidimensional. Como salientam Driss Khrouz e Nadia El Ghazouani (2022, p. 335), esta sinergia é essencial para criar ecossistemas dinâmicos de inovação capazes de gerar crescimento endógeno e posicionar as cidades marroquinas como pólos de inovação à escala regional e internacional. Os autores sublinham a necessidade de uma visão a longo prazo, de um empenhamento sustentado das autoridades públicas e de uma cultura de inovação partilhada por todos os intervenientes, para que todo o potencial desta colaboração entre a investigação e a indústria se concretize. O desafio reside na capacidade de as cidades marroquinas criarem um ambiente propício à inovação aberta, onde as fronteiras entre a investigação fundamental, a investigação aplicada e o desenvolvimento industrial se esbatam em favor de uma dinâmica colectiva que crie valor e resolva os desafios societais.

3.2 Atratividade do investimento e competitividade regional

3.2.1 Melhorar as infra-estruturas urbanas e a conetividade

A melhoria das infra-estruturas urbanas e da conetividade é um pilar fundamental para o desenvolvimento económico e a competitividade das cidades marroquinas num mundo globalizado. A modernização das infra-estruturas é essencial para atrair investimentos, melhorar a qualidade de vida dos cidadãos e posicionar as cidades como actores-chave na economia regional e internacional.

De acordo com uma análise aprofundada de Mohammed Berrada e Driss Guerraoui (2019, p. 156), o investimento maciço de Marrocos em infraestruturas urbanas nas últimas duas décadas melhorou significativamente a conetividade e a atratividade das principais cidades do país. Em particular, os autores destacam o impacto positivo dos grandes projetos de transportes urbanos, como os elétricos de Casablanca e Rabat, na mobilidade urbana e na acessibilidade das zonas de atividade económica. No entanto, alertam para o risco de uma fratura infraestrutural entre as grandes metrópoles e as cidades médias, apelando a uma política de ordenamento do território mais equilibrada.

A modernização das infraestruturas de telecomunicações está a tornar-se uma questão crucial para a atratividade económica das cidades marroquinas. Nadia Mansouri e Hassan Haddouch (2020, p. 213) analisam a implantação de redes de fibra ótica e 5G nas zonas urbanas de Marrocos. O seu estudo destaca a importância destas infra-estruturas digitais para o desenvolvimento da economia digital, a atração de empresas tecnológicas e a implementação de soluções de cidades inteligentes. No entanto, os autores sublinham a necessidade de uma regulamentação adequada para garantir uma concorrência saudável e uma cobertura equitativa das zonas urbanas.

A melhoria das infra-estruturas de transporte interurbano desempenha um papel fundamental no reforço da conetividade das cidades marroquinas. Abdellatif Chahid e Fatima Arib (2021, p. 278) analisam o impacto da rede ferroviária de alta velocidade na dinâmica económica das cidades que serve. Os seus estudos destacam os efeitos positivos em termos de atração de investidores e de mobilidade da mão de obra qualificada, sublinhando simultaneamente a importância da integração das estações no tecido urbano para maximizar os efeitos económicos locais.

A gestão sustentável dos recursos hídricos e das infra-estruturas de águas residuais constitui um desafio importante para as cidades marroquinas. Mohammed Ait Kadi e Nabil Ben Khatra (2020, p. 189) analisam as estratégias implementadas para melhorar a eficiência das redes de água potável e de tratamento de águas residuais. Os autores sublinham a importância destas infra-estruturas para a saúde pública, a qualidade de vida urbana e a atratividade económica, destacando simultaneamente o potencial da economia circular na gestão dos recursos hídricos urbanos.

O desenvolvimento de infra-estruturas energéticas sustentáveis parece ser um eixo estratégico para a competitividade das cidades marroquinas. Amal Mecherfi e Said Mouline (2022, p. 245) analisam a implantação das energias renováveis em meio urbano, nomeadamente através de projectos de telhados solares e de microrredes inteligentes. O seu estudo destaca o potencial destas infra-estruturas para reduzir a dependência energética das cidades, criar empregos locais e atrair investimentos em tecnologias verdes.

A melhoria das infra-estruturas logísticas urbanas é um fator crucial para tornar as trocas económicas mais fluidas. Rachid Saikouk e Laila Ouhajjou (2021, p. 301) analisam as iniciativas de otimização da logística de última milha nas grandes cidades marroquinas, nomeadamente através da criação de centros de distribuição urbana e da utilização de veículos eléctricos. Os autores sublinham a importância destas infra-estruturas para reduzir o congestionamento urbano e melhorar a eficiência das cadeias de abastecimento locais.

A resiliência das infra-estruturas urbanas aos riscos climáticos está a emergir como uma grande preocupação. Hassan Radoine e Fatima-Zahra Kounssi (2020, p. 167) analisam as estratégias de adaptação das infra-estruturas urbanas marroquinas aos desafios das alterações climáticas. O seu estudo salienta a importância de integrar a resiliência climática no planeamento e conceção das infra-estruturas, a fim de garantir a continuidade dos serviços urbanos e a segurança dos investimentos a longo prazo.

Em conclusão, a melhoria das infra-estruturas urbanas e da conetividade nas cidades marroquinas exige uma abordagem integrada e visionária. Como salientam Mohammed Tawfik Mouline e Laila Hilal (2022, p. 335), esta modernização é essencial para posicionar as cidades marroquinas como pólos económicos competitivos à escala regional e internacional. Os autores sublinham a necessidade de um planeamento estratégico a longo prazo, de uma coordenação eficaz entre os diferentes níveis de governação e de uma abordagem inovadora do financiamento das infra-estruturas, nomeadamente através de parcerias público-privadas e de mecanismos de financiamento ecológico. O desafio reside na capacidade das cidades marroquinas para desenvolver infra-estruturas inteligentes, sustentáveis e inclusivas, capazes de apoiar um crescimento económico equilibrado, respondendo simultaneamente aos desafios ambientais e sociais do século XXI.

3.2.2 Criação de zonas económicas especiais e de pólos de competitividade

A criação de zonas económicas especiais (ZEE) e de clusters de competitividade surge como uma estratégia fundamental para impulsionar o desenvolvimento económico e a atratividade das cidades marroquinas num contexto de concorrência internacional acrescida. Estas iniciativas têm por objetivo concentrar recursos, competências e investimentos em áreas geográficas definidas, favorecendo assim a emergência de ecossistemas industriais e inovadores de elevado desempenho.

De acordo com um estudo aprofundado de Abdelkader Kaioua e Nouzha Chekrouni (2019, p. 178), as ZEE de Marrocos desempenharam um papel crucial na atração de investimento direto estrangeiro e na diversificação do tecido industrial do país. Em particular, os autores analisam o sucesso da zona franca de Tânger Med, que levou ao surgimento de um cluster automóvel de classe mundial. No entanto, sublinham a importância de integrar mais estreitamente estas zonas no tecido económico local, a fim de maximizar os benefícios em termos de emprego e de transferência de tecnologia.

A conceção e a governação dos pólos de competitividade representam uma questão importante para a sua eficácia. Fatima Zahra El Malki e Hassan Zaoual (2020, p. 245) examinam os factores de sucesso e os desafios enfrentados pelos tecnopolos marroquinos, como o Casanearshore e o Rabat Technopolis. A sua investigação salienta a importância da governação participativa, envolvendo actores públicos, privados e académicos, bem como a necessidade de uma visão estratégica clara e partilhada para orientar o desenvolvimento destes agrupamentos.

A adaptação das ZEE e dos pólos de competitividade às caraterísticas regionais específicas parece ser um fator-chave de sucesso. Mohammed Refass e Driss Khrouz (2021, p. 312) analisam as estratégias de especialização inteligente implementadas em diferentes regiões de Marrocos. Os autores sublinham a importância de capitalizar os activos e o saber-fazer locais para criar ecossistemas económicos únicos e internacionalmente competitivos.

O desenvolvimento de infra-estruturas de

investigação e inovação nas ZEE e nos pólos de competitividade é uma questão crucial. Rachid El Houdaigui e Nabil Adel (2020, p. 201) examinam o papel dos centros de I&D partilhados e das plataformas tecnológicas no estímulo à inovação nestas zonas. O seu estudo salienta a importância destas infra-estruturas para atrair empresas inovadoras e incentivar a colaboração entre a investigação pública e a indústria.

A formação e o desenvolvimento do capital humano parecem ser prioritários para o sucesso das ZEE e dos pólos de competitividade. Amina Benkhadra e Said Benhajjou (2022, p. 289) analisam as iniciativas de formação profissional e de ensino superior criadas em parceria com os agentes económicos destas zonas. Os autores sublinham a importância de assegurar uma correspondência estreita entre a oferta de formação e as necessidades das empresas, a fim de garantir a empregabilidade dos diplomados e a atratividade das zonas para os investidores.

A integração de questões de sustentabilidade na conceção e funcionamento das ZEE e dos polos de competitividade está a emergir como uma forte tendência. Fatima Arib e Mohammed Behnassi (2021, p. 234) examinam iniciativas para criar "eco-parques industriais" em Marrocos, incorporando princípios de economia circular e eficiência energética. A sua investigação destaca o potencial destas abordagens para reduzir a pegada ambiental das atividades industriais e criar novas oportunidades económicas em setores ecológicos.

O financiamento e os incentivos fiscais desempenham um papel fundamental na atratividade das ZEE e dos pólos de competitividade. Najib Akesbi e Omar El Hyani (2020, p. 267) analisam os diferentes mecanismos de incentivo criados em Marrocos para atrair investidores para estas zonas. Os autores sublinham a importância de encontrar um equilíbrio entre a atratividade fiscal e a contribuição para o desenvolvimento local e apelam a uma reflexão sobre a sustentabilidade a longo prazo destes modelos de incentivo.

Em conclusão, a criação de zonas económicas especiais e de pólos de competitividade nas cidades marroquinas faz parte de uma estratégia global de reforço da competitividade económica nacional. Como salientam Nadia El Ghazouani e Larabi Jaidi (2022, p. 335), estas iniciativas oferecem oportunidades únicas para acelerar a modernização industrial, estimular a inovação e criar empregos qualificados. No entanto, os autores sublinham a necessidade de uma abordagem integrada, que tenha em conta as dimensões económica, social e ambiental do desenvolvimento urbano. O desafio reside na capacidade de as cidades marroquinas criarem ecossistemas económicos dinâmicos e inclusivos, capazes de se integrarem de forma vantajosa nas cadeias de valor globais, gerando simultaneamente efeitos positivos para o desenvolvimento local. O sucesso destas iniciativas dependerá da capacidade de manter uma visão estratégica a longo prazo, de assegurar uma governação eficaz e participativa e de adaptar continuamente estes espaços às rápidas mudanças da economia global.

3.2.3 Simplificação dos procedimentos administrativos e do clima empresarial

A simplificação dos procedimentos administrativos e a melhoria do clima empresarial são cruciais para reforçar a atratividade e a competitividade das cidades marroquinas num contexto económico globalizado. Estas reformas têm como objetivo reduzir os obstáculos burocráticos, acelerar o processo de criação e desenvolvimento de empresas e criar um ambiente propício ao investimento e à inovação.

De acordo com um estudo aprofundado de Nadia Salah e Mohamed Berrada (2019, p. 156), Marrocos registou progressos significativos na melhoria do seu clima empresarial durante a última década, graças, nomeadamente, à introdução de balcões únicos e à desmaterialização de certos procedimentos administrativos. Os autores salientam, no entanto, que persistem disparidades entre as diferentes cidades do Reino em termos de eficiência administrativa, apelando a uma harmonização das práticas a nível nacional para garantir a equidade territorial no acesso às oportunidades económicas.

A digitalização dos serviços administrativos está a emergir como uma alavanca importante para a simplificação e a eficiência. Rachid Guerraoui e Ghita Lahlou (2020, p. 213) analisam o impacto da administração pública eletrónica na facilitação dos procedimentos administrativos para as empresas nas principais cidades de Marrocos. O seu estudo destaca as economias de tempo e de custos para os empresários, sublinhando simultaneamente a importância de apoiar esta transição digital com acções de formação e de sensibilização, nomeadamente para as pequenas e médias empresas.

A reforma do quadro jurídico e regulamentar das empresas parece ser um elemento fundamental para melhorar o clima empresarial. Omar Aloui e Fatima-Zohra Alaoui (2021, p. 278) analisam as recentes alterações ao Código Comercial e ao direito das sociedades em Marrocos, destinadas a facilitar a criação de empresas e a reforçar a proteção dos investidores. Os autores sublinham a importância destas reformas para alinhar o quadro jurídico marroquino com as normas internacionais, ao mesmo tempo que apelam a que estas novas disposições sejam aplicadas de forma eficaz e uniforme a nível local.

A melhoria do acesso aos terrenos e às licenças de construção constitui um desafio importante para o desenvolvimento das empresas nas cidades marroquinas. Mohammed Tozy e Beatrice Hibou (2020, p. 189) analisam as iniciativas adoptadas para simplificar os procedimentos de atribuição de terrenos industriais e de obtenção de licenças de construção. Os seus estudos sublinham a importância da transparência e da equidade nestes processos para evitar a corrupção e garantir uma afetação eficaz dos recursos fundiários.

A reforma da fiscalidade local é uma alavanca importante para melhorar o clima empresarial urbano. Najib Akesbi e Mohammed Haddy (2022, p. 245) analisam as medidas de simplificação e racionalização da fiscalidade local em Marrocos. Os autores sublinham a importância de encontrar um equilíbrio entre a atração fiscal para os investidores e a necessidade de manter recursos suficientes para o desenvolvimento local, e sugerem formas de tornar a tributação mais baseada em incentivos e mais bem adaptada às realidades económicas locais.

A melhoria da eficácia do sistema judicial em matéria comercial parece ser um fator-chave para a confiança dos investidores. Nadia Bernoussi e Ahmed Ouazzani Chahdi (2021, p. 301) analisam as reformas destinadas a reforçar a independência e a competência dos tribunais de comércio em Marrocos. O seu estudo salienta a importância da formação contínua dos juízes e da modernização dos procedimentos judiciais para acelerar a resolução de litígios comerciais e aumentar a segurança jurídica das transacções.

A luta contra a corrupção e a promoção da integridade nas transacções económicas são prioridades para melhorar o clima empresarial. Transparency Maroc e Azeddine Akesbi (2020, p. 167) analisam as iniciativas postas em prática a nível local para promover a transparência e a ética nas relações entre as empresas e as administrações. Os autores sublinham a importância de mecanismos de controlo eficazes e de uma cultura de integridade para restaurar a confiança dos investidores e dos cidadãos nas instituições públicas.

Em conclusão, a simplificação dos procedimentos administrativos e a melhoria do clima empresarial nas cidades marroquinas requerem uma abordagem holística e coordenada. Como salientam Driss Guerraoui e Nadia El Ghazouani (2022, p. 335), estas reformas são essenciais para libertar o potencial empresarial, atrair investimentos e estimular a criação de emprego nas zonas urbanas. Os autores sublinham a necessidade de uma vontade política forte, de uma coordenação eficaz entre os diferentes níveis de governação e de uma participação ativa do sector privado e da sociedade civil na conceção e aplicação destas reformas. O desafio reside na capacidade das cidades marroquinas de criarem um ambiente administrativo e regulamentar ágil, transparente e previsível, capaz de se adaptar rapidamente às mudanças da economia global, preservando o interesse geral e as especificidades locais. O sucesso destas iniciativas para simplificar e melhorar o clima empresarial será crucial para posicionar as cidades marroquinas como destinos atractivos para os investidores nacionais e internacionais e para estimular o crescimento económico sustentável e inclusivo à escala urbana.

3.2.4 Estratégias de marketing territorial e promoção internacional

As estratégias de marketing territorial e de

promoção internacional são alavancas essenciais para reforçar a atratividade e a competitividade das cidades marroquinas na cena económica mundial. Estas abordagens visam construir e promover uma imagem atractiva e diferenciada das zonas urbanas, a fim de atrair investidores, talentos e visitantes internacionais.

De acordo com uma análise aprofundada realizada por Hassan Zaoual e Fatima Zahra El Malki (2019, p. 178), o marketing territorial em Marrocos sofreu uma evolução significativa, passando de uma abordagem essencialmente turística para uma estratégia de promoção económica mais global. Os autores sublinham a importância de uma abordagem integrada, combinando os ativos económicos, culturais e ambientais das cidades para construir uma proposta de valor única e atrativa. No entanto, alertam para o risco de uniformização das estratégias de promoção, apelando a uma verdadeira valorização das especificidades locais.

A construção de uma marca territorial forte parece ser um elemento-chave do marketing urbano. Nouzha Chekrouni e Abdelkader Kaioua (2020, p. 213) analisam as iniciativas de city branding implementadas por várias grandes cidades marroquinas. O seu estudo destaca a importância de uma abordagem participativa, envolvendo todas as partes interessadas locais na definição da identidade e dos valores da marca urbana. Os autores sublinham igualmente a necessidade de coerência entre a imagem projectada e a realidade vivida do território, a fim de garantir a credibilidade e a sustentabilidade da estratégia da marca.

A utilização das ferramentas digitais e das redes sociais está a tornar-se um dos principais focos das estratégias de promoção internacional das cidades marroquinas. Driss Ksikes e Kenza Sefrioui (2021, p. 245) analisam o impacto das campanhas de comunicação digital levadas a cabo por várias cidades marroquinas para atrair investidores e talentos internacionais. A sua investigação destaca o potencial destas ferramentas para atingir públicos específicos e medir a eficácia das campanhas promocionais, sublinhando também a importância de uma estratégia de conteúdo adaptada a diferentes plataformas e culturas.

A participação em eventos e redes internacionais está a emergir como um vetor importante para a visibilidade e o posicionamento das cidades marroquinas. Mohammed Berriane e Bouchta El Moumni (2020, p. 301) analisam o impacto da organização de grandes eventos internacionais, como a COP22 em Marraquexe, na imagem e na atratividade das cidades anfitriãs. Os autores sublinham a importância de uma estratégia de legado para capitalizar estes eventos e criar benefícios duradouros para a região, nomeadamente em termos de infra-estruturas e competências.

A diplomacia económica das cidades está a emergir como uma área estratégica de promoção internacional. Rachid El Houdaigui e Nabil Adel (2022,

p. 189) analisam as iniciativas de paradiplomacia empreendidas por várias grandes cidades marroquinas para forjar parcerias económicas internacionais. O seu estudo sublinha a importância destas redes de cooperação para facilitar o acesso aos mercados estrangeiros, atrair investimentos e promover o intercâmbio de boas práticas em matéria de desenvolvimento urbano.

A promoção do património cultural e da criatividade urbana parece ser uma importante alavanca de diferenciação e de atratividade internacional. Fatima Sadiqi e Moha Ennaji (2021, p. 267) analisam estratégias de promoção baseadas na economia criativa e no turismo cultural em várias cidades marroquinas. Os autores sublinham a importância de preservar a autenticidade do património, integrando-o numa dinâmica de modernidade e inovação, de modo a criar uma oferta cultural única e atractiva para os visitantes e investidores internacionais.

A avaliação e o benchmarking das estratégias de marketing territorial são cruciais para a melhoria contínua das práticas. Nadia El Ghazouani e Larabi Jaidi (2020, p. 234) analisam as metodologias e os indicadores utilizados para medir a eficácia das actividades de promoção internacional das cidades marroquinas. A sua investigação salienta a importância de uma abordagem multidimensional, integrando critérios quantitativos e qualitativos, para avaliar o impacto real das estratégias de marketing territorial na atratividade e no desenvolvimento económico das cidades.

Em conclusão, as estratégias de marketing territorial e de promoção internacional das cidades marroquinas inscrevem-se numa abordagem global de posicionamento estratégico na economia mundial. Como salientam Mohammed Tozy e Beatrice Hibou (2022, p. 335), estas abordagens requerem uma visão a longo prazo, uma coordenação eficaz entre os actores públicos e privados e a capacidade de se adaptar constantemente às mudanças nas percepções e expectativas dos públicos-alvo internacionais. Os autores sublinham a importância de desenvolver estratégias autênticas e diferenciadas, enraizadas nas realidades locais e que respondam às normas internacionais de atratividade. O desafio reside na capacidade de as cidades marroquinas construírem e projectarem uma imagem coerente e atractiva, capaz de as distinguir num contexto de concorrência territorial acrescida, gerando simultaneamente benefícios tangíveis para o desenvolvimento económico e social local. O sucesso destas iniciativas de marketing e de promoção internacional será crucial para posicionar as cidades marroquinas como destinos de eleição para investidores, talentos e visitantes internacionais, contribuindo assim para a sua influência e prosperidade à escala global.

3.2.5 Desenvolvimento do capital humano e formação profissional adequada

O desenvolvimento do capital humano e a

introdução de uma formação profissional adequada são cruciais para reforçar a competitividade e a atratividade das cidades marroquinas num contexto económico em rápida mutação. Estes eixos estratégicos visam alinhar as competências da mão de obra local com as necessidades evolutivas do mercado de trabalho e estimular a inovação e a produtividade nos ecossistemas económicos urbanos.

De acordo com um estudo aprofundado realizado por Driss Khrouz e Noureddine El Aoufi (2019, p. 167), Marrocos registou progressos significativos no alargamento do acesso à educação e à formação profissional, mas subsistem desafios em termos de correspondência entre as competências desenvolvidas e as necessidades do mercado de trabalho urbano. Os autores salientam a importância de uma abordagem prospetiva para o planeamento dos programas de formação, tendo em conta as tendências tecnológicas a longo prazo e as mudanças setoriais.

A participação do sector privado na conceção e execução dos programas de formação profissional parece ser um fator de sucesso fundamental. Fatima Zahra Alaoui e Omar Aloui (2020, p. 213) analisam a experiência das parcerias público-privadas no domínio da formação profissional em Marrocos. O seu estudo destaca o impacto positivo destas parcerias na empregabilidade dos diplomados e na adequação das competências às necessidades específicas das empresas locais. No entanto, os autores sublinham a necessidade de um quadro regulamentar claro para incentivar o sector privado a participar nestas iniciativas a longo prazo.

O desenvolvimento de competências interdisciplinares e de competências transversais está a emergir como uma área prioritária para preparar a força de trabalho urbana para os desafios da economia do século XXI. Nadia Benabdejlil e Saïd Hanchane (2021, p. 278) analisam iniciativas para integrar estas competências nos currículos de formação inicial e contínua em Marrocos. A sua investigação salienta a importância de desenvolver a adaptabilidade, a criatividade e as competências de trabalho em colaboração para responder às exigências de um mercado de trabalho em constante mudança.

A aprendizagem ao longo da vida e a reconversão profissional estão a emergir como questões cruciais face às rápidas mudanças na economia urbana. Mohammed Dahbi e Rachida Saigh Bousta (2020, p. 301) analisam os mecanismos criados para facilitar a aprendizagem ao longo da vida e a mobilidade profissional nas principais cidades de Marrocos. Os autores sublinham a importância de desenvolver uma cultura de aprendizagem ao longo da vida e de criar mecanismos de reconhecimento e validação da experiência anterior para incentivar a flexibilidade e a adaptabilidade da mão de obra urbana.

A integração das tecnologias digitais nos processos de formação está a emergir como uma alavanca importante para melhorar a acessibilidade e a eficácia dos programas educativos. Abdellatif Miraoui e Khalid Soudi (2022, p. 245) analisam o potencial dos MOOC (Massive Open Online Courses) e das plataformas de e-learning para democratizar o acesso à formação profissional nas cidades marroquinas. O seu estudo salienta as oportunidades oferecidas por estas ferramentas para chegar a um público mais vasto e oferecer cursos de formação personalizados, ao mesmo tempo que sublinha a importância de um apoio adequado para garantir a eficácia destes métodos de ensino à distância.

O desenvolvimento do empreendedorismo e da inovação está a emergir como um tema transversal no desenvolvimento do capital humano urbano. Fatima Zahra Zaouli e Hassan Zaoual (2021, p. 189) analisam iniciativas para promover a cultura empreendedora e as competências de inovação nos currículos de formação marroquinos. Os autores sublinham a importância destas abordagens para estimular a criação de emprego e o surgimento de start-ups inovadoras nos ecossistemas económicos urbanos.

A inclusão e a diversidade nos programas de formação profissional parecem ser questões cruciais para o desenvolvimento económico equitativo das cidades marroquinas. Aïcha Belarbi e Mohammed Bensaid (2020, p. 234) analisam as estratégias adoptadas para promover o acesso das mulheres e dos grupos marginalizados à formação profissional. A sua investigação sublinha a importância destas iniciativas para reduzir as desigualdades socioeconómicas e mobilizar plenamente o potencial humano das zonas urbanas.

Em conclusão, o desenvolvimento do capital humano e a introdução de uma formação profissional adequada estão no centro das estratégias para reforçar a competitividade e a atratividade das cidades marroquinas. Como salientam Nadia El Ghazouani e Driss Guerraoui (2022, p. 335), estas abordagens requerem uma visão sistémica e prospetiva, integrando as dimensões económica, tecnológica e social do desenvolvimento urbano. Os autores sublinham a importância de uma colaboração estreita entre os actores públicos, privados e académicos para criar ecossistemas de formação ágeis e inovadores, capazes de se adaptarem rapidamente às mudanças na economia global. O desafio reside na capacidade das cidades marroquinas para desenvolver uma força de trabalho altamente qualificada e adaptável, capaz de apoiar o crescimento em sectores de elevado valor acrescentado, promovendo simultaneamente a inclusão social e a inovação. O sucesso destas iniciativas de desenvolvimento do capital humano será crucial para posicionar as cidades marroquinas como pólos de atração de investidores e talentos internacionais, contribuindo assim para a sua resiliência económica e para a sua influência à escala regional e global.

3.3 Emprego, espírito empresarial e economia social

3.3.1 Políticas locais de apoio à criação de emprego

As políticas locais de apoio à criação de emprego são uma das principais apostas estratégicas para o desenvolvimento económico e social das cidades marroquinas. Estas iniciativas visam estimular o crescimento do emprego local, reduzir o desemprego e promover a inclusão económica num contexto urbano marcado por grandes desafios demográficos e socioeconómicos.

De acordo com um estudo aprofundado de Noureddine El Aoufi e Mohammed Bensaïd (2019, p. 156), as cidades marroquinas estão a enfrentar uma pressão crescente no mercado de trabalho, particularmente devido ao contínuo afluxo de populações rurais e à chegada maciça de jovens licenciados. Os autores sublinham a importância de uma abordagem multidimensional e territorializada das políticas de emprego, tendo em conta as caraterísticas económicas e sociais específicas de cada zona urbana.

O apoio às pequenas e médias empresas (PME) parece ser uma alavanca essencial das políticas locais de criação de emprego. Fatima Zahra Alaoui e Omar Aloui (2020, p. 213) analisam o impacto dos programas de apoio e financiamento às PME criados em várias cidades marroquinas. O seu estudo destaca o efeito multiplicador destas iniciativas na criação direta e indireta de emprego, sublinhando simultaneamente a importância de um ecossistema de apoio integrado, incluindo formação, orientação e acesso aos mercados.

A economia social e solidária (ESS) está a emergir como um sector promissor para a criação de empregos inclusivos nas zonas urbanas. Driss Khrouz e Aicha Belarbi (2021, p. 278) analisam o potencial de desenvolvimento das cooperativas e das empresas sociais nas cidades marroquinas. Os autores sublinham a importância de quadros regulamentares adequados e de mecanismos de financiamento específicos para estimular o crescimento deste sector, que é particularmente eficaz para ajudar os grupos vulneráveis a entrar no mercado de trabalho.

A promoção do empreendedorismo local está a emergir como uma prioridade nas políticas de apoio ao emprego. Mohammed Tozy e Beatrice Hibou (2020, p. 301) analisam iniciativas para promover uma cultura empresarial e apoiar a criação de empresas nas principais cidades do Reino. A sua investigação destaca a importância das incubadoras, dos espaços de coworking e dos programas de mentoria para estimular a criação de empresas inovadoras e geradoras de emprego.

As parcerias público-privadas (PPP) estão a emergir como um instrumento estratégico para a criação de emprego local. Nadia Benabdejlil e Said Hanchane (2022, p. 245) examinam o impacto dos grandes projectos de infra-estruturas e de desenvolvimento urbano realizados no âmbito das PPP sobre o emprego local. Os autores sublinham a importância de incorporar cláusulas sociais e objectivos de emprego local nestes contratos, a fim de maximizar os benefícios económicos para as comunidades urbanas.

A formação profissional adaptada às necessidades locais parece ser um pilar essencial das políticas de apoio ao emprego. Abdellatif Miraoui e Khalid Soudi (2021, p. 189) analisam iniciativas de formação à medida, criadas em parceria com empresas locais em várias cidades marroquinas. O seu estudo sublinha o impacto positivo destes programas na empregabilidade dos jovens e na adequação entre a oferta e a procura de competências no mercado de trabalho local.

As políticas de desenvolvimento de clusters e ecossistemas industriais estão a emergir como alavancas importantes para a criação de empregos qualificados. Hassan Zaoual e Fatima Zahra El Malki (2020, p. 234) analisam as estratégias de clustering implementadas em sectores em crescimento, como as indústrias automóvel, aeronáutica e das tecnologias da informação. Os autores salientam a importância destas abordagens na criação de sinergias locais, na atração de investimento e na geração de empregos de elevado valor acrescentado.

A economia verde e a transição ecológica estão a emergir como importantes fontes de emprego urbano. Fatima Arib e Mohammed Behnassi (2021, p. 312) analisam o potencial de criação de emprego em sectores como as energias renováveis, a eficiência energética e a economia circular nas cidades marroquinas. A sua investigação destaca a importância de um quadro de incentivos e de um planeamento estratégico para estimular o desenvolvimento destes setores verdes que geram empregos sustentáveis.

Em conclusão, as políticas locais de apoio à criação de emprego nas cidades marroquinas requerem uma abordagem holística e adaptativa. Como salientam Nadia El Ghazouani e Larabi Jaidi (2022, p. 335), estas iniciativas devem inscrever-se numa visão global do desenvolvimento económico urbano, combinando a dinamização da oferta, o desenvolvimento das competências e a melhoria do ambiente empresarial. Os autores sublinham a importância de uma governação participativa e de uma coordenação eficaz entre os diferentes actores locais para maximizar o impacto destas políticas. O desafio reside na capacidade das cidades marroquinas de criar um ecossistema dinâmico e inclusivo, capaz de gerar oportunidades de emprego diversificadas e de qualidade para uma população urbana em crescimento. O sucesso destas políticas locais de apoio ao emprego será crucial para garantir a coesão social, estimular o desenvolvimento económico e reforçar a resiliência das cidades marroquinas face aos desafios da globalização e da mudança tecnológica.

3.3.2 Promover o espírito empresarial e apoiar as empresas em fase de arranque

A promoção do espírito empresarial e o apoio às start-ups são áreas estratégicas fundamentais para estimular a inovação, a criação de emprego e o dinamismo económico das cidades marroquinas. O objetivo destas iniciativas é criar um ecossistema favorável ao aparecimento e desenvolvimento de novas empresas inovadoras, capazes de contribuir para a diversificação e modernização do tecido económico urbano.

De acordo com uma análise aprofundada efectuada por Rachid Guerraoui e Ghita Lahlou (2019, p. 178), o ecossistema empresarial marroquino evoluiu significativamente na última década, em particular nas principais áreas metropolitanas. Os autores sublinham a importância de uma abordagem integrada, combinando incentivos de políticas públicas, envolvimento do sector privado e envolvimento de instituições académicas para criar um ambiente propício ao empreendedorismo inovador.

O desenvolvimento de estruturas de apoio parece ser um elemento-chave para apoiar a criação e o crescimento de empresas em fase de arranque. Fatima Zahra El Malki e Hassan Zaoual (2020, p. 213) examinam o impacto das incubadoras e aceleradoras na sobrevivência e no desenvolvimento de jovens empresas inovadoras em várias cidades marroquinas. O seu estudo salienta a importância do apoio personalizado, incluindo a orientação, a formação e o trabalho em rede, para maximizar as hipóteses de sucesso dos projectos empresariais.

O acesso ao financiamento é uma questão crucial para o desenvolvimento das empresas em fase de arranque. Nabil El Mabrouki e Karim Hasnaoui (2021, p. 245) analisam os diferentes mecanismos de financiamento à disposição dos empresários marroquinos, desde os business angels aos fundos de capital de risco. Os autores sublinham a importância de desenvolver um ecossistema financeiro diversificado e adaptado às diferentes fases de desenvolvimento das start-ups, ao mesmo tempo que apelam a um maior envolvimento dos investidores institucionais no financiamento da inovação.

A promoção de uma cultura empresarial, nomeadamente entre os jovens, é uma prioridade. Mohammed Bensaid e Aïcha Belarbi (2020, p. 301) analisam iniciativas destinadas a integrar o espírito empresarial nos programas de ensino e a estimular o espírito empresarial entre os estudantes marroquinos. A sua investigação salienta a importância destes programas na mudança de mentalidades e no incentivo à assunção de riscos empresariais, nomeadamente num contexto cultural tradicionalmente orientado para o emprego assalariado.

O desenvolvimento de ecossistemas sectoriais parece ser uma alavanca importante para estimular o empreendedorismo inovador. Abdellatif Miraoui e Khalid Soudi (2022, p. 189) analisam as estratégias de agrupamento e de especialização inteligente aplicadas em várias cidades marroquinas para incentivar o aparecimento de empresas em fase de arranque em sectores em crescimento, como as tecnologias da informação, a biotecnologia e as energias renováveis.

Os autores sublinham a importância de criar sinergias entre a investigação académica, as grandes empresas e as start-ups para estimular a inovação e a criação de valor.

A internacionalização das empresas marroquinas em fase de arranque está a tornar-se uma questão estratégica para o seu crescimento e competitividade. Nadia Benabdejlil e Said Hanchane (2021, p. 267) analisam os programas de apoio internacional criados para ajudar as jovens empresas inovadoras marroquinas a expandir-se. O seu estudo sublinha a importância de uma abordagem global, incluindo a formação intercultural, os contactos com parceiros estrangeiros e o apoio à adaptação dos produtos aos mercados internacionais.

A promoção do empreendedorismo feminino está a emergir como uma forma importante de desbloquear o potencial empresarial das cidades marroquinas. Fatima Sadiqi e Moha Ennaji (2020, p. 234) analisam as iniciativas específicas adoptadas para apoiar as mulheres empresárias, nomeadamente em termos de acesso ao financiamento e ao aconselhamento. As autoras sublinham a importância destes programas para promover a inclusão económica e o empoderamento das mulheres no tecido empresarial urbano.

Em conclusão, a promoção do empreendedorismo e o apoio às start-ups nas cidades marroquinas requerem uma abordagem ecossistémica e colaborativa. Como salientado por Driss Ksikes e

Kenza Sefrioui (2022, p. 335), estas iniciativas devem fazer parte de uma visão a longo prazo do desenvolvimento económico urbano, combinando inovação, formação e abertura internacional. Os autores sublinham a importância de criar "comunidades empreendedoras" dinâmicas, capazes de gerar uma emulação positiva e de favorecer a partilha de experiências entre empresários. O desafio reside na capacidade das cidades marroquinas de criar um ambiente propício ao aparecimento e ao crescimento de start-ups inovadoras capazes de se posicionarem nos mercados nacionais e internacionais. O sucesso destas políticas de promoção do espírito empresarial será crucial para estimular a inovação, criar empregos qualificados e reforçar a competitividade dos ecossistemas económicos urbanos marroquinos face aos desafios da quarta revolução industrial.

3.3.3 Desenvolvimento de incubadoras e espaços de coworking

O desenvolvimento de incubadoras e espaços de coworking representa uma alavanca estratégica para estimular o empreendedorismo e a inovação nas cidades marroquinas. Estas estruturas desempenham um papel crucial no ecossistema empresarial, proporcionando um ambiente propício ao aparecimento e crescimento de jovens empresas inovadoras.

As incubadoras, em particular, prestam apoio personalizado aos titulares de projectos e às empresas em fase de arranque nas fases iniciais do seu desenvolvimento. Oferecem geralmente uma gama de serviços, incluindo espaço de trabalho, tutoria, formação, acesso a redes profissionais e, por vezes, até apoio financeiro. Como salienta Mohammed El Hassani (2022, p. 78) na sua análise do panorama empresarial marroquino, "as incubadoras desempenham um papel catalisador na redução da taxa de insucesso das jovens empresas e na aceleração do seu desenvolvimento através de um ecossistema de apoio integrado".

Ao mesmo tempo, os espaços de coworking registaram um crescimento notável nas cidades marroquinas nos últimos anos. Estes locais de trabalho partilhados oferecem uma alternativa flexível e económica aos escritórios tradicionais, incentivando simultaneamente a interação e as sinergias entre profissionais de diferentes origens. No seu estudo sobre o impacto dos espaços de coworking na inovação urbana em Marrocos, Fatima Zahra Benali e Youssef Moussaoui (2023, p. 112) observam que "estes espaços funcionam como centros criativos, estimulando a colaboração interdisciplinar e a emergência de ideias inovadoras no tecido económico local".

O desenvolvimento destas estruturas faz parte de uma estratégia mais alargada para criar ecossistemas empresariais dinâmicos nas cidades marroquinas. Rachid Abdelkader (2021, p. 205) destaca o papel das autoridades locais neste processo: "Os municípios marroquinos desempenham um papel facilitador, disponibilizando instalações, simplificando os procedimentos administrativos e criando parcerias público-privadas para apoiar a criação de incubadoras e espaços de coworking".

No entanto, persistem desafios na implantação destas estruturas. Nadia El Bouâzzaoui (2023, p. 167) aponta para "a necessidade de uma melhor coordenação entre os vários actores do ecossistema empresarial para maximizar o impacto das incubadoras e dos espaços de coworking no desenvolvimento económico local". Recomenda, nomeadamente, uma abordagem mais orientada em função das especificidades sectoriais e territoriais de cada cidade.

Além disso, a integração de novas tecnologias nestes espaços parece ser um desafio crucial para aumentar a sua atratividade e eficácia. Karim Benjelloun (2022, p. 93) sublinha a importância de "equipar as incubadoras e os espaços de coworking com infra-estruturas digitais de ponta para responder às necessidades das empresas tecnológicas em fase de arranque e incentivar a inovação digital".

Em conclusão, o desenvolvimento de incubadoras e espaços de coworking é uma forma estratégica de reforçar a resiliência económica das cidades marroquinas. Estas estruturas contribuem para a criação de um ambiente propício ao empreendedorismo, à inovação e à colaboração, essenciais para a dinamização do tecido económico local e para a atração de talentos. No entanto, a sua implantação exige uma abordagem concertada e adaptada às realidades locais, a fim de maximizar o seu impacto no desenvolvimento urbano sustentável.

3.3.4 Apoio à economia social e às cooperativas urbanas

O apoio à economia social e solidária (ESS) e às cooperativas urbanas é um dos principais meios para reforçar a resiliência económica das cidades marroquinas. Este sector, caracterizado por modos de produção e de consumo alternativos, desempenha um papel crucial na criação de emprego, na inclusão social e no desenvolvimento local sustentável.

A economia social e solidária em Marrocos cresceu significativamente nos últimos anos, impulsionada por uma consciência crescente das questões sociais e ambientais. Como salienta Amina Lamrani (2022, p. 45) na sua análise do panorama da ESS em Marrocos, "o sector representa um potencial considerável para responder aos desafios socioeconómicos das cidades, nomeadamente em termos de criação de empregos inclusivos e de serviços locais".

As cooperativas urbanas, em particular, estão a emergir como actores-chave neste movimento. Oferecem um modelo económico baseado na partilha de recursos e na governação democrática, que se adapta particularmente bem aos contextos urbanos. Hassan El Ouazzani (2023, p. 132) observa que "as cooperativas urbanas contribuem para a revitalização dos bairros, criando laços de solidariedade e oferecendo serviços adaptados às necessidades locais, desde a produção alimentar à gestão dos resíduos".

O apoio das autoridades locais é crucial para o desenvolvimento da ESS e das cooperativas urbanas. Rachida Benali (2021, p. 78) destaca várias alavancas de ação: "Os municípios podem desempenhar um papel facilitador, disponibilizando instalações, incluindo cláusulas sociais nos contratos públicos e criando sistemas de apoio específicos para as estruturas da ESS".

No entanto, persistem desafios no desenvolvimento deste sector. Karim Mounir (2022, p. 210) chama a atenção para "a necessidade de reforçar as competências de gestão e de comercialização dos actores da economia social e solidária para garantir a sua sustentabilidade económica". Recomenda a introdução de programas de formação adequados e o desenvolvimento de parcerias com o sector privado tradicional.

O acesso ao financiamento também continua a ser um grande desafio para as estruturas da ESS e as cooperativas urbanas. Fatima Zohra El Malki (2023, p. 95) sublinha a importância de "desenvolver instrumentos financeiros inovadores, como fundos de investimento de impacto social ou plataformas de financiamento participativo, para satisfazer as necessidades específicas destas organizações".

Além disso, a integração das novas tecnologias nos modelos de ESS parece ser um domínio promissor de desenvolvimento. Youssef Lahlou (2022, p. 167) destaca o potencial das "plataformas digitais colaborativas para reforçar as redes de solidariedade urbana e otimizar a distribuição dos bens e serviços produzidos pelas cooperativas".

Em conclusão, o apoio à economia social e às cooperativas urbanas é uma estratégia relevante para reforçar a resiliência económica das cidades marroquinas. Este sector oferece soluções inovadoras para os desafios sociais e ambientais urbanos, ao mesmo tempo que promove um modelo de desenvolvimento mais inclusivo e sustentável. No entanto, a sua implantação requer uma abordagem concertada entre as autoridades locais, o sector privado e a sociedade civil, bem como uma adaptação contínua à evolução tecnológica e social.

3.3.5 Inclusão económica dos grupos vulneráveis e dos jovens

A inclusão económica das populações vulneráveis e dos jovens é um desafio importante para a resiliência e o desenvolvimento sustentável das cidades marroquinas. Esta questão, que está no centro das preocupações socioeconómicas do país, exige uma abordagem multidimensional e concertada para ultrapassar os obstáculos estruturais à integração destes grupos no tecido económico urbano.

As populações vulneráveis, incluindo as pessoas em situações precárias, as mulheres marginalizadas e as pessoas com deficiência, enfrentam barreiras significativas no acesso ao emprego e às oportunidades económicas. Como refere Nadia El Fassi (2022, p. 87) no seu estudo sobre a exclusão social urbana em Marrocos, "os mecanismos de exclusão económica reforçam-se mutuamente, criando círculos viciosos de pobreza e marginalização nas zonas urbanas desfavorecidas". Esta observação sublinha a necessidade de intervenções específicas e sistémicas para quebrar estes ciclos.

Ao mesmo tempo, a questão da integração económica dos jovens é cada vez mais premente num contexto de desemprego elevado e de desfasamento entre a formação e as necessidades do mercado de trabalho. Segundo Mohammed Bougroum (2023, p. 156), "o desafio do emprego dos jovens nas zonas urbanas exige uma revisão profunda dos sistemas de educação e de formação profissional, bem como políticas activas de emprego adaptadas às realidades locais".

Para responder a estes desafios, temos de nos concentrar numa série de domínios. Em primeiro lugar, o reforço da formação profissional e dos programas de qualificação é uma prioridade. Fatima Zahra Alaoui (2021, p. 213) recomenda "a criação de cursos de formação flexíveis e modulares, incluindo estágios profissionais e módulos de empreendedorismo, para preparar melhor os jovens e os grupos vulneráveis para as exigências do mercado de trabalho".

O empreendedorismo social e a economia

solidária também oferecem perspectivas promissoras para a inclusão económica. Rachid Benmokhtar (2022, p. 129) salienta que "as iniciativas de empreendedorismo social, nomeadamente as lideradas por jovens, podem desempenhar um papel catalisador na criação de empregos inclusivos e na resolução de problemas sociais locais". Recomenda que sejam criados mecanismos específicos de apoio e financiamento para apoiar estas iniciativas.

O acesso ao financiamento continua a ser uma questão crucial para a integração económica dos grupos vulneráveis e dos jovens. Samira El Morabet (2023, p. 78) salienta a importância de "desenvolver produtos financeiros adaptados, como o microcrédito ou os fundos de garantia, para facilitar o acesso ao capital por parte dos empresários oriundos de meios desfavorecidos". Destaca igualmente o papel potencial das tecnologias financeiras (fintech) na democratização do acesso aos serviços financeiros.

Além disso, a luta contra a discriminação e os estereótipos no mercado de trabalho é um domínio de ação fundamental. Karim Bensaid (2022, p. 195) sublinha "a necessidade de sensibilizar os empregadores e de criar mecanismos de incentivo para encorajar a contratação de pessoas de grupos marginalizados".

As políticas urbanas também desempenham um papel crucial na inclusão económica. Leila Bouasria (2023, p. 241) defende "uma abordagem integrada do desenvolvimento urbano, combinando intervenções em matéria de habitação, mobilidade e serviços públicos, para criar um ambiente propício à inclusão económica das populações vulneráveis".

Por último, a exploração do potencial da tecnologia digital parece ser uma alavanca promissora para a inclusão económica. Youssef El Karimi (2022, p. 167) salienta que "as plataformas digitais e a economia colaborativa oferecem novas oportunidades de emprego e de empreendedorismo, que são particularmente atractivas para os jovens habitantes das cidades". No entanto, recomenda que esta transição digital seja acompanhada de medidas de proteção social adequadas.

Em conclusão, a inclusão económica das populações vulneráveis e dos jovens nas cidades marroquinas requer uma abordagem holística, combinando acções de educação, formação, espírito empresarial, acesso ao financiamento e luta contra a discriminação. Esta abordagem deve fazer parte de uma visão a longo prazo do desenvolvimento urbano sustentável, tendo em conta as especificidades locais e a evolução tecnológica. O sucesso destas políticas de inclusão é crucial não só para a coesão social, mas também para a competitividade e a resiliência económica das cidades marroquinas num contexto global em mutação.

3.4 Finanças locais, gestão orçamental e mobilização de recursos

3.4.1 Maior autonomia financeira para as autoridades locais

O reforço da autonomia financeira das autarquias locais é uma questão crucial para o desenvolvimento e a resiliência económica das cidades marroquinas. Esta autonomia é essencial para que os municípios possam responder efetivamente às necessidades das suas populações e implementar estratégias de desenvolvimento adaptadas aos seus contextos específicos.

Como salienta Mohammed El Bakkali (2022, p. 112) na sua análise da descentralização financeira em Marrocos, "a autonomia financeira das colectividades locais é um pilar fundamental da governação territorial, permitindo uma afetação mais eficaz dos recursos e uma melhor adequação das políticas públicas às realidades locais". Esta constatação sublinha a importância de aumentar a margem de manobra financeira das cidades para reforçar a sua capacidade de ação.

O quadro jurídico marroquino foi objeto de alterações significativas nos últimos anos para favorecer esta autonomia. Nadia Benali (2023, p. 78) observa que "a lei orgânica das regiões e os textos de aplicação da regionalização avançada lançaram as bases de uma maior autonomia financeira das colectividades locais". No entanto, a aplicação efectiva destas disposições continua a ser um desafio importante.

Uma das prioridades para reforçar a autonomia financeira das cidades marroquinas é diversificar e otimizar as fontes de receitas locais. Rachid Zouaoui (2021, p. 195) recomenda "uma revisão do sistema de tributação local para alargar a base tributária e melhorar a cobrança de impostos". Sublinha igualmente a importância de desenvolver mecanismos de perequação eficazes para reduzir as desigualdades entre territórios.

A valorização dos activos fundiários e imobiliários das autarquias locais parece ser outra alavanca promissora. Fatima Zahra El Malki (2022, p. 143) destaca "o potencial das parcerias público-privadas e das disposições financeiras inovadoras para gerar receitas recorrentes a partir dos activos municipais". No entanto, recomenda uma abordagem prudente e transparente da gestão destas parcerias, a fim de salvaguardar o interesse público.

O acesso aos mercados financeiros é também um desafio importante para o reforço da autonomia financeira das cidades. Karim Benjelloun (2023, p. 210) salienta que "a emissão de obrigações municipais e a utilização de outros instrumentos financeiros podem oferecer às autoridades locais fontes alternativas de financiamento para os seus projectos de investimento". No entanto, sublinha a necessidade de reforçar as capacidades de gestão financeira e de notação de crédito dos municípios.

A digitalização dos serviços municipais e a otimização da gestão financeira parecem ser alavancas complementares. Samira Ouazzani (2022, p. 167) observa que "a adoção de soluções digitais para a cobrança de impostos e a gestão orçamental pode melhorar significativamente a eficiência e a transparência das finanças locais". Recomenda um investimento sustentado na formação do pessoal municipal e em infra-estruturas digitais.

É igualmente crucial reforçar as capacidades de planeamento e de gestão financeira das autoridades locais. Hassan El Mouden (2021, p. 89) sublinha "a importância de desenvolver ferramentas de previsão financeira e de gestão plurianual dos investimentos para melhorar a sustentabilidade das finanças locais". Recomenda a introdução de programas de formação contínua para os representantes eleitos e os gestores municipais.

Por último, a questão da coordenação entre os diferentes níveis de governo continua a ser central. Leila Bouasria (2023, p. 231) salienta que "o reforço da autonomia financeira das colectividades locais exige uma clarificação das competências e das responsabilidades entre o Estado central e as colectividades locais". A autora apela a um maior diálogo e contratualização das relações financeiras entre os diferentes níveis administrativos.

Em conclusão, o reforço da autonomia financeira das colectividades locais marroquinas parece ser um processo complexo e multidimensional. Implica não só reformas jurídicas e fiscais, mas também o reforço das capacidades locais, a modernização dos instrumentos de gestão e mudanças nas relações entre os diferentes níveis de governo. Esta autonomia acrescida é essencial para que as cidades marroquinas possam responder aos desafios do desenvolvimento sustentável e da inclusão económica, adaptando-se às especificidades dos seus territórios. O sucesso desta transformação exige uma abordagem gradual e concertada, envolvendo todas as partes interessadas numa visão partilhada do desenvolvimento territorial.

3.4.2 Otimizar a fiscalidade local e alargar a base de tributação

A otimização da fiscalidade local e o alargamento da matéria coletável são essenciais para reforçar a autonomia financeira e a capacidade de ação das colectividades locais marroquinas. Estes objectivos inscrevem-se numa abordagem mais ampla de modernização da governação territorial e do desenvolvimento económico local.

Como sublinha Abdelkader Kaioua (2022, p. 87) na sua análise das finanças locais em Marrocos, "a fiscalidade local é uma alavanca essencial para o desenvolvimento regional, permitindo às colectividades locais financiar os seus projectos e prestar serviços públicos de qualidade". Esta observação sublinha a importância estratégica de uma fiscalidade local eficaz e justa.

Um dos principais desafios consiste em alargar a base tributária. Fatima Zahra Benali (2023, p. 132) observa que "muitas actividades económicas ainda escapam à tributação local, particularmente no sector informal". Recomenda "uma abordagem que combine incentivos à formalização e o reforço das capacidades de auditoria fiscal das autoridades locais".

A modernização dos instrumentos utilizados para cobrar e gerir os impostos locais parece ser uma prioridade. Rachid El Houdaigui (2021, p. 205) sublinha "o potencial das tecnologias digitais para melhorar a identificação dos contribuintes, facilitar a cobrança e reduzir a evasão fiscal". Em particular, recomenda "a introdução de sistemas de informação geográfica para otimizar a gestão do imposto predial e do imposto municipal".

A otimização das taxas de imposto é outra alavanca importante. Nadia El Fassi (2022, p. 168) sublinha a necessidade de "um equilíbrio entre a atratividade económica do território e as necessidades de financiamento das autoridades locais". Propõe "uma abordagem diferenciada em função dos sectores de atividade e das zonas geográficas, a fim de ter em conta as disparidades económicas locais".

A questão da perequação fiscal entre territórios continua a ser central. Karim Bensaid (2023, p. 91) sublinha "a importância de mecanismos de redistribuição eficazes para reduzir as desigualdades territoriais e assegurar um desenvolvimento equilibrado à escala nacional". Recomenda "uma revisão dos critérios de repartição dos subsídios do Estado para melhor ter em conta os encargos específicos das colectividades locais".

Melhorar a transparência e a comunicação em torno da tributação local também parece ser um grande desafio. Samira Ouazzani (2021, p. 173) observa que "a compreensão e a aceitação da tributação local pelos cidadãos são essenciais para melhorar o cumprimento das obrigações fiscais". Recomenda "a criação de campanhas de sensibilização e de mecanismos de consulta dos cidadãos sobre a utilização das receitas fiscais".

A formação e o reforço das capacidades das autoridades fiscais locais são prioritários. Hassan El Mouden (2022, p. 218) sublinha "a necessidade de investir na formação contínua dos funcionários fiscais e em instrumentos de gestão eficazes para melhorar a eficiência da cobrança de impostos". Propõe "a criação de centros de formação especializados em fiscalidade local a nível regional".

A inovação no domínio da fiscalidade verde e dos incentivos fiscais é uma via promissora. Leila Bouasria (2023, p. 145) destaca "o potencial dos impostos ambientais e dos mecanismos de incentivo para orientar o comportamento económico para um desenvolvimento mais sustentável". Em particular, cita "a experiência bem sucedida de algumas cidades na introdução de impostos sobre as embalagens de plástico ou de incentivos fiscais para a renovação de edifícios com eficiência energética".

Por último, a coordenação entre a fiscalidade local e nacional parece ser uma questão crucial. Youssef Lamrani (2022, p. 197) sublinha "a necessidade de uma melhor coordenação entre os diferentes níveis de tributação, a fim de evitar a dupla tributação e otimizar a afetação dos recursos". O autor apela a "uma reforma global do sistema fiscal marroquino que integre plenamente a dimensão territorial".

Em conclusão, a otimização da fiscalidade local e o alargamento da base tributária em Marrocos requerem uma abordagem pluridimensional, que combine reformas jurídicas, inovação tecnológica, reforço das capacidades e melhoria da governação. Estes esforços são essenciais para fornecer às colectividades locais os recursos financeiros necessários para desenvolver e melhorar os serviços públicos. O sucesso desta transformação fiscal exige uma colaboração estreita entre os vários níveis de governo, o sector privado e a sociedade civil, com vista a um desenvolvimento territorial sustentável e inclusivo.

3.4.3 Gestão efectiva das despesas e racionalização dos investimentos

A gestão eficaz das despesas e a racionalização dos investimentos são desafios importantes para as colectividades locais marroquinas, num contexto de recursos limitados e de procura crescente de serviços públicos e de infra-estruturas urbanas. Esta questão está no centro dos esforços de modernização da governação local e de otimização da utilização dos fundos públicos.

Como salienta Mohammed El Khadiri (2022, p. 112) na sua análise da gestão financeira das cidades marroquinas, "a eficácia na afetação e utilização dos recursos públicos tornou-se um imperativo incontornável para assegurar a sustentabilidade das finanças locais e responder às expectativas dos cidadãos". Esta observação sublinha a importância de uma abordagem estratégica e rigorosa da gestão das despesas municipais.

Uma das prioridades é melhorar o planeamento orçamental. Nadia Benali (2023, p. 78) defende "a adoção generalizada da orçamentação plurianual e baseada no desempenho para melhor alinhar a despesa com os objectivos de desenvolvimento a longo prazo". Salienta a importância de integrar indicadores de desempenho claros e mensuráveis no processo de orçamentação.

A racionalização das despesas de funcionamento parece ser uma alavanca importante para libertar margem de manobra financeira. Rachid Zouaoui (2021, p. 195) sublinha "o potencial das auditorias organizacionais e da mutualização dos serviços entre colectividades locais para otimizar os custos de funcionamento". Recomenda, nomeadamente, "a criação de centrais de compras conjuntas para beneficiar de economias de escala".

A otimização da gestão do património imobiliário

das autarquias locais é outro domínio de ação. Fatima Zahra El Malki (2022, p. 143) salienta que "a gestão ativa do património imobiliário municipal pode gerar economias substanciais e rendimentos adicionais". Sugere "a elaboração de planos diretores imobiliários para racionalizar a utilização dos edifícios públicos e valorizar os bens subutilizados".

A melhoria da eficiência energética das infra-estruturas urbanas é uma forma promissora de reduzir as despesas a longo prazo. Karim Benjelloun (2023, p. 210) observa que "os investimentos na renovação energética dos edifícios públicos e na modernização da iluminação urbana podem gerar economias significativas nos custos de exploração". Apela à "adoção sistemática de critérios de eficiência energética nos contratos públicos".

A definição de prioridades e a avaliação rigorosa dos projectos de investimento são questões cruciais. Samira Ouazzani (2022, p. 167) insiste na "necessidade de reforçar a capacidade de análise custo-benefício e de avaliação ex-ante dos projectos nas administrações locais". Recomenda "a criação de comités de investimento pluridisciplinares para assegurar uma seleção objetiva dos projectos".

A melhoria da transparência e do controlo na gestão das despesas públicas parece ser uma prioridade fundamental. Hassan El Mouden (2021, p. 89) sublinha que "o reforço dos mecanismos de controlo interno e externo, bem como a publicação regular de relatórios sobre a execução orçamental, são essenciais para melhorar a eficiência das despesas". Recomenda "a adoção de plataformas digitais de gestão financeira para facilitar o acompanhamento em tempo real das despesas".

A participação dos cidadãos no processo orçamental constitui uma abordagem inovadora para melhorar a eficácia das despesas. Leila Bouasria (2023, p. 231) destaca "o potencial dos orçamentos participativos e das consultas aos cidadãos para alinhar melhor os investimentos com as necessidades reais da população". A autora cita as experiências bem sucedidas de algumas cidades marroquinas na criação de mecanismos de democracia orçamental participativa.

Por último, o desenvolvimento de competências de gestão financeira nas administrações locais é crucial. Youssef El Karimi (2022, p. 167) sublinha "a importância dos programas de formação contínua dos eleitos e dos gestores municipais em matéria de gestão orçamental e de análise financeira". Propõe ainda "a criação de redes de intercâmbio de boas práticas entre as colectividades locais para favorecer a aprendizagem mútua".

Em conclusão, a gestão eficaz das despesas e a racionalização dos investimentos nas colectividades locais marroquinas requerem uma abordagem global que combine a planificação estratégica, a otimização operacional, o reforço dos controlos e a participação dos cidadãos. Estes esforços são essenciais para melhorar a qualidade dos serviços públicos e apoiar o desenvolvimento local, num contexto de restrições orçamentais. O sucesso desta transformação exige um forte empenhamento dos eleitos, um maior profissionalismo das administrações locais e uma cultura de desempenho e de transparência na gestão dos fundos públicos.

3.4.4 Parcerias público-privadas para financiar projectos urbanos

As parcerias público-privadas (PPP) para o financiamento de projectos urbanos representam uma alavanca de desenvolvimento estratégico para as cidades marroquinas, oferecendo oportunidades para mobilizar recursos e competências para enfrentar os desafios das infra-estruturas e dos serviços públicos. Esta abordagem inscreve-se num esforço de modernização da governação urbana e de procura de soluções inovadoras para as restrições orçamentais das colectividades locais.

Como salienta Mohammed El Hassani (2022, p. 118) na sua análise das PPP em Marrocos, "as parcerias público-privadas oferecem um potencial considerável para acelerar a implementação de projectos urbanos estruturantes, optimizando simultaneamente a repartição dos riscos entre os sectores público e privado". Esta constatação evidencia o interesse crescente por estes dispositivos no contexto marroquino.

O quadro jurídico das PPP em Marrocos mudou significativamente nos últimos anos. Nadia Fassi Fihri (2023, p. 85) observa que "a lei 86-12 sobre os contratos de parceria público-privada lançou as bases de um quadro regulamentar favorável ao desenvolvimento das PPP, clarificando os procedimentos e as garantias para os investidores". No entanto, sublinha a necessidade de adaptar este quadro às especificidades das colectividades locais.

Uma das principais vantagens das PPP é a sua capacidade de mobilizar financiamento privado para projectos de interesse público. Rachid Zouaoui (2021, p. 203) observa que "as PPP permitem às cidades realizar investimentos de grande envergadura sem aumentar imediatamente a sua dívida, beneficiando ao mesmo tempo das competências técnicas e de gestão do sector privado". No entanto, alerta para os riscos de endividamento excessivo a longo prazo e recomenda uma análise rigorosa da sustentabilidade financeira de cada projeto.

A diversidade dos modelos de PPP oferece uma flexibilidade considerável para responder às necessidades específicas dos projectos urbanos. Fatima Zahra Benali (2022, p. 157) salienta que "os contratos de concessão, os contratos de gestão delegada ou as sociedades de economia mista permitem adaptar a partilha das responsabilidades e dos riscos em função da natureza do projeto e das capacidades dos parceiros". Recomenda uma abordagem adaptada a cada projeto, com base numa análise aprofundada das necessidades e dos condicionalismos locais.

Melhorar a governação das PPP é crucial para o seu sucesso. Karim Benjelloun (2023, p. 219) sublinha "a importância de reforçar a capacidade das autoridades locais para estruturar, negociar e monitorizar os contratos de PPP". Recomenda "a criação de unidades especializadas nas administrações municipais e o recurso a peritos externos para projectos complexos".

A transparência e a aceitabilidade social das PPP são desafios importantes. Samira Ouazzani (2021, p. 175) destaca "a necessidade de envolver os cidadãos e as partes interessadas locais no processo de conceção e implementação das PPP para garantir que estas respondem às necessidades reais da população". Recomenda "a organização de consultas públicas e a criação de mecanismos de acompanhamento participativo dos projectos".

A inovação nos modelos de financiamento das PPP é uma via promissora. Hassan El Mouden (2022, p. 231) destaca o potencial das "obrigações de impacto social ou ambiental para financiar projectos urbanos com elevado valor acrescentado social". Cita o exemplo de algumas cidades marroquinas que experimentaram estes instrumentos para projectos de habitação social e de gestão de resíduos.

A ligação entre as PPP e as estratégias de desenvolvimento urbano sustentável é uma questão central. Leila Bouasria (2023, p. 188) sublinha "a importância de integrar critérios de sustentabilidade e resiliência na conceção e avaliação dos projectos de PPP". Defende "a adoção sistemática de avaliações de impacto ambiental e social para todos os grandes projectos".

Finalmente, o desenvolvimento de um ecossistema local favorável às PPP parece ser uma condição prévia para o seu sucesso. Youssef Lamrani (2022, p. 204) destaca "o papel das incubadoras, dos fundos de investimento especializados e das plataformas de matchmaking para estimular o aparecimento de projectos inovadores de PPP a nível local". Recomenda "a criação de centros regionais de especialização para apoiar as autoridades locais na criação e acompanhamento das PPP".

Em conclusão, as parcerias público-privadas oferecem oportunidades significativas para o financiamento e a execução de projectos urbanos em Marrocos, embora apresentem desafios em termos de governação, transparência e equilíbrio de interesses. O seu desenvolvimento exige uma abordagem cuidadosa e ponderada, combinando um quadro regulamentar adequado, o reforço das capacidades locais, a participação dos cidadãos e uma visão a longo prazo do desenvolvimento urbano. O sucesso das PPP nas cidades marroquinas dependerá da capacidade de conciliar a eficiência económica, a responsabilidade social e a sustentabilidade ambiental na conceção e execução dos projectos.

3.4.5 Acesso a financiamentos inovadores e a financiamentos ecológicos

O acesso a financiamentos inovadores e a financiamentos ecológicos é uma questão crucial para as cidades marroquinas, num contexto em que a necessidade de investimentos urbanos sustentáveis é considerável e os recursos tradicionais são frequentemente limitados. Esta abordagem inscreve-se num esforço global de transição ecológica e na procura de soluções financeiras adaptadas aos desafios do desenvolvimento urbano sustentável.

Como salienta Nadia El Fassi (2022, p. 87) na sua análise das novas formas de financiamento urbano, "os mecanismos de financiamento verde e os instrumentos financeiros inovadores oferecem às cidades marroquinas oportunidades sem precedentes para financiar os seus projectos de transição ecológica e de adaptação às alterações climáticas". Esta observação realça o potencial transformador destas abordagens para o desenvolvimento urbano sustentável.

Um dos domínios prioritários é o desenvolvimento de obrigações verdes e de obrigações de impacto social. Mohammed Rachid (2023, p. 132) observa que "as obrigações verdes permitem às autoridades locais angariar fundos dedicados especificamente a projectos ambientais, beneficiando frequentemente de condições financeiras vantajosas". Cita o exemplo pioneiro da cidade de Casablanca, que emitiu com sucesso obrigações verdes para financiar projectos de eficiência energética e mobilidade sustentável.

O crowdfunding está a emergir como uma fonte promissora de financiamento para projectos urbanos locais. Fatima Zahra Benali (2021, p. 195) observa que "as plataformas de crowdfunding permitem mobilizar as poupanças dos cidadãos para projectos de interesse geral, reforçando assim o envolvimento da comunidade e a transparência na gestão dos projectos urbanos". No entanto, recomenda um quadro regulamentar adequado para garantir estas práticas.

Os fundos de investimento especializados no desenvolvimento urbano sustentável representam outra via interessante. Karim Bensaid (2022, p. 218) destaca "o papel potencial dos fundos de impacto e dos fundos verdes na canalização do investimento privado para projectos urbanos sustentáveis". Salienta a importância de desenvolver mecanismos de financiamento misto, combinando fundos públicos e privados para reduzir os riscos e atrair investidores.

O acesso ao financiamento internacional para o clima é um grande desafio para as cidades marroquinas. Samira Ouazzani (2023, p. 156) sublinha "a necessidade de reforçar a capacidade das autoridades locais para aceder aos fundos climáticos, como o Fundo Verde para o Clima ou o Fundo de Adaptação". Recomenda "a criação de unidades especializadas no seio das administrações municipais para criar e acompanhar projectos elegíveis para financiamento climático".

Os mecanismos de pagamento por serviços ecossistémicos estão a emergir como uma abordagem inovadora. Hassan El Mouden (2022, p. 173) salienta que "estes mecanismos permitem valorizar e financiar a preservação dos ecossistemas urbanos e periurbanos, essenciais para a resiliência das cidades". Cita as experiências-piloto de algumas cidades marroquinas na criação de sistemas de remuneração para a proteção das bacias hidrográficas.

A inovação nos modelos de tarifação dos serviços urbanos parece ser uma alavanca para gerar recursos sustentáveis. Leila Bouasria (2021, p. 209) destaca "o potencial dos sistemas de preços dinâmicos e dos mecanismos de perequação ecológica para financiar a transição para infra-estruturas urbanas mais sustentáveis". No entanto, recomenda uma abordagem cautelosa para garantir a equidade social no acesso aos serviços essenciais.

O desenvolvimento de parcerias com o sector bancário para promover produtos financeiros ecológicos é uma estratégia fundamental. Youssef Lamrani (2023, p. 241) observa que "a colaboração entre as autoridades locais e os bancos pode promover o aparecimento de produtos financeiros adaptados a projectos urbanos sustentáveis, tais como empréstimos verdes ou linhas de crédito de impacto". O autor sublinha a importância de um quadro de incentivos para encorajar estas inovações financeiras.

Por último, a integração de critérios ESG (ambientais, sociais e de governação) nas estratégias financeiras das cidades parece ser uma tendência emergente. Rachid Zouaoui (2022, p. 185) sublinha "a importância de as autoridades locais adoptarem práticas de informação extra-financeira para melhorar a sua atratividade para os investidores responsáveis". Recomenda a formação dos eleitos e dos gestores municipais sobre os desafios das finanças sustentáveis.

Em conclusão, o acesso ao financiamento inovador e ao financiamento verde abre perspectivas promissoras para as cidades marroquinas, permitindo-lhes conciliar o desenvolvimento urbano, a transição ecológica e a inclusão social. No entanto, estas abordagens requerem um reforço das capacidades locais, uma adaptação do quadro regulamentar e uma visão estratégica a longo prazo. O sucesso desta transição financeira exige uma colaboração estreita entre as autoridades locais, o sector privado, a sociedade civil e as instituições financeiras internacionais, com vista a um desenvolvimento urbano sustentável e resiliente.

Conclusão:

A resiliência económica das cidades marroquinas num contexto globalizado é uma questão multidimensional e complexa, que exige uma abordagem holística e adaptativa. Uma análise aprofundada dos vários aspectos discutidos neste capítulo realça a interligação entre as dinâmicas económicas, sociais, ambientais e de governação que moldam o desenvolvimento urbano em Marrocos.

A diversificação económica e o desenvolvimento de novas actividades estão a emergir como áreas estratégicas fundamentais para reforçar a resiliência das economias urbanas. A capacidade das cidades marroquinas de se integrarem nas cadeias de valor globais, tirando o máximo partido dos seus activos locais, é um fator-chave para a sua competitividade a longo prazo. Esta constatação sublinha a importância de uma abordagem equilibrada, combinando a abertura internacional e as raízes territoriais nas estratégias de desenvolvimento económico local.

A atratividade do investimento e a competitividade territorial são alavancas essenciais para impulsionar as economias urbanas. Contudo, a atratividade não deve ser conseguida à custa da sustentabilidade e da inclusividade do desenvolvimento urbano. Este debate salienta a necessidade de uma abordagem integrada, conciliando os imperativos económicos, a coesão social e a proteção ambiental nas políticas de planeamento e desenvolvimento.

O emprego, o espírito empresarial e a economia social parecem ser vectores cruciais da inclusão económica e da resiliência social. O papel catalisador dos ecossistemas empresariais locais na criação de empregos sustentáveis e na inovação social é particularmente notável. Esta perspetiva sublinha a importância de políticas públicas que incentivem a emergência de um tecido económico diversificado e enraizado nas realidades locais.

A questão das finanças locais e da mobilização de recursos está a emergir como um desafio transversal, condicionando a capacidade das cidades para implementarem as suas estratégias de desenvolvimento. A otimização da fiscalidade local, a racionalização das despesas e o acesso a fontes de financiamento inovadoras são desafios importantes. A autonomia financeira das autarquias locais está indissociavelmente ligada à sua capacidade de impulsionar um desenvolvimento urbano sustentável e resiliente. Esta observação sublinha a necessidade de uma reforma profunda da governação financeira local.

Uma análise transversal destas diferentes dimensões revela a emergência de novos paradigmas na conceção e implementação de políticas urbanas em Marrocos. A transição para modelos de desenvolvimento mais sustentáveis, inclusivos e resilientes exige um repensar das abordagens tradicionais, incorporando os princípios da economia circular, da inovação social e da governação participativa. A resiliência económica das cidades marroquinas depende da sua capacidade de combinar as dinâmicas globais com as especificidades locais, numa perspetiva de desenvolvimento territorial integrado.

Em conclusão, a resiliência económica das cidades marroquinas num contexto globalizado parece ser um processo dinâmico e multifacetado, que exige uma adaptação contínua das políticas públicas e das práticas de governação. Os desafios identificados exigem uma abordagem sistémica, combinando inovação económica, inclusão social, sustentabilidade ambiental e reforço das capacidades institucionais. O sucesso desta transformação urbana dependerá da capacidade dos intervenientes locais para mobilizarem os recursos, as competências e as parcerias necessárias para responder aos desafios actuais e futuros. Esta evolução para cidades mais resilientes e sustentáveis inscreve-se numa dinâmica a longo prazo, exigindo um empenhamento contínuo e uma visão partilhada entre os vários intervenientes no desenvolvimento urbano em Marrocos.

Capítulo 4: Resiliência social e luta contra as desigualdades urbanas

O quarto capítulo deste estudo aborda a questão crucial da resiliência social e da luta contra as desigualdades urbanas, um desafio fundamental para o desenvolvimento sustentável das cidades actuais. Num contexto global marcado por uma urbanização crescente e muitas vezes mal controlada, as disparidades socioeconómicas nas zonas urbanas tendem a aumentar, ameaçando a coesão social e a estabilidade territorial. Este fenómeno, observado tanto nos países desenvolvidos como nos países em desenvolvimento, exige uma reflexão aprofundada sobre a forma de reforçar a capacidade das cidades para absorverem os choques, se adaptarem à mudança e manterem um tecido social inclusivo e resiliente.

A análise da resiliência social urbana exige uma abordagem multidimensional, integrando aspectos tão variados como o acesso a serviços básicos, a governação participativa, a segurança urbana e a valorização do património cultural. Esta complexidade reflecte a natureza sistémica dos desafios que as cidades contemporâneas enfrentam, em que as questões sociais, económicas, ambientais e culturais estão intimamente ligadas. A luta contra as desigualdades urbanas não pode, por conseguinte, limitar-se a intervenções sectoriais isoladas, devendo antes fazer parte de uma estratégia global e integrada de desenvolvimento urbano sustentável.

Este capítulo explora as diferentes facetas da resiliência social urbana de quatro formas principais. Em primeiro lugar, a melhoria do acesso aos serviços básicos e a redução da pobreza urbana são uma base essencial para garantir condições de vida dignas a todos os residentes. Em segundo lugar, o reforço da coesão social e da participação dos cidadãos é uma alavanca importante para a construção de comunidades urbanas mais resilientes e inclusivas. Em terceiro lugar, a segurança urbana e a prevenção de conflitos são vistas como condições sine qua non para um desenvolvimento social harmonioso. Por último, a valorização do património cultural e da identidade local é examinada como um fator potencial de reforço da coesão social e da atratividade regional.

O objetivo deste capítulo é fornecer uma análise crítica das estratégias e ferramentas que podem ser utilizadas para promover a resiliência social e combater as desigualdades urbanas. Através de exemplos concretos e de estudos de caso, pretende-se identificar pistas de ação inovadoras que possam ser adaptadas a diferentes contextos urbanos. Esta reflexão insere-se no quadro mais alargado dos Objectivos de Desenvolvimento Sustentável (ODS) das Nações Unidas, em particular no ODS 11, que visa tornar as cidades inclusivas, seguras, resilientes e sustentáveis.

4.1 Acesso a serviços básicos e redução da pobreza urbana

4.1.1 Melhorar o acesso a uma habitação condigna e a preços acessíveis

Melhorar o acesso a uma habitação condigna e a preços acessíveis é um desafio importante na luta contra as desigualdades urbanas e no reforço da resiliência social. Esta questão, que se situa na encruzilhada das políticas urbanas, sociais e económicas, reveste-se de uma importância crucial num contexto de crescimento demográfico e de urbanização acelerada. Como salienta Jean-Claude Driant (2015, p. 23) no seu livro "Les politiques du logement en France", "a habitação é um bem essencial, simultaneamente suporte da intimidade familiar e veículo de integração social e profissional". Esta dupla dimensão privada e social da habitação faz dela uma alavanca fundamental para a inclusão e a coesão urbana.

A questão do acesso a uma habitação condigna e a preços acessíveis é particularmente grave nas grandes áreas metropolitanas, onde a pressão sobre a terra e a propriedade tende a excluir as camadas mais vulneráveis da população das zonas centrais e bem servidas. Este fenómeno, descrito como "gentrificação" por Anne Clerval (2013, p. 87) no seu estudo "Paris sans le peuple: La gentrification de la capitale", contribui para reforçar as disparidades socioespaciais e enfraquecer o tecido social urbano. Perante estas dinâmicas, as políticas públicas devem esforçar-se por manter uma oferta de habitação diversificada e acessível em todo o espaço urbano, a fim de preservar a mistura social e combater os fenómenos de segregação residencial.

A melhoria do acesso à habitação exige uma combinação de acções no domínio da oferta e da procura. Do lado da oferta, a produção de habitação social e intermédia desempenha um papel crucial. Como explica Pierre Merlin (2018, p. 156) em "L'urbanisme", "a política de habitação social tem por objetivo oferecer uma habitação de qualidade às famílias que não conseguiriam encontrar um alojamento decente no mercado livre". Esta abordagem exige um forte empenhamento das autoridades públicas, tanto em termos de financiamento como de regulação do mercado imobiliário. Do lado da procura, foram criados regimes personalizados de assistência à habitação e de apoio social para ajudar os agregados familiares mais modestos a aceder e a permanecer em habitações adaptadas às suas necessidades.

A reabilitação urbana é também uma alavanca importante para melhorar a qualidade e a acessibilidade do parque habitacional existente. Renaud Epstein (2013, p. 201), no seu livro "La rénovation urbaine : Démolition-reconstruction de l'État", analisa os efeitos contrastantes dos programas de renovação urbana em França, destacando tanto o seu potencial de transformação física dos bairros degradados como os riscos de deslocação das populações mais vulneráveis. Estes projectos devem, por conseguinte, ser realizados com especial atenção ao seu impacto social, assegurando a preservação das redes de solidariedade existentes e a participação dos habitantes no processo de transformação do seu ambiente de vida.

A inovação nas formas de habitação e nos métodos de produção parece ser uma forma promissora de enfrentar os desafios da acessibilidade e da sustentabilidade. Marie-Hélène Bacqué e Stéphanie Vermeersch (2019, p. 112), no seu estudo "L'habitat participatif: De l'initiative habitante à l'action publique", destacam o potencial das abordagens de habitação participativa para produzir habitação a preços acessíveis, reforçando simultaneamente os laços sociais e o envolvimento dos cidadãos. Estas abordagens alternativas, que incluem também a habitação cooperativa e a auto-construção apoiada, abrem novas perspectivas para conciliar acessibilidade, qualidade arquitetónica e participação dos moradores.

Em conclusão, a melhoria do acesso a uma habitação condigna e a preços acessíveis exige uma abordagem abrangente e integrada, que combine acções em matéria de edifícios, políticas fundiárias, medidas financeiras e apoio social. Como resume Yankel Fijalkow (2017, p. 78) em "Sociologie du logement", "a questão da habitação não pode ser dissociada das questões mais amplas da justiça espacial e do direito à cidade". Esta perspetiva convida-nos a pensar a acessibilidade à habitação não só em termos quantitativos, mas também em termos qualitativos, tendo em conta a localização, a qualidade ambiental e a integração urbana da habitação produzida.

4.1.2 Reforço das infra-estruturas de água potável e de águas residuais

A melhoria das infra-estruturas de água potável e de saneamento é um pilar fundamental da resiliência urbana e da luta contra a desigualdade. Esta questão, na encruzilhada dos desafios sanitários, ambientais e sociais, é de importância vital para o desenvolvimento sustentável das cidades. Como salienta Bernard Barraqué (2016, p. 45) no seu livro "L'eau des villes: aux sources des empires municipaux", "o acesso à água potável e ao saneamento é um marcador essencial da qualidade de vida urbana e um fator determinante da saúde pública".

A questão do acesso à água potável e ao saneamento é particularmente grave nas zonas urbanas em rápida expansão, nomeadamente nos países em desenvolvimento. Julien Custot e Agathe Euzen (2017, p. 78), no seu estudo "L'accès à l'eau en ville : enjeux techniques et sociaux du Sud au Nord", destacam os desafios consideráveis enfrentados pelas autoridades locais na extensão e manutenção das redes de água e saneamento face a um crescimento urbano frequentemente descontrolado. Os autores sublinham a importância de uma abordagem integrada, que tenha em conta não só os aspectos técnicos, mas também as dimensões sociais e culturais do acesso à água.

A gestão sustentável dos recursos hídricos em meio urbano requer uma abordagem sistémica, integrando as várias fases do ciclo da água. Como explica Jean-Claude Deutsch (2015, p. 132) em "L'eau dans la ville : Une amie qui nous fait la guerre", "a cidade deve ser pensada como um ecossistema hidráulico complexo, onde a gestão das águas pluviais, o abastecimento de água potável e o tratamento das águas residuais estão intimamente ligados". Esta visão holística implica repensar o planeamento urbano para favorecer a infiltração natural das águas pluviais, reduzir o risco de inundações e otimizar a utilização dos recursos hídricos.

A melhoria do acesso à água potável e ao saneamento requer também inovações tecnológicas e organizacionais. Laetitia Guérin-Schneider e Michel Nakhla (2018, p. 201), no seu livro "La gouvernance des services publics d'eau et d'assainissement" (A governação dos serviços públicos de água e saneamento), analisam os diferentes modelos de gestão e regulação dos serviços de água, destacando a importância de uma governação transparente e participativa para garantir a eficiência e a equidade destes serviços essenciais. Os autores destacam o potencial das tecnologias digitais para otimizar a gestão das redes e melhorar as relações com os utilizadores.

A questão da equidade no acesso à água e ao saneamento está no centro dos desafios da justiça ambiental nas zonas urbanas. Como salienta Catherine Baron (2014, p. 89) no seu estudo "Água e desenvolvimento: uma perspetiva crítica", "o acesso à água potável e ao saneamento reflecte e reforça frequentemente as desigualdades socioespaciais existentes nas cidades". Esta observação exige que se preste especial atenção aos bairros precários e informais, onde os défices de infra-estruturas são geralmente mais acentuados. As abordagens inovadoras, como os sistemas de saneamento descentralizados ou as tecnologias alternativas de potabilização, podem oferecer soluções adaptadas a estes contextos urbanos específicos.

A dimensão ambiental do reforço das infra-estruturas de água e de saneamento não deve ser negligenciada. Ghislain de Marsily (2019, p. 156), no seu livro "L'eau, un trésor en partage", sublinha a necessidade de adotar uma abordagem ecossistémica à gestão da água urbana, preservando os ambientes aquáticos e incentivando a reutilização das águas residuais tratadas. Esta abordagem inscreve-se no quadro de uma economia circular que visa reduzir a pegada ecológica das cidades e reforçar a sua resiliência face às alterações climáticas.

Em conclusão, a melhoria das infra-estruturas de água potável e de águas residuais é uma alavanca essencial para melhorar a qualidade de vida urbana e reduzir as desigualdades. Como resume Bruno Tassin (2020, p. 234) em "L'eau dans la ville de demain", "o desafio não é apenas técnico, mas também social e político: trata-se de garantir um direito fundamental preservando um recurso precioso". Esta abordagem multidimensional convida-nos a repensar o lugar da água na cidade, não apenas como um serviço urbano, mas como um elemento estruturante do desenvolvimento urbano sustentável e inclusivo.

4.1.3 Desenvolvimento de serviços de saúde locais

O conceito de serviços de saúde locais faz parte de uma lógica de territorialização das políticas de saúde. De acordo com Anne-Cécile Hoyez (2019, p. 45), "a proximidade nos cuidados de saúde não é apenas uma questão de distância geográfica, mas engloba também dimensões sociais, culturais e organizacionais". Esta abordagem multidimensional implica uma reflexão sobre a acessibilidade dos cuidados, tanto em termos físicos como socioculturais.

Um dos principais objectivos dos serviços locais de saúde é reduzir as desigualdades territoriais em matéria de saúde. Como salientam Emmanuelle Faure et al (2017, p. 112), "as disparidades no acesso aos cuidados de saúde entre bairros de uma mesma cidade podem ser tão acentuadas como as observadas entre regiões". O desenvolvimento de centros de saúde comunitários, centros médicos multidisciplinares e clínicas ambulatórias em bairros prioritários visa colmatar estas lacunas.

A criação de serviços de saúde locais exige uma abordagem intersectorial. Pierre Lombrail e Thierry Lang (2020, p. 78) afirmam que "a eficácia destes serviços depende da sua capacidade de integrar os determinantes sociais da saúde e de colaborar com outros actores locais, como os serviços sociais, educativos ou de planeamento urbano". Esta visão holística da saúde urbana implica uma coordenação estreita entre diferentes profissionais e instituições.

O envolvimento dos residentes locais na conceção e gestão dos serviços de saúde comunitários também é crucial. Zoé Vaillant (2018, p. 203) salienta que "a participação dos cidadãos permite não só adaptar os serviços às necessidades reais da população, mas também reforçar a capacitação e a literacia em saúde das comunidades". Iniciativas como os ateliers municipais de saúde e os conselhos locais de saúde mental ilustram esta abordagem participativa.

A tecnologia digital está a desempenhar um papel cada vez mais importante no desenvolvimento dos serviços de saúde locais. De acordo com Gérard Reach (2021, p. 156), "a telemedicina e as aplicações móveis de saúde oferecem novas possibilidades de aproximar os cuidados de saúde dos doentes, em especial nas zonas urbanas mal servidas". No entanto, alerta para o risco de exclusão digital e sublinha a importância de manter a interação humana no percurso dos cuidados.

A formação e a retenção de profissionais de saúde em bairros prioritários continua a ser um grande desafio. Como referem Yann Bourgueil et al (2016, p. 89), "a atratividade das zonas urbanas sensíveis para os médicos e outros profissionais de saúde depende não só dos incentivos financeiros, mas também da qualidade do ambiente de trabalho e das perspectivas de desenvolvimento profissional". Iniciativas como os contratos de compromisso de serviço público e os centros de saúde multiprofissionais foram concebidas para responder a este desafio.

Por último, a avaliação e a adaptação contínuas dos serviços de saúde comunitários são essenciais para garantir a sua pertinência e eficácia. Didier Fassin (2018, p. 231) sublinha que "o impacto destes dispositivos deve ser medido não só em termos de indicadores de saúde, mas também em termos da sua capacidade de reduzir as desigualdades sociais na saúde e melhorar a qualidade de vida dos residentes".

Em conclusão, o desenvolvimento de serviços de saúde locais representa uma alavanca importante para melhorar a resiliência social e combater as desigualdades urbanas. Esta abordagem exige uma visão integrada da saúde urbana, a colaboração intersectorial e a participação ativa das comunidades locais.

4.1.4 Melhorar o acesso à educação e combater o abandono escolar precoce

O acesso a uma educação de qualidade é um direito fundamental e um poderoso vetor de mobilidade social. No entanto, como salienta Marie Duru-Bellat (2017, p. 23), "as desigualdades educativas nas zonas urbanas não são simplesmente um reflexo das desigualdades sociais, mas contribuem ativamente para as reproduzir e, por vezes, para as amplificar". Esta observação sublinha a importância crucial das políticas educativas na luta contra as desigualdades urbanas.

O abandono escolar, definido como a interrupção prematura de um percurso educativo, é um fenómeno complexo com múltiplas causas. Pierre-Yves Bernard (2019, p. 87) identifica vários factores de risco: "dificuldades de aprendizagem, falta de motivação, problemas familiares, insegurança económica e o desfasamento entre as expectativas da instituição de ensino e as realidades socioculturais dos alunos". Esta multiplicidade de causas exige respostas diversificadas e adaptadas aos contextos locais.

Para melhorar o acesso à educação, foram lançadas numerosas iniciativas nas zonas urbanas prioritárias. As Redes Educativas Prioritárias (REP e REP+) são um exemplo emblemático. Como explica Catherine Moisan (2018, p. 156), "o objetivo destes dispositivos é concentrar os recursos humanos e materiais nas escolas com os alunos mais desfavorecidos, a fim de reduzir a diferença de resultados em relação ao resto da região". No entanto, a eficácia destas medidas é objeto de debate, com alguns a criticarem o seu potencial efeito estigmatizante.

A luta contra o abandono escolar precoce passa também pelo desenvolvimento de métodos de ensino alternativos e inclusivos. Segundo Philippe Meirieu (2020, p. 112), "é fundamental diversificar as abordagens pedagógicas para se adaptar aos diferentes perfis de aprendizagem e dar um novo significado aos conhecimentos escolares". Experiências como as aulas cooperativas, a aprendizagem baseada em projectos e a pedagogia Freinet revelam resultados promissores no envolvimento de alunos em risco de abandono escolar.

O envolvimento das famílias no percurso educativo dos seus filhos é outra alavanca importante. Françoise Lorcerie (2016, p. 78) salienta que "a coeducação, ou seja, a estreita colaboração entre a escola e os pais, é particularmente benéfica para os alunos provenientes de meios desfavorecidos". Iniciativas como os "cafés dos pais" e os mediadores escola-família visam reforçar esta ligação crucial.

A tecnologia digital oferece novas oportunidades de acesso à educação e de prevenção do abandono escolar precoce. Bruno Devauchelle (2019, p. 203) defende que "as ferramentas digitais podem ajudar a personalizar os percursos de aprendizagem e facilitar o acompanhamento dos alunos com dificuldades". No entanto, alerta para o risco de agravamento do fosso digital e sublinha a importância de apoiar os alunos e os professores na utilização destas tecnologias.

A formação e o apoio aos professores desempenham um papel crucial no êxito destas políticas. Como refere Patrick Rayou (2017, p. 167), "ensinar em bairros difíceis exige competências específicas em termos de gestão da sala de aula, diferenciação pedagógica e compreensão das questões socioculturais". O desenvolvimento da formação em serviço e de comunidades de prática entre professores pode ajudar a reforçar estas competências.

Por fim, uma abordagem territorial e de parceria é essencial para lutar eficazmente contra o abandono escolar precoce. De acordo com Choukri Ben Ayed

(2018, p. 245), "a prevenção do abandono escolar não pode limitar-se ao ambiente escolar, mas deve envolver todos os actores locais: serviços sociais, associações, empresas locais". As Cités éducatives, que serão lançadas em 2019, ilustram esta vontade de mobilizar todos os recursos locais em prol do sucesso escolar.

Em conclusão, a melhoria do acesso à educação e a luta contra o abandono escolar precoce nas zonas urbanas exigem uma abordagem global, mobilizando recursos educativos, sociais e locais. Estes esforços são essenciais para quebrar os ciclos de reprodução das desigualdades e promover uma maior coesão social nas cidades.

4.1.5 Programas de apoio social e redes de segurança para os mais vulneráveis

O conceito de redes de segurança social engloba um conjunto de medidas destinadas a garantir um nível de vida mínimo às populações vulneráveis. Segundo Robert Castel (2016, p. 34), "estas medidas inscrevem-se numa lógica de solidariedade colectiva e visam evitar a desfiliação social dos indivíduos mais vulneráveis". Esta abordagem reconhece que a vulnerabilidade social é frequentemente multidimensional, exigindo respostas coordenadas e integradas.

Em França, o sistema de proteção social desempenha um papel central no fornecimento destas redes de segurança. Como salienta Bruno Palier (2018, p. 112), "o modelo social francês, apesar das suas limitações, demonstrou a sua capacidade de amortecer os choques económicos e reduzir significativamente a pobreza". No entanto, o autor também nota que este sistema está a enfrentar desafios crescentes, particularmente em termos de financiamento e de adaptação a novas formas de precariedade urbana.

Os programas de apoio social nas zonas urbanas assumem diversas formas. Um dos mais emblemáticos é o Revenu de Solidarité Active (RSA). Nicolas Duvoux (2017, p. 78) analisa o impacto deste regime: "O RSA permitiu reduzir a intensidade da pobreza de muitos agregados familiares urbanos, mas a sua eficácia continua a ser limitada por problemas de acesso aos direitos e de não utilização". Esta observação sublinha a importância de simplificar os procedimentos administrativos e de reforçar o apoio aos beneficiários.

A habitação é outro foco importante das políticas de apoio aos mais vulneráveis nas zonas urbanas. Julien Damon (2019, p. 156) observa que "o acesso a uma habitação condigna e a preços acessíveis é um pilar essencial da inclusão social, em especial nas grandes aglomerações urbanas, onde a pressão habitacional é elevada". Medidas como a habitação social, os subsídios à habitação e o alojamento de emergência desempenham um papel crucial na prevenção dos sem-abrigo e da exclusão habitacional.

A saúde está também no centro dos programas de apoio social. Didier Fassin (2020, p. 203) salienta que "as desigualdades em matéria de saúde nas zonas urbanas estão estreitamente ligadas às condições de vida e aos determinantes sociais". Regimes como o Couverture Maladie Universelle (CMU) e o Aide Médicale d'Etat (AME) têm por objetivo garantir o acesso aos cuidados de saúde aos grupos mais desfavorecidos, embora a sua aplicação seja por vezes problemática.

A integração das pessoas vulneráveis no mercado de trabalho é outra questão crucial. Emmanuèle Reynaud (2017, p. 132) analisa a eficácia das políticas de integração: "Os regimes de apoio para ajudar as pessoas a encontrar trabalho, como os projectos de integração ou as empresas de integração, desempenham um papel importante na reintegração das pessoas que estão longe do emprego, mas o seu impacto continua a ser limitado face à persistência do desemprego estrutural". Esta observação sublinha a necessidade de combinar as políticas de integração com estratégias mais amplas de desenvolvimento económico local.

O combate ao isolamento social, que é particularmente prevalecente nas zonas urbanas, é também um dos objectivos dos programas de apoio. Serge Paugam (2018, p. 245) sublinha a importância dos laços sociais: "Os dispositivos de mediação social, os centros sociais e as redes locais de solidariedade desempenham um papel crucial na manutenção dos laços sociais e na prevenção do isolamento das pessoas vulneráveis". Estas iniciativas contribuem para reforçar o tecido social urbano e incentivar a entreajuda comunitária.

A eficácia dos programas de apoio social depende em grande medida da sua capacidade de adaptação às realidades locais. Philippe Warin (2016, p. 189) sublinha a importância de uma abordagem territorializada: "A implementação de políticas sociais deve ter em conta as caraterísticas específicas de cada área urbana, envolvendo os actores locais e promovendo a inovação social". Esta abordagem garante uma melhor adequação entre as necessidades da população e as respostas dadas.

Em conclusão, os programas de apoio social e as redes de segurança para os mais vulneráveis são um pilar essencial da resiliência social nas zonas urbanas. A sua eficácia depende de uma abordagem global, que integre as dimensões económica, social e territorial da vulnerabilidade. Como resume Martin Hirsch (2020, p. 312), "a luta contra a pobreza e a exclusão nas zonas urbanas exige a mobilização da sociedade no seu conjunto, combinando solidariedade institucional e empenhamento cívico".

4.2 Coesão social, participação dos cidadãos e governação inclusiva

4.2.1 Promover o diálogo intercomunitário e a diversidade social

O conceito de diálogo intercomunitário insere-se numa perspetiva mais ampla de gestão da diversidade em meio urbano. Como salienta Michel Wieviorka (2017, p. 45), "o desafio das sociedades contemporâneas é conciliar o reconhecimento das diferenças culturais com a manutenção de um espaço público comum e de valores partilhados". Esta abordagem significa ir além da lógica da simples coexistência para encorajar uma verdadeira interação e intercâmbio entre comunidades.

A diversidade social é frequentemente apresentada como um ideal nas políticas urbanas francesas. No entanto, a sua implementação efectiva levanta uma série de desafios. Marie-Hélène Bacqué e Eric Charmes (2016, p. 78) observam que "a diversidade social não pode ser decretada; é construída ao longo do tempo e requer políticas proactivas que vão além da simples diversidade residencial". Esta observação sublinha a importância de uma abordagem multidimensional que tenha em conta os aspectos económicos, culturais e sociais da diversidade.

Um dos principais desafios do diálogo intercomunitário é a luta contra o preconceito e a discriminação. Patrick Simon (2018, p. 132) salienta que "os estereótipos e as representações negativas entre comunidades são frequentemente o principal obstáculo a um diálogo genuíno". Iniciativas como as semanas interculturais, os fóruns de cidadãos ou os projectos artísticos colaborativos podem ajudar a desconstruir esses preconceitos e a promover uma maior compreensão mútua.

A questão da língua desempenha um papel central no diálogo intercomunitário. Alexandra Filhon (2019, p. 203) salienta que "o domínio da língua do país de acolhimento é um fator-chave para a integração, mas a valorização das línguas de origem também pode contribuir para o reconhecimento e a autoestima das comunidades imigrantes". Iniciativas como cursos de línguas para adultos, bibliotecas multilingues e oficinas de escrita intercultural podem ajudar a promover esta dupla dinâmica.

A promoção da diversidade social passa frequentemente por políticas de habitação e de planeamento urbano. Renaud Epstein (2020, p. 167) analisa os efeitos da lei SRU (Solidarité et Renouvellement Urbain): "Embora esta lei tenha permitido aumentar a proporção de habitações sociais em muitos municípios, o seu impacto na mistura real continua a ser limitado devido a fenómenos de evasão e a micro-segregações ao nível dos bairros". Esta observação sublinha a necessidade de apoiar as políticas de habitação com medidas destinadas a promover a convivência quotidiana.

A escola desempenha um papel crucial na promoção do diálogo intercomunitário e da diversidade social. Choukri Ben Ayed (2017, p. 245) afirma que "a escola pode ser um veículo poderoso para a diversidade e para aprender a viver em conjunto, desde que sejam postos em prática métodos de ensino adequados e que se combata a evasão escolar". Iniciativas como a geminação entre escolas, projectos educativos interculturais e programas de mediação entre pares podem contribuir para este objetivo.

A participação dos cidadãos é outra alavanca importante para promover o diálogo e a diversidade. Marion Carrel (2018, p. 112) salienta que "os mecanismos de democracia participativa, quando são concebidos para serem inclusivos, podem facilitar encontros e intercâmbios entre grupos que normalmente não se encontram". Os conselhos de bairro, os orçamentos participativos e os júris de cidadãos são todos fóruns potenciais para o diálogo intercomunitário.

Por último, o papel das associações e das iniciativas da sociedade civil é crucial para promover o diálogo e a diversidade. Como refere Catherine Neveu (2016, p. 189), "as associações de bairro, os centros sociais e os grupos de cidadãos funcionam frequentemente como pontes entre as comunidades e ajudam a estabelecer laços no quotidiano". O apoio a estas iniciativas, tanto a nível financeiro como logístico, é essencial para promover uma dinâmica duradoura de diálogo intercomunitário.

Em conclusão, a promoção do diálogo intercomunitário e da mistura social é um processo complexo que exige uma abordagem global e a longo prazo. Como resume Dominique Schnapper (2020, p. 312), "o desafio é construir uma sociedade em que a diversidade seja reconhecida e valorizada, mantendo ao mesmo tempo um sentimento de pertença comum e de solidariedade". Esta ambição implica a mobilização de todos os actores urbanos, desde as autoridades públicas aos cidadãos, passando pelas associações e instituições educativas e culturais.

4.2.2 Reforço dos mecanismos de participação dos cidadãos na tomada de decisões

A participação dos cidadãos faz parte de uma evolução mais ampla dos métodos de governação urbana. Como salienta Loïc Blondiaux (2018, p. 23), "o imperativo participativo tornou-se um elemento essencial do discurso político e da ação pública, reflectindo uma procura crescente de democracia direta por parte dos cidadãos". Esta tendência reflecte um desejo de ultrapassar os limites da democracia representativa tradicional.

Existem muitas formas diferentes de participação dos cidadãos, consoante o grau de envolvimento dos residentes locais. Marie-Hélène Bacqué e Mario Gauthier (2016, p. 45) propõem uma tipologia que vai da simples consulta à co-decisão: "Entre estes dois pólos, encontramos uma série de mecanismos, como os orçamentos participativos, os júris de cidadãos ou as conferências de consenso, que oferecem diferentes graus de poder aos cidadãos". Esta diversidade permite adaptar os mecanismos de participação aos contextos locais e às questões específicas.

Um dos principais desafios da participação dos cidadãos é garantir que a população seja verdadeiramente representativa. Rémi Lefebvre (2019, p. 112) observa que "os mecanismos de participação tendem frequentemente a atrair cidadãos já politizados e a excluir os grupos mais marginalizados". Para ultrapassar este preconceito, iniciativas como o sorteio ou a introdução de quotas sociodemográficas foram experimentadas em algumas cidades.

A tecnologia digital oferece novas oportunidades para a participação dos cidadãos. Clément Mabi (2017, p. 78) analisa o impacto da tecnologia cívica: "As plataformas de participação digital permitem alargar a base de participantes e facilitar a recolha e a análise das contribuições dos cidadãos". No entanto, o autor alerta para o risco de uma fratura digital e sublinha a importância de combinar as ferramentas em linha com as modalidades presenciais.

A questão da relação entre democracia participativa e democracia representativa continua a ser uma questão central. Yves Sintomer (2020, p. 156) afirma que "o desafio consiste em encontrar um equilíbrio entre a legitimidade dos eleitos e a voz dos cidadãos, sem cair numa oposição estéril entre estas duas formas de legitimidade". Para tal, são necessárias mudanças nas práticas políticas e administrativas, bem como uma formação em métodos participativos para os representantes eleitos e os funcionários públicos.

A avaliação do impacto real dos mecanismos de participação na tomada de decisões continua a ser um grande desafio. Guillaume Gourgues (2018, p. 203) salienta que "o efeito dos processos participativos nas políticas públicas é muitas vezes difícil de medir e pode variar consideravelmente consoante o contexto". Esta constatação exige o desenvolvimento de instrumentos de avaliação mais refinados e a integração da participação numa reflexão mais ampla sobre a transformação da ação pública.

A participação dos cidadãos também levanta questões em termos da temporalidade da ação pública. Hélène Reigner (2017, p. 245) observa que "os processos participativos podem prolongar os tempos de decisão, o que pode estar em tensão com a urgência de certas questões urbanas". Encontrar um equilíbrio entre o tempo necessário para a deliberação dos cidadãos e o tempo necessário para a ação pública é um grande desafio para os decisores.

Por último, a formação e o apoio aos cidadãos são essenciais para garantir uma participação informada e construtiva. Julien Talpin (2019, p. 189) sublinha a importância da "capacitação dos cidadãos": "A participação efectiva requer não só espaços de diálogo, mas também um reforço das capacidades dos cidadãos para compreender as questões e formular propostas". Iniciativas como as universidades populares e as oficinas de planeamento urbano participativo podem contribuir para este objetivo.

Em conclusão, o reforço dos mecanismos de participação dos cidadãos na tomada de decisões representa um desafio importante para a governação urbana contemporânea. Como resume Jacques Donzelot (2020, p. 312), "o desafio consiste em passar de uma democracia de autorização, em que os cidadãos delegam o seu poder nos representantes eleitos, para uma democracia de envolvimento, em que participam ativamente na construção da cidade". Esta mudança implica uma transformação profunda das práticas políticas e administrativas, bem como um envolvimento sustentado dos cidadãos na vida da sua cidade.

4.2.3 Elaboração de orçamentos participativos e co-construção de projectos urbanos

Os orçamentos participativos, iniciados em Porto Alegre, no Brasil, na década de 1980, ganharam força em França nos últimos anos. Yves Sintomer e Anja Rocke (2019, p. 45) definem o orçamento participativo como "um mecanismo que permite aos cidadãos decidir sobre a afetação de uma parte do orçamento público, geralmente a nível municipal". O objetivo desta abordagem é aumentar a transparência orçamental e adaptar o investimento público às necessidades expressas pelos residentes locais.

A implementação dos orçamentos participativos levanta várias questões. Antoine Bézard (2018, p. 112) sublinha que "o sucesso dos orçamentos participativos depende em grande parte da vontade política dos representantes eleitos, da engenharia participativa utilizada e da capacidade de mobilizar um vasto painel de cidadãos". O autor sublinha a importância de uma comunicação eficaz e do apoio aos responsáveis pelos projectos para garantir uma participação inclusiva.

A co-construção de projectos urbanos, por seu lado, implica uma colaboração estreita entre profissionais do planeamento urbano, representantes eleitos e residentes ao longo do processo de conceção e implementação. Jodelle Zetlaoui-Léger (2017, p. 78) observa que "esta abordagem põe em causa a divisão tradicional de papéis entre especialistas e leigos e exige uma mudança nas práticas profissionais no domínio do planeamento urbano". Esta colaboração pode assumir uma variedade de formas, desde workshops de co-conceção a estaleiros de obras participativos.

Um dos maiores desafios da co-construção é articular o conhecimento especializado e o conhecimento de uso dos residentes locais. Hélène Hatzfeld (2020, p. 156) afirma que "o reconhecimento do saber-fazer dos cidadãos é uma questão central da democracia participativa no planeamento urbano". Esta abordagem implica o desenvolvimento de métodos que permitam aproveitar e integrar o conhecimento adquirido com a experiência quotidiana dos residentes na conceção de projectos urbanos.

A tecnologia digital está a desempenhar um papel cada vez mais importante nestes processos de participação. Fanny Carlet e Éric Hamelin (2016, p. 203) analisam o impacto das ferramentas digitais na participação dos cidadãos no planeamento urbano: "As plataformas em linha para o orçamento participativo ou a consulta urbana permitem alargar a base de participantes e facilitar a recolha e a análise das contribuições dos cidadãos". Os autores sublinham, no entanto, a importância de combinar estas ferramentas com a participação presencial, de modo a não excluir as pessoas que se sentem menos à vontade com as tecnologias digitais.

A questão da representatividade e da inclusão nestes processos participativos continua a ser uma questão importante. Marion Carrel (2018, p. 245) observa que "os mecanismos de co-construção tendem frequentemente a atrair os cidadãos que já estão envolvidos e a excluir os grupos mais marginalizados". Para ultrapassar este preconceito, foram experimentadas nalgumas cidades iniciativas como o sorteio ou a "aproximação" a pessoas que estão afastadas da participação.

Avaliar o impacto real destas abordagens na qualidade dos projectos urbanos e na vida democrática local é outro ponto crucial. Loïc Blondiaux e Jean-Michel Fourniau (2019, p. 189) salientam que "o efeito dos processos participativos nas políticas urbanas é muitas vezes difícil de medir e pode variar consideravelmente consoante o contexto". Esta constatação exige o desenvolvimento de instrumentos de avaliação mais refinados e a integração da participação numa reflexão mais ampla sobre a transformação da ação pública urbana.

Finalmente, a sustentabilidade e a institucionalização destas abordagens é um desafio importante. Gilles Pinson (2020, p. 312) observa que "a transição de experiências pontuais para uma verdadeira cultura de participação na construção da cidade exige uma transformação profunda das instituições e das práticas profissionais". Trata-se, nomeadamente, de formar eleitos e técnicos em métodos participativos, bem como de alterar o quadro regulamentar do planeamento urbano.

Em conclusão, o desenvolvimento dos orçamentos participativos e a co-construção de projectos urbanos representam uma mudança significativa na forma como as cidades são concebidas e geridas. Como resume Jacques Donzelot (2017, p. 367), "estas abordagens participativas visam reinventar a democracia local, tornando a cidade não apenas um objeto de governo, mas um sujeito político de pleno direito". Esta ambição implica um compromisso sustentado de todos os actores urbanos, dos poderes públicos aos cidadãos, passando pelos profissionais do urbanismo e pelas associações locais.

4.2.4 Inclusão de grupos marginalizados (mulheres, jovens, pessoas com deficiência) na governação local

A noção de inclusão na governação local faz parte de uma perspetiva mais ampla de justiça social e do direito à cidade. Como salienta Marie-Hélène Bacqué (2018, p. 34), "a inclusão dos grupos marginalizados não se limita a uma simples representação numérica, mas implica uma transformação das estruturas de poder e dos processos de decisão". O objetivo desta abordagem é ir além da simples consulta e alcançar uma verdadeira co-construção de políticas urbanas.

A inclusão das mulheres na governação local continua a ser um grande desafio. Yves Raibaud (2019,

p. 112) observa que "apesar dos avanços legislativos em matéria de paridade, as mulheres continuam sub-representadas nos órgãos de decisão locais e as suas necessidades específicas são frequentemente ignoradas no planeamento urbano". O autor defende uma abordagem de género ao planeamento urbano, tendo em conta as diferentes utilizações do espaço público em função do género.

A participação dos jovens na governação local é outra questão crucial. Patricia Loncle (2017, p. 78) observa que "o envolvimento dos jovens nos processos de decisão locais pode ajudar a renovar as práticas democráticas e a ter mais em conta as necessidades específicas deste grupo etário". Iniciativas como os conselhos municipais de juventude e os orçamentos participativos dedicados aos jovens são exemplos de acções destinadas a promover esta inclusão.

A inclusão das pessoas com deficiência na governação local inscreve-se numa lógica de acessibilidade universal. Jean-François Ravaud e Pierre Mormiche (2020, p. 156) sublinham que "a participação das pessoas com deficiência na conceção e implementação das políticas urbanas é essencial para criar cidades verdadeiramente inclusivas". Esta abordagem implica não só a adaptação física do ambiente urbano, mas também a acessibilidade dos próprios processos de participação.

A questão da interseccionalidade é também crucial na inclusão de grupos marginalizados. Éric

Fassin (2018, p. 203) destaca que "as experiências de marginalização podem acumular-se e intersectar-se, exigindo abordagens que tenham em conta a complexidade das identidades e da discriminação". Esta perspetiva apela ao desenvolvimento de mecanismos de inclusão que reconheçam a diversidade dos grupos marginalizados.

Um dos principais desafios da inclusão é ultrapassar as barreiras à participação. Marion Carrel (2016, p. 245) identifica vários obstáculos: "o domínio da linguagem institucional, a disponibilidade de tempo, a confiança em si próprio e nas instituições". Para ultrapassar estes obstáculos, a autora recomenda abordagens de "proximidade" e formação em participação cívica.

A tecnologia digital oferece novas oportunidades para a inclusão de grupos marginalizados. Clément Mabi (2019, p. 189) analisa o potencial da tecnologia cívica: "As ferramentas digitais podem facilitar o acesso à informação e à participação de certos grupos marginalizados, mas também correm o risco de criar novas formas de exclusão ligadas ao fosso digital". O autor salienta a importância de combinar abordagens digitais e presenciais para garantir uma inclusão efectiva.

A avaliação do impacto real das políticas de inclusão na governação local continua a ser uma questão importante. Guillaume Gourgues (2017, p. 312) salienta que "o efeito da inclusão dos grupos marginalizados nas políticas públicas é muitas vezes difícil de medir e pode variar consideravelmente consoante o contexto". Esta observação apela ao desenvolvimento de ferramentas de avaliação mais refinadas e à integração da inclusão numa reflexão mais ampla sobre a transformação da ação pública local.

Por último, a sustentabilidade e a institucionalização destas iniciativas de inclusão constituem um desafio importante. Catherine Neveu (2020, p. 367) observa que "a transição de experiências pontuais para uma verdadeira cultura de inclusão na governação local exige uma transformação profunda das instituições e das mentalidades". Isto implica, nomeadamente, a formação dos eleitos e dos técnicos sobre os desafios da inclusão, bem como a alteração do quadro regulamentar da democracia local.

Em conclusão, a inclusão de grupos marginalizados na governação local representa um desafio crucial para o reforço da democracia e da equidade nas nossas cidades. Como resume Jacques Donzelot (2016, p. 415), "o desafio é passar de uma cidade submetida à mudança para uma cidade escolhida, onde cada habitante, seja qual for a sua situação, pode contribuir para moldar o seu ambiente". Esta ambição implica um compromisso sustentado por parte de todos os actores urbanos e um questionamento constante das práticas de governação.

4.2.5 Apoio às associações de moradores e às iniciativas cívicas

As associações locais são frequentemente consideradas como a cola que mantém a vida do bairro unida. Como salienta Jacques Ion (2017, p. 23), "as associações de bairro actuam como intermediárias entre os moradores e as instituições, contribuindo para criar laços sociais e estimular a vida local". Esta função de mediação é particularmente importante nos bairros urbanos prioritários, onde as associações podem colmatar certas carências institucionais.

O apoio às associações de moradores assume várias formas. Marion Carrel e Catherine Neveu (2018, p. 112) identificam vários tipos de apoio: "financeiro, logístico, técnico, mas também em termos de reconhecimento e legitimação". As autoras sublinham a importância de um apoio que preserve a autonomia das associações e a sua capacidade de ter um olhar crítico sobre as políticas públicas.

As iniciativas dos cidadãos, por seu lado, reflectem um desejo crescente por parte dos residentes de se envolverem diretamente na transformação do seu ambiente de vida. Agnès Deboulet e Héloïse Nez (2016, p. 78) observam que "estas iniciativas, quer se trate de hortas partilhadas, de cafés de reparação ou de moedas locais, encarnam novas formas de participação cívica mais horizontais e menos institucionalizadas do que o modelo associativo tradicional". Apoiar estas iniciativas significa frequentemente alterar as práticas administrativas para acomodar a sua natureza informal e evolutiva.

Um dos principais desafios no apoio às associações e iniciativas de cidadania é encontrar um equilíbrio entre o apoio institucional e a manutenção da sua autonomia. Julien Talpin (2019, p. 156) alerta para o risco de instrumentalização: "Um apoio demasiado prescritivo pode conduzir a uma forma de domesticação do tecido associativo, reduzindo a sua capacidade de inovação social e de contrapoder". O autor defende formas mais flexíveis de apoio que incentivem a experimentação e a aprendizagem mútua.

O papel das associações e das iniciativas de cidadania na co-construção das políticas públicas locais é cada vez mais reconhecido. Hélène Balazard (2020, p. 203) analisa a emergência de novas formas de governação colaborativa: "Os conselhos de cidadãos, as mesas de bairro e os orçamentos participativos são domínios em que as associações e os colectivos de moradores podem contribuir diretamente para a elaboração e a aplicação das políticas urbanas". Esta evolução implica uma transformação da relação entre os poderes públicos e a sociedade civil.

A questão da sustentabilidade e da profissionalização das iniciativas de cidadania suscita vários debates. Gilles Jeannot e Taoufik Souami (2017, p. 245) observam uma tensão entre "a vontade de manter o carácter espontâneo e voluntário destas iniciativas e a necessidade de assegurar a sua continuidade e o seu impacto a longo prazo". Os autores sublinham a importância de desenvolver modelos híbridos, combinando o empenhamento cívico e o apoio profissional.

A tecnologia digital oferece novas oportunidades para o desenvolvimento e a ligação em rede das iniciativas locais. Clément Mabi e Anaïs Theviot (2018, p. 189) analisam o impacto da tecnologia cívica no envolvimento dos cidadãos: "As plataformas digitais facilitam a coordenação de iniciativas, a partilha de recursos e a visibilidade das acções locais". No entanto, os autores alertam para o risco de exclusão digital e sublinham a importância de combinar ferramentas em linha com uma presença física no terreno.

A avaliação do impacto social das organizações de voluntariado e das iniciativas de cidadania continua a ser um grande desafio. Hélène Rey-Valette et al (2019, p. 312) sublinham a necessidade de "desenvolver instrumentos de avaliação adequados que tenham em conta não só os resultados quantificáveis, mas também os efeitos qualitativos em termos de coesão social, capacitação e mudanças nas práticas". Esta abordagem implica a co-construção de critérios de avaliação com os actores envolvidos.

Por último, a formação e o apoio aos promotores das iniciativas são essenciais para reforçar a capacidade de ação da sociedade civil local. Marie-Hélène Bacqué e Mohamed Mechmache (2016, p. 367) defendem "um verdadeiro investimento no poder de ação dos habitantes locais, através de programas de formação, de tutoria e de partilha de experiências". Esta abordagem visa reforçar as competências dos actores locais e favorecer a emergência de novos líderes comunitários.

Em conclusão, o apoio às associações de moradores e às iniciativas de cidadãos representa uma alavanca importante para reforçar a democracia local e a resiliência das comunidades urbanas. Como resume Catherine Neveu (2020, p. 415), "o desafio é passar de uma lógica de prestação de serviços para uma verdadeira coprodução da cidade, em que os cidadãos já não são apenas beneficiários, mas actores de pleno direito na transformação urbana". Esta ambição implica uma mudança profunda nas práticas institucionais e um maior reconhecimento do papel da sociedade civil na construção da cidade.

4.3 Segurança urbana, violência e prevenção de conflitos

4.3.1 Aplicação de estratégias de prevenção situacional (iluminação, planeamento urbano seguro)

A prevenção situacional faz parte de uma abordagem mais ampla da segurança urbana que se centra no ambiente e não nos infractores. Como salienta Sebastian Roché (2018, p. 23), "esta abordagem postula que a delinquência é, em parte, o resultado de oportunidades criadas pelo ambiente urbano e que é possível reduzir essas oportunidades através de um planeamento adequado". Esta perspetiva marca uma mudança de paradigma em relação às abordagens puramente repressivas ou sociais da segurança.

A iluminação urbana é um dos elementos centrais da prevenção situacional. Jean-Michel Deleuil (2019, p. 112) analisa a evolução das políticas de iluminação pública: "Para além da sua função primária de visibilidade nocturna, a iluminação é também um fator-chave na prevenção situacional.

cada vez mais concebida como um instrumento para tornar os espaços públicos mais seguros, com o objetivo de reduzir o sentimento de insegurança e de dissuadir os comportamentos desviantes". O autor observa, no entanto, que a eficácia efectiva da iluminação na redução da criminalidade é objeto de debate científico.

A conceção urbana segura engloba uma vasta gama de medidas. Virginie Malochet (2017, p. 78) identifica vários princípios recorrentes: "legibilidade dos espaços, controlo natural do acesso, territorialidade, qualidade ambiental e gestão do sítio". Estes princípios reflectem-se em desenvolvimentos concretos, como a eliminação de recantos, a instalação de mobiliário urbano antiagrupamento e a criação de espaços de transição entre o público e o privado.

Um dos grandes desafios da prevenção situacional é conciliar a segurança com a qualidade de vida urbana. Alain Bauer e Christophe Soullez (2020, p. 156) alertam para o risco de criar "espaços defensivos" pouco conviviais: "Um planeamento demasiado centrado na segurança pode conduzir a uma forma de bunkerização do espaço público, em detrimento do seu carácter inclusivo e da sua vitalidade social". Os autores apelam a uma abordagem equilibrada, integrando as questões de segurança numa reflexão mais alargada sobre a qualidade do espaço público.

A eficácia efectiva das estratégias de prevenção situacional é objeto de debate. Tanguy Le Goff e Jacques de Maillard (2016, p. 203) sublinham a dificuldade de avaliar o impacto destas medidas: "Os efeitos da prevenção situacional são frequentemente difusos e difíceis de isolar de outros factores que influenciam a segurança urbana". Os autores chamam igualmente a atenção para o risco de a criminalidade se deslocar para zonas menos seguras.

A abordagem situacional também levanta questões éticas e políticas. Frédéric Ocqueteau (2018, p. 245) critica uma visão potencialmente redutora da segurança: "Ao centrar-se no ambiente físico, esta abordagem corre o risco de negligenciar as causas sociais e económicas da delinquência e de promover uma visão tecnicista da segurança em detrimento de uma abordagem mais social e preventiva". Esta crítica exige que a prevenção situacional seja integrada numa estratégia mais global de desenvolvimento social urbano.

A participação dos residentes na conceção das medidas de segurança é cada vez mais considerada essencial. Julie Sedel (2019, p. 189) analisa a emergência de abordagens participativas da segurança urbana: "A participação dos utilizadores na definição dos problemas de segurança e na conceção das soluções permite não só adaptar as instalações às necessidades reais, mas também reforçar o sentimento de apropriação do espaço público". Esta abordagem participativa pode ajudar a ultrapassar uma visão puramente tecnocrática da segurança.

Por último, a integração das novas tecnologias na prevenção situacional levanta novas questões. Eric Heilmann (2017, p. 312) analisa o impacto das tecnologias de videovigilância e de deteção: "Estas ferramentas oferecem novas possibilidades em termos de vigilância e de capacidade de resposta, mas também levantam questões em termos de privacidade e de controlo social". O autor apela a uma reflexão ética sobre a utilização destas tecnologias no espaço público.

Em conclusão, a introdução de estratégias de prevenção situacional representa uma evolução significativa na abordagem da segurança urbana. Como resume Maurice Cusson (2020, p. 415), "o desafio é criar ambientes urbanos que sejam simultaneamente seguros e habitáveis, onde a segurança não seja sinónimo de encerramento e exclusão". Esta ambição implica uma abordagem interdisciplinar, combinando conhecimentos especializados em planeamento urbano, segurança e ciências sociais, bem como o envolvimento ativo dos residentes na co-construção do seu ambiente de vida.

4.3.2 Desenvolvimento de programas de prevenção social dirigidos aos jovens em risco

A prevenção social para os jovens faz parte de uma abordagem global da segurança que vai para além da mera repressão. Como salienta Laurent Mucchielli (2018, p. 23), "esta abordagem reconhece que a delinquência juvenil é frequentemente um sintoma de problemas sociais mais profundos, exigindo intervenções multidimensionais". Esta perspetiva implica uma colaboração estreita entre os intervenientes nos domínios da segurança, da educação, da saúde e do trabalho social.

A identificação dos jovens "em risco" é uma etapa crucial, mas delicada, destes programas. Sébastien Roché (2017, p. 112) alerta para os riscos de estigmatização: "A orientação das intervenções para determinados jovens pode conduzir a uma forma de profecia auto-realizável, reforçando o seu sentimento de marginalização". O autor defende uma abordagem mais global, centrada nos ambientes de risco e não nos indivíduos.

Os programas de prevenção social assumem diversas formas. Marwan Mohammed (2019, p. 78) identifica várias áreas recorrentes de intervenção: "apoio à parentalidade, reforço das competências psicossociais, apoio educativo, integração profissional e actividades de lazer estruturadas". Estas intervenções são concebidas para reforçar os factores de proteção e reduzir os factores de risco no ambiente dos jovens.

Um dos principais desafios destes programas é o envolvimento dos próprios jovens. Patricia Loncle (2016, p. 156) sublinha a importância da abordagem participativa: "As intervenções mais eficazes são aquelas que envolvem ativamente os jovens na definição das suas necessidades e na conceção de soluções". Esta abordagem permite não só adaptar as intervenções às realidades vividas pelos jovens, mas também reforçar o seu sentido de empowerment.

A avaliação da eficácia dos programas de prevenção social continua a ser um grande desafio. Sebastian Roché e Jacques de Maillard (2020, p. 203) constatam a dificuldade de medir os efeitos a longo prazo destas intervenções: "Os impactos da prevenção social são frequentemente difusos e manifestam-se a longo prazo, o que complica a sua avaliação". Os autores apelam ao desenvolvimento de instrumentos de avaliação mais sofisticados, que combinem abordagens quantitativas e qualitativas.

A formação e a profissionalização dos trabalhadores de rua desempenham um papel crucial no sucesso destes programas. Véronique Le Goaziou (2018, p. 245) analisa a evolução da profissão de educador de rua: "Perante a complexidade das situações com que se deparam, os educadores de rua têm de desenvolver competências múltiplas, combinando trabalho social, mediação e conhecimento aprofundado das realidades locais". Esta evolução implica um grande investimento na formação contínua e na supervisão dos profissionais.

A coordenação entre os diferentes actores envolvidos na prevenção social é outro desafio importante. Michel Marcus (2017, p. 189) sublinha a importância das parcerias locais: "A eficácia das intervenções depende de uma coordenação estreita entre as escolas, os serviços sociais, a polícia, a justiça e as associações locais". Esta abordagem de parceria exige frequentemente a criação de estruturas de coordenação específicas, como os Conselhos Locais de Segurança e Prevenção da Criminalidade (CLSPD).

A relação entre prevenção e repressão continua a ser objeto de debate. Alain Bauer e Christophe Soullez (2019, p. 312) defendem uma abordagem equilibrada: "Uma política eficaz de prevenção da delinquência juvenil deve combinar uma intervenção precoce e um quadro normativo claro, com respostas graduais quando as infracções são cometidas". Esta abordagem implica uma estreita colaboração entre os intervenientes na prevenção e os intervenientes na justiça juvenil.

Por último, é essencial ter em conta as caraterísticas específicas de cada região no desenvolvimento destes programas. Joëlle Bordet (2016, p. 367) sublinha a importância de adaptar as intervenções às realidades locais: "Os programas de prevenção devem ter em conta as dinâmicas sociais, culturais e económicas próprias de cada território, apoiando-se nos recursos e nas iniciativas locais". Esta abordagem territorial exige um conhecimento pormenorizado dos bairros e a capacidade de mobilizar os actores locais.

Em conclusão, o desenvolvimento de programas de prevenção social dirigidos aos jovens em risco representa um desafio complexo mas essencial para a coesão social e a segurança urbana. Como resume François Dubet (2020, p. 415), "o desafio consiste em desenvolver intervenções que permitam aos jovens projectarem-se positivamente na sociedade, dando-lhes os meios para desenvolverem as suas potencialidades e enveredarem por um caminho de sucesso". Esta ambição implica uma abordagem global, interdisciplinar e enraizada nas realidades locais, mobilizando todos os actores envolvidos na juventude e no desenvolvimento social urbano.

4.3.3 Reforçar o policiamento de proximidade e as parcerias locais de segurança

O reforço do policiamento de proximidade e das parcerias locais de segurança faz parte de uma abordagem global de prevenção e de luta contra a insegurança urbana. Esta estratégia visa estabelecer uma relação de confiança entre a polícia e o público, envolvendo simultaneamente vários actores locais na coprodução da segurança.

O policiamento comunitário, conceito desenvolvido em França nos anos 90, baseia-se numa maior presença dos agentes no terreno e numa melhor compreensão das realidades locais. Segundo Sebastian Roché (2005, p. 78), "o policiamento comunitário visa aproximar a polícia da população, favorecendo o contacto, a escuta e a resolução de problemas a nível local". Esta abordagem permite uma ação mais preventiva e adaptada às necessidades específicas de cada bairro.

As parcerias locais de segurança, pelo contrário, baseiam-se na mobilização de uma rede de actores diversos: forças da ordem, eleitos locais, proprietários sociais, associações, comerciantes, etc. Como salienta Tanguy Le Goff (2008, p. 124), "estas parcerias permitem reunir recursos e competências para uma abordagem mais eficaz e coordenada dos problemas de segurança". Favorecem igualmente uma melhor circulação da informação e uma maior capacidade de reação às situações problemáticas.

A aplicação destas medidas exige uma reorganização dos serviços de polícia e uma formação adequada dos agentes. De acordo com Jacques de Maillard e Mathieu Zagrodzki (2017, p. 56), "o sucesso do policiamento comunitário depende de uma mudança na cultura profissional, passando de uma abordagem repressiva para uma abordagem de serviço público e de resolução de problemas". Isto significa desenvolver competências em matéria de mediação, comunicação e análise dos problemas locais.

A avaliação destas medidas continua a ser complexa, mas vários estudos revelaram resultados encorajadores. Virginie Malochet (2009, p. 201) observa que "o policiamento de proximidade e as parcerias locais de segurança contribuem para melhorar o sentimento de segurança dos residentes e reduzir certas formas de criminalidade, nomeadamente as incivilidades e a desordem pública".

No entanto, estas abordagens também foram objeto de críticas. Alguns autores, como Frédéric Ocqueteau (2004, p. 89), apontam para "o risco de uma diluição das responsabilidades e de uma perda de eficácia operacional por parte dos serviços responsáveis pela aplicação da lei". Por conseguinte, é fundamental encontrar um equilíbrio entre a proximidade e a manutenção das capacidades de intervenção.

Em conclusão, o reforço do policiamento de proximidade e das parcerias locais de segurança representa uma evolução importante na governação da segurança urbana. Ao encorajar uma abordagem mais colaborativa enraizada nas realidades locais, estas medidas oferecem perspectivas promissoras para melhorar a segurança e a qualidade de vida nas cidades francesas. No entanto, a sua aplicação continua a ser um desafio que exige um empenhamento sustentado das autoridades públicas e uma adaptação constante à evolução dos problemas urbanos.

4.3.4 Luta contra a criminalidade organizada e o tráfico ilícito nas zonas urbanas

A luta contra a criminalidade organizada e o tráfico ilícito nas zonas urbanas representa um desafio importante para as autoridades francesas, exigindo uma abordagem multidimensional e coordenada. Este fenómeno complexo está frequentemente enraizado em zonas urbanas sensíveis, onde condições socioeconómicas precárias podem encorajar o desenvolvimento de actividades ilegais.

De acordo com Nacer Lalam (2018, p. 45), "a criminalidade organizada nas zonas urbanas caracteriza-se pela sua capacidade de adaptação às mudanças sociais e tecnológicas, o que a torna particularmente difícil de erradicar". As redes criminosas exploram as vulnerabilidades urbanas, como a densidade populacional, o anonimato relativo e a presença de infra-estruturas de transporte, para desenvolver as suas actividades ilícitas.

O tráfico de droga é uma das principais manifestações desta criminalidade organizada urbana. Como salienta Michel Kokoreff (2010, p. 78), "o tráfico de droga está profundamente enraizado em certos bairros, criando uma economia paralela que mina o tecido social e económico local". Esta situação exige uma combinação de acções repressivas e preventivas.

Para combater eficazmente estes fenómenos, as autoridades francesas implementaram várias estratégias. Laurent Mucchielli (2014, p. 132) observa que "a abordagem policial tradicional foi completada por sistemas de informação mais sofisticados e por uma cooperação internacional acrescida". Os Groupes Interministériels de Recherches (GIR) ilustram esta evolução, combinando as competências de diferentes departamentos governamentais para visar activos criminosos.

Ao mesmo tempo, a prevenção desempenha um

papel crucial. De acordo com Marwan Mohammed (2012, p. 201), "os programas de prevenção dirigidos a jovens em risco em bairros sensíveis podem ajudar a reduzir o recrutamento por redes criminosas". Estas iniciativas incluem frequentemente a integração profissional e o apoio social.

O planeamento urbano e regional está também envolvido nesta luta. Como explica Sébastian Roché (2020, p. 67), "a renovação urbana e a mistura social podem contribuir para reduzir as zonas de ilegalidade propícias ao desenvolvimento de actividades criminosas". Esta abordagem visa transformar o ambiente físico e social para o tornar menos propício às actividades ilícitas.

No entanto, apesar destes esforços, os desafios persistem. Fabien Jobard (2015, p. 189) salienta que "a crescente sofisticação das redes criminosas, nomeadamente na utilização das tecnologias digitais, exige uma adaptação constante das estratégias de combate". Além disso, a dimensão transnacional de certos tipos de tráfico complica a ação das autoridades nacionais.

Em conclusão, a luta contra a criminalidade organizada e o tráfico ilícito nas zonas urbanas em França exige uma abordagem global, que combine a aplicação da lei, a prevenção e a transformação urbana. Embora tenham sido feitos progressos, a evolução constante dos fenómenos criminais exige uma vigilância constante e a adaptação das políticas públicas. A participação de todos os actores locais, nacionais e internacionais continua a ser crucial para obter resultados duradouros neste domínio complexo.

4.3.5 Gestão de conflitos sobre a utilização do espaço público e mediação urbana

A gestão dos conflitos sobre a utilização do espaço público e a mediação urbana tornaram-se questões importantes no desenvolvimento das cidades modernas, onde a densificação e a diversificação das populações geram tensões crescentes. Estes conflitos podem assumir diversas formas, desde a apropriação exclusiva de certos espaços por grupos específicos até à poluição sonora e aos desacordos sobre a utilização dos equipamentos públicos (Blanc, Maurice, 2006, p. 27).

Em resposta a estes desafios, muitas cidades criaram sistemas de mediação urbana. De acordo com Bonafé-Schmitt, Jean-Pierre (2010, p. 45), a mediação urbana pode ser definida como "um processo de criação e reparação de laços sociais e de resolução de conflitos quotidianos, em que um terceiro imparcial e independente tenta, através da organização de intercâmbios entre pessoas ou instituições, ajudá-las a melhorar uma relação ou a resolver um conflito entre elas".

A eficácia da mediação urbana depende de vários factores essenciais. Em primeiro lugar, é essencial formar mediadores profissionais capazes de compreender as dinâmicas sociais complexas que actuam nos espaços urbanos. Estes mediadores devem ser capazes de identificar as questões subjacentes aos conflitos aparentes e facilitar o diálogo entre as partes envolvidas (Stébé, Jean-Marc, 2005, p. 112).

Para além disso, a introdução de mecanismos de consulta preventiva pode ajudar a antecipar e a desativar potenciais conflitos. Como sublinha Blondiaux, Loïc (2008, p. 78), "o envolvimento dos habitantes na conceção e gestão dos espaços públicos permite ter em conta as suas necessidades e expectativas, reduzindo assim o risco de conflitos posteriores".

A gestão dos conflitos de utilização do espaço público requer também uma abordagem multidimensional, que integre aspectos urbanísticos, sociais e regulamentares. Segundo Jacquier, Claude (2011, p. 203), "o desenvolvimento do espaço público deve ser concebido de forma a favorecer a coexistência pacífica de diferentes usos e utilizadores, através da criação de zonas tampão, da diversificação das funções e da criação de espaços de transição".

A utilização das novas tecnologias pode também desempenhar um papel importante na prevenção e resolução de conflitos de utilização. As aplicações móveis que permitem às pessoas comunicar problemas ou participar em consultas em linha são cada vez mais utilizadas para facilitar a comunicação entre os cidadãos e as autoridades locais (Cardon, Dominique, 2015, p. 167).

Finalmente, é fundamental reconhecer que a gestão dos conflitos sobre a utilização do espaço público se inscreve numa perspetiva mais ampla de coesão social e de convivência. Como nos lembra Donzelot, Jacques (2012, p. 89), "a cidade inclusiva não pode ser decretada; deve ser construída diariamente através de processos de negociação e aprendizagem colectiva sobre como partilhar o espaço urbano".

Em conclusão, a gestão eficaz dos conflitos sobre a utilização do espaço público e a mediação urbana exigem uma abordagem integrada, que combine competências de mediação, planeamento urbano sensível às questões sociais, mecanismos de participação dos cidadãos e uma forte vontade política de promover a convivência na diversidade. Estes esforços ajudam não só a reduzir as tensões nos espaços urbanos, mas também a reforçar os laços sociais e a construir cidades mais resilientes e inclusivas.

4.4 Património cultural, identidade local e promoção de caraterísticas locais específicas

4.4.1 Preservar e restaurar o património arquitetónico e urbano

A preservação e a reabilitação do património arquitetónico e urbano são questões cruciais para as cidades de hoje, combinando a preservação da identidade histórica com a necessidade de adaptação às necessidades modernas. Esta abordagem inscreve-se numa lógica de desenvolvimento sustentável, que valoriza os recursos existentes e responde às exigências actuais em matéria de habitação e de urbanismo.

De acordo com Choay, Françoise (2009, p. 32), "o património arquitetónico e urbano representa não só um legado cultural, mas também um capital económico e social cuja valorização pode contribuir significativamente para o desenvolvimento local". Esta abordagem sublinha a importância de considerar o património como um bem dinâmico e não como um mero vestígio do passado a preservar.

A preservação do património arquitetónico envolve frequentemente desafios técnicos complexos. Como refere Pérouse de Montclos, Jean-Marie (2011, p. 156), "o restauro de edifícios históricos requer conhecimentos especializados e uma compreensão profunda das técnicas de construção antigas, a fim de respeitar a integridade da obra, assegurando simultaneamente a sua durabilidade". Esta exigência implica a formação de profissionais especializados e o desenvolvimento de métodos de intervenção adequados.

Além disso, a reabilitação do património urbano faz parte de um processo mais amplo de renovação urbana. Segundo Gravari-Barbas, Maria (2013, p. 89), "a revitalização dos centros históricos pode funcionar como um catalisador da regeneração urbana, atraindo novos residentes e estimulando a atividade económica". No entanto, esta dinâmica levanta também questões de equidade social, nomeadamente o risco de gentrificação e de exclusão das populações locais.

A integração de novas tecnologias na preservação do património oferece perspectivas promissoras. Gadaud, Christophe (2018, p. 204) salienta que "a utilização da modelação 3D e da realidade aumentada permite não só documentar o património com precisão, mas também torná-lo mais acessível e compreensível para o público em geral".

A dimensão participativa desempenha também um papel crescente nos projectos de conservação e de reabilitação. Como afirma Bacqué, Marie-Hélène (2015, p. 127), "o envolvimento dos residentes na definição e na execução dos projectos de reabilitação permite ter melhor em conta os usos e as expectativas locais, reforçando simultaneamente a apropriação do património pela comunidade".

Por fim, a preservação do património arquitetónico e urbano deve fazer parte de uma visão de longo prazo do desenvolvimento urbano. Segundo Veschambre, Vincent (2008, p. 73), "a preservação do património não deve ser vista como um fim em si mesma, mas como uma alavanca para a construção de cidades mais sustentáveis e inclusivas, combinando o respeito pelo património com a inovação".

Em conclusão, a preservação e a reabilitação do património arquitetónico e urbano é um desafio multidimensional, que exige uma abordagem integrada que combine conhecimentos técnicos, sensibilidade cultural, participação dos cidadãos e visão estratégica. Quando bem gerida, esta abordagem pode dar um contributo significativo para a atratividade das cidades, a qualidade de vida dos seus residentes e a construção de uma identidade urbana forte e partilhada.

4.4.2 Promover as tradições culturais e as competências artesanais locais

A promoção das tradições culturais e das competências artesanais locais faz parte de uma abordagem de preservação e valorização do património imaterial, essencial para a identidade e o dinamismo das zonas urbanas. Esta abordagem tem por objetivo manter vivas as práticas culturais herdadas do passado, adaptando-as simultaneamente às realidades contemporâneas.

De acordo com Chevallier, Denis (2012, p. 45), "as tradições culturais e as competências artesanais constituem um capital cultural e social inestimável, uma fonte de significado e identidade para as comunidades locais". Esta perspetiva sublinha a importância destas práticas não só como património histórico, mas também como vetor de coesão social e de ancoragem territorial.

A transmissão das competências tradicionais é um desafio importante face à modernização e à industrialização. Como observa Choay, Françoise (2015, p. 112), "a preservação das técnicas artesanais tradicionais não deve ser vista como uma resistência ao progresso, mas como um complemento enriquecedor dos métodos de produção contemporâneos". Esta abordagem implica a criação de esquemas de formação e aprendizagem adequados, permitindo que as competências sejam transmitidas de uma geração para a seguinte.

A integração das tradições culturais locais no desenvolvimento urbano pode contribuir significativamente para a atratividade dos territórios. Gravari-Barbas, Maria e Violier, Philippe (2017, p. 78) salientam que "a valorização das especificidades culturais locais ajuda a diferenciar as cidades num contexto de concorrência territorial acrescida, reforçando simultaneamente o sentimento de pertença dos habitantes".

O desenvolvimento do turismo cultural oferece oportunidades para a promoção das tradições e do artesanato locais. No entanto, como adverte Poulot, Dominique (2014, p. 203), "é crucial encontrar um equilíbrio entre a valorização do turismo e a preservação da autenticidade das práticas culturais, a fim de evitar a sua folclorização ou mercantilização excessiva".

A inovação também desempenha um papel importante na revitalização das competências tradicionais. Segundo Fraysse, Patrick (2016, p. 89), "a combinação de técnicas artesanais com novas tecnologias pode abrir novas perspectivas criativas, renovando o interesse por estas práticas entre as gerações mais jovens".

A dimensão económica não deve ser negligenciada na promoção das tradições culturais e do artesanato. Como afirma Greffe, Xavier (2013, p. 156), "o desenvolvimento das indústrias artesanais e da economia criativa com base no saber-fazer local pode ser uma alavanca significativa para o desenvolvimento económico e a criação de empregos que não podem ser deslocalizados".

Por último, a promoção das tradições culturais locais inscreve-se numa reflexão mais ampla sobre a diversidade cultural nos meios urbanos. De acordo com Amselle, Jean-Loup (2011, p. 67), "a valorização das práticas culturais tradicionais deve ser acompanhada de uma abertura à interculturalidade e ao intercâmbio, a fim de evitar um recuo identitário e de favorecer o diálogo entre as diferentes comunidades urbanas".

Em conclusão, a promoção das tradições culturais e das competências artesanais locais é uma questão complexa, que combina preservação do património, desenvolvimento económico, coesão social e inovação. Esta abordagem requer uma abordagem integrada, envolvendo actores públicos, privados e comunitários, para garantir que estas práticas sejam sustentáveis e dinâmicas no contexto urbano atual. Desta forma, ajuda a moldar cidades mais autênticas, criativas e resilientes, enraizadas na sua história mas abertas ao futuro.

4.4.3 Desenvolvimento de equipamentos culturais locais (bibliotecas, centros culturais)

O desenvolvimento de equipamentos culturais locais, como bibliotecas e centros culturais, desempenha um papel crucial na democratização do acesso à cultura e no reforço do tecido social urbano. Estes equipamentos são âncoras essenciais para a vida cultural local e contribuem significativamente para melhorar a qualidade de vida nos bairros.

De acordo com Saez, Guy (2014, p. 78), "os equipamentos culturais locais representam espaços públicos essenciais, promovendo a mistura social e a troca de conhecimentos no seio das comunidades urbanas". Esta perspetiva sublinha a importância destes locais não só como vectores de difusão cultural, mas também como catalisadores da coesão social.

As bibliotecas, em particular, estão a passar por uma grande mudança no seu papel e funções. Como refere Bertrand, Anne-Marie (2011, p. 123), "as bibliotecas modernas estão a transformar-se em verdadeiros centros de vida social e cultural, ultrapassando a sua função tradicional de empréstimo de livros para se tornarem locais de aprendizagem, criação e encontro". Esta transformação implica a redefinição da configuração dos espaços e a diversificação da oferta de serviços.

A acessibilidade dos equipamentos culturais locais é uma questão importante para garantir a sua eficácia. De acordo com Fleury, Antoine (2017, p. 56), "a distribuição espacial equilibrada dos equipamentos culturais no tecido urbano é essencial para reduzir as desigualdades no acesso à cultura e incentivar a participação de todos os habitantes". Esta abordagem exige um planeamento urbano cuidadoso e uma coordenação entre as políticas culturais e de ordenamento do território.

O desenvolvimento de centros culturais polivalentes responde a uma procura crescente de locais acessíveis para a expressão e a criação artísticas. Como afirma Lextrait, Fabrice (2016, p. 201), "os novos espaços culturais devem ser concebidos como locais híbridos, capazes de acolher uma diversidade de práticas artísticas e encorajar a fertilização cruzada entre amadores e profissionais".

A integração das novas tecnologias nos equipamentos culturais locais está a abrir novas perspectivas. De acordo com Paquienséguy, Françoise (2018, p. 89), "a digitalização dos recursos e a oferta de serviços em linha permitem alargar consideravelmente o alcance dos equipamentos culturais, respondendo simultaneamente às novas formas de consumo cultural dos públicos".

A participação dos residentes locais na conceção e gestão dos equipamentos culturais locais é cada vez mais incentivada. Como salientam Bacqué, Marie-Hélène e Mechmache, Mohamed (2013, p. 45), "o envolvimento dos cidadãos na definição dos projectos culturais locais permite responder melhor às necessidades específicas das comunidades e reforçar a apropriação destes espaços pelos residentes".

Por fim, o desenvolvimento de equipamentos culturais locais faz parte de uma reflexão mais ampla sobre o lugar da cultura no desenvolvimento urbano sustentável. De acordo com Lefebvre, Alain (2012, p. 167), "as políticas culturais locais devem ser pensadas em relação aos desafios sociais, económicos e ambientais do território, a fim de contribuir plenamente para a qualidade da vida urbana".

Em conclusão, o desenvolvimento de equipamentos culturais locais representa um investimento essencial na vitalidade cultural e social das cidades. Quando concebidos para serem inclusivos e adaptados às necessidades locais, estes equipamentos podem desempenhar um papel importante na redução das desigualdades culturais, no reforço da coesão social e no estímulo da criatividade urbana. A sua implementação requer uma abordagem interdisciplinar, envolvendo uma estreita colaboração entre agentes culturais, urbanistas, representantes eleitos locais e cidadãos, para criar espaços culturais vibrantes, acessíveis e enraizados na realidade da sua área.

4.4.4 Apoio à criação artística contemporânea e à expressão cultural urbana

O apoio à criação artística contemporânea e à expressão cultural urbana é uma parte essencial do esforço de vitalidade cultural e de inovação nas zonas urbanas. Esta abordagem tem por objetivo incentivar a emergência de novas formas artísticas, promovendo simultaneamente as caraterísticas culturais específicas do contexto urbano.

De acordo com Heinich, Nathalie (2014, p. 78),

"a criação artística contemporânea desempenha um papel crucial na renovação das representações colectivas e na capacidade das sociedades de se pensarem a si próprias". Esta perspetiva sublinha a importância da arte contemporânea não só como expressão estética, mas também como veículo de reflexão social e política.

As expressões culturais urbanas, como a arte de rua e a música urbana, estão a desempenhar um papel cada vez mais importante na paisagem cultural das cidades. Como refere Vivant, Elsa (2009, p. 123), "estas formas artísticas emergentes estão a contribuir para a reapropriação do espaço público pelos cidadãos e para a redefinição das identidades urbanas". Esta dinâmica implica um maior reconhecimento institucional destas práticas, que durante muito tempo foram marginalizadas.

O apoio à criação artística contemporânea passa muitas vezes pela disponibilização de espaços de trabalho e de criação. De acordo com Grésillon, Boris (2016, p. 201), "os baldios artísticos e os terceiros lugares culturais desempenham um papel crucial no ecossistema criativo urbano, oferecendo espaços de experimentação e colaboração propícios à inovação artística". Estes espaços alternativos desempenham igualmente um papel na regeneração urbana dos bairros em mutação.

A integração da arte contemporânea no espaço público levanta questões importantes em termos de planeamento urbano. Como afirma Ruby, Christian (2012, p. 56), "a arte pública contemporânea não deve limitar-se a uma função decorativa, mas deve empenhar-se num diálogo com o ambiente urbano e os seus habitantes". Esta abordagem requer uma colaboração estreita entre artistas, urbanistas e decisores públicos.

O desenvolvimento de festivais urbanos e eventos culturais oferece oportunidades significativas para a promoção da criação contemporânea. De acordo com Gravari-Barbas, Maria e Veschambre, Vincent (2015, p. 89), "os eventos culturais temporários permitem experimentar novas formas de expressão artística e chegar a públicos diversificados, contribuindo ao mesmo tempo para a atratividade dos territórios".

O apoio à expressão cultural urbana implica também uma reflexão sobre as formas de financiamento do trabalho criativo e de valorização económica do mesmo. Como refere Greffe, Xavier (2010, p. 145), "o desenvolvimento da economia criativa urbana requer mecanismos de apoio adequados, combinando financiamento público, mecenato privado e novas formas de financiamento participativo".

A dimensão participativa está a desempenhar um papel crescente na criação artística contemporânea em ambientes urbanos. Segundo Zask, Joëlle (2013, p. 167), "o envolvimento das populações locais nos processos de criação artística não só democratiza o acesso à arte, como também gera obras enraizadas na realidade social e cultural dos territórios".

Por fim, o apoio à criação artística contemporânea e às expressões culturais urbanas insere-se numa reflexão mais ampla sobre a diversidade cultural e a interculturalidade no meio urbano. Como refere Amselle, Jean-Loup (2017, p. 92), "a promoção de formas artísticas híbridas e transculturais pode contribuir para a construção de identidades urbanas plurais e abertas ao mundo".

Em conclusão, o apoio à criação artística contemporânea e à expressão cultural urbana representa um desafio importante para a vitalidade cultural e a inovação nas cidades contemporâneas. Para tal, é necessária uma abordagem multidimensional, que combine políticas culturais ambiciosas, um planeamento urbano sensível à criação artística e o envolvimento dos cidadãos no processo criativo. Ao encorajar a emergência de novas formas de expressão e ao reforçar a diversidade cultural urbana, estas iniciativas ajudam a moldar cidades mais criativas, inclusivas e resilientes, capazes de responder aos desafios contemporâneos através da arte e da cultura.

4.4.5 Promover a identidade local em projectos de desenvolvimento urbano

A valorização da identidade local em projectos de desenvolvimento urbano tornou-se uma questão crucial para muitas cidades que procuram preservar o seu carácter único e, ao mesmo tempo, adaptar-se aos desafios contemporâneos. Esta abordagem faz parte de uma visão mais ampla do planeamento urbano que reconhece a importância do contexto cultural e histórico na conceção dos espaços urbanos. De acordo com Françoise Choay (2015, p. 78), "a identidade urbana não é simplesmente a conservação de edifícios históricos, mas engloba todas as práticas sociais, tradições e representações colectivas que dão sentido a um lugar". Esta perspetiva holística implica uma análise cuidadosa da forma como os projectos de desenvolvimento podem não só respeitar, mas também reforçar o tecido social e cultural existente.

A integração da identidade local no desenvolvimento urbano é conseguida através de uma variedade de estratégias. Uma delas é a incorporação de elementos ou materiais arquitectónicos tradicionais nos novos edifícios, criando um diálogo entre o passado e o presente. Philippe Panerai (2018, p. 132) salienta que "esta abordagem permite manter a continuidade visual e simbólica com a história do local, satisfazendo simultaneamente as necessidades funcionais contemporâneas". No entanto, adverte contra o uso superficial ou pastiche destes elementos, que podem distorcer o seu significado original.

Outro aspeto importante do reforço da identidade local é a preservação e reinterpretação dos espaços públicos tradicionais. As praças de mercado, os passeios históricos ou os locais de encontro da comunidade desempenham um papel crucial na vida social e na identidade colectiva das cidades. Jean-Pierre Charbonneau (2017, p. 215) afirma que "estes espaços são os verdadeiros guardiões da memória urbana e devem estar no centro dos projectos de reabilitação". A sua revitalização pode passar por uma modernização subtil das infra-estruturas, preservando a sua função social e simbólica original.

A participação dos cidadãos também desempenha um papel central no reforço da identidade local. Ao envolver os residentes no processo de conceção e de tomada de decisões, os urbanistas podem compreender e integrar melhor os valores e as aspirações da comunidade. Marie-Hélène Bacqué e Mario Gauthier (2016, p. 45) argumentam que "a co-construção de projectos urbanos não só garante a sua aceitabilidade social, como também enriquece o seu conteúdo com a contribuição do conhecimento local". Esta abordagem participativa pode assumir várias formas, desde consultas públicas a workshops de conceção colaborativa.

No entanto, a valorização da identidade local no planeamento urbano também levanta desafios. Um deles é o risco de "museificação" de certos bairros, o que pode levar à sua gentrificação e à exclusão das populações locais. Vincent Veschambre (2019, p. 167) adverte contra "uma proteção excessiva do património que congela a cidade numa imagem idealizada do seu passado, em detrimento da sua vitalidade social e económica". É, portanto, crucial encontrar um equilíbrio entre preservação e evolução, assegurando que os projectos de desenvolvimento servem as necessidades reais dos residentes de hoje, respeitando o legado histórico.

Em conclusão, a valorização da identidade local em projectos de desenvolvimento urbano representa um desafio complexo mas essencial para a criação de cidades habitáveis, sustentáveis e culturalmente ricas. Requer uma abordagem multidisciplinar, combinando conhecimentos de planeamento urbano, sensibilidade histórica e envolvimento da comunidade. Como resume Michel Lussault (2020, p. 298), "o desafio é construir cidades que não sejam simples agregados funcionais, mas lugares significativos onde cada habitante se possa reconhecer e florescer". Esta visão holística do desenvolvimento urbano abre caminho a cidades mais resilientes, inclusivas e autênticas.

Conclusão:

A resiliência social e a luta contra as desigualdades urbanas são pilares essenciais do desenvolvimento urbano sustentável, abrangendo as muitas dimensões interligadas da vida na cidade. A coesão social nas zonas urbanas só pode ser alcançada através de uma abordagem integrada, que combine políticas de habitação, educação, saúde e participação cívica.

A melhoria do acesso aos serviços de base e a redução da pobreza urbana são as pedras angulares desta abordagem. A luta contra as desigualdades urbanas passa necessariamente pelo reforço das infra-estruturas sociais e por uma política pró-ativa de inclusão. Esta abordagem implica um investimento significativo em habitação social, instalações de saúde e educação, bem como em programas de apoio às populações vulneráveis.

A promoção da coesão social e da participação dos cidadãos está a emergir como uma poderosa alavanca para a transformação urbana. O envolvimento dos cidadãos na governação local não se limita a uma dimensão consultiva, mas deve estender-se a uma verdadeira co-construção das políticas urbanas. Esta dinâmica participativa ajuda a reforçar o sentimento de pertença e a legitimar as decisões públicas.

A segurança urbana e a prevenção da violência fazem parte de uma abordagem global da qualidade de vida nas cidades. As estratégias de prevenção situacional e social, combinadas com o reforço do policiamento de proximidade, contribuem para criar um ambiente urbano mais seguro e inclusivo. A gestão dos conflitos sobre a utilização do espaço público e a mediação urbana também desempenham um papel crucial na manutenção da harmonia social.

Por último, a promoção do património cultural e da identidade local é um elemento essencial da resiliência social urbana. A preservação do património arquitetónico, a promoção das tradições culturais e o apoio à criação artística contemporânea não só contribuem para a atratividade das cidades, como também ajudam a reforçar os laços sociais e a afirmar identidades urbanas plurais.

Em conclusão, a construção de cidades resilientes

e equitativas exige uma abordagem holística, integrando políticas sociais ambiciosas, uma governação inclusiva e a valorização dos recursos culturais locais. Para tal, é necessária uma estreita colaboração entre os actores públicos e privados e a sociedade civil, bem como uma visão a longo prazo do desenvolvimento urbano. Ao responder a estes desafios, as cidades podem tornar-se lugares mais justos, mais dinâmicos e mais sustentáveis para viver, capazes de se adaptar às mudanças sociais, económicas e ambientais do século XXI.

Capítulo 5: Resiliência ambiental e adaptação às alterações climáticas

A resiliência ambiental e a adaptação às alterações climáticas tornaram-se questões cruciais para as cidades no século XXI. Confrontadas com a aceleração do aquecimento global e a degradação dos ecossistemas, as zonas urbanas, que concentram uma proporção crescente da população mundial, são particularmente vulneráveis aos impactos ambientais. Esta vulnerabilidade é agravada pela densidade populacional, pela concentração das actividades económicas e pela complexidade das infra-estruturas urbanas. Perante este cenário, é imperativo repensar os nossos modelos de desenvolvimento urbano para os tornar mais sustentáveis e resilientes.

A gestão sustentável dos recursos naturais e a proteção dos ecossistemas constituem a base desta transição ecológica urbana. Tal implica a preservação e recuperação de espaços verdes, a gestão integrada dos recursos hídricos, a melhoria da qualidade do ar, a promoção de uma gestão eficiente dos resíduos e a proteção da biodiversidade urbana e periurbana. Estas acções visam manter o equilíbrio ecológico das cidades, melhorando simultaneamente a qualidade de vida dos residentes.

A eficiência energética e o desenvolvimento de energias renováveis estão também no centro das estratégias de adaptação urbana. A redução do consumo de energia dos edifícios, a implantação de sistemas locais de produção de energias renováveis, a introdução de transportes urbanos sustentáveis e o apoio às eco-indústrias contribuem para descarbonizar a economia urbana. Estas iniciativas são acompanhadas de campanhas de sensibilização e de educação ambiental para incentivar os cidadãos a adoptarem um comportamento eco-responsável.

O planeamento urbano e o desenvolvimento regional resilientes desempenham um papel crucial para ajudar as cidades a adaptarem-se às alterações climáticas. A incorporação das questões climáticas nos documentos de planeamento urbano, o desenvolvimento de bairros ecológicos, a adaptação das infra-estruturas urbanas e a gestão das ilhas de calor urbanas são formas de criar cidades mais resistentes aos riscos climáticos. A promoção de uma agricultura urbana e periurbana sustentável também ajuda a reforçar a segurança alimentar e a resiliência dos sistemas urbanos.

Por último, a redução do risco de catástrofes naturais e a criação de sistemas de alerta eficazes são essenciais para proteger as populações urbanas de fenómenos meteorológicos extremos. Tal implica um levantamento exato das zonas de risco, o reforço das infra-estruturas críticas, o desenvolvimento de sistemas de alerta precoce e o reforço das capacidades locais de gestão de crises. A cooperação regional e internacional desempenha um papel importante na partilha de conhecimentos e recursos para melhorar a resiliência climática das cidades.

Esta abordagem holística da resiliência ambiental urbana exige uma estreita coordenação entre os vários intervenientes urbanos, um planeamento a longo prazo e investimentos substanciais. Representa um grande desafio para as cidades do século XXI, mas também uma oportunidade para repensar fundamentalmente os nossos estilos de vida urbanos, a fim de os tornar mais sustentáveis, inclusivos e resilientes face aos futuros desafios ambientais.

5.1 Gestão sustentável dos recursos naturais e proteção dos ecossistemas

5.1.1 Preservação e recuperação de espaços verdes urbanos

A preservação e recuperação dos espaços verdes urbanos é um pilar fundamental da resiliência ambiental das cidades actuais. Estes espaços desempenham um papel crucial na melhoria da qualidade de vida urbana, na regulação do microclima local e na preservação da biodiversidade. De acordo com um estudo de Catherine Larrère e Raphaël Larrère (2015, p. 78), os espaços verdes urbanos contribuem significativamente para a redução das ilhas de calor urbanas, para a melhoria da qualidade do ar e para a gestão das águas pluviais, oferecendo simultaneamente locais de relaxamento e recreio essenciais para o bem-estar dos habitantes das cidades.

A preservação dos espaços verdes existentes exige uma abordagem multidimensional, integrando aspectos jurídicos, urbanísticos e ecológicos. Philippe Clergeau (2020, p. 145) sublinha a importância de salvaguardar estes espaços nos documentos de planeamento urbano, ao mesmo tempo que se implementam medidas de gestão ecológica para manter a sua biodiversidade e funções ecossistémicas. Esta preservação passa também pela luta contra a artificialização do território e pela limitação da expansão urbana, como recomendam Nathalie Blanc e Cyria Emelianoff (2019, p. 203) nos seus trabalhos sobre o planeamento urbano sustentável.

A recuperação de espaços verdes degradados ou a criação de novos espaços verdes no tecido urbano denso representa um grande desafio para muitas cidades. Emmanuelle Baudry e Audrey Muratet (2018, p. 56) destacam a importância de recriar continuidades ecológicas dentro das cidades, através da criação de corredores verdes e azuis. Estes corredores ecológicos ligam entre si os diferentes espaços verdes, favorecendo a circulação das espécies e mantendo a biodiversidade urbana.

O envolvimento dos cidadãos na gestão e manutenção dos espaços verdes urbanos é também um aspeto crucial da sua preservação e recuperação. O trabalho de Sandrine Manusset (2017, p. 112) mostra que as iniciativas participativas de jardinagem urbana ou a criação de hortas partilhadas reforçam os laços sociais e a apropriação dos espaços verdes pelos residentes, contribuindo ao mesmo tempo para a sensibilização ambiental.

A valorização dos serviços ecossistémicos prestados pelos espaços verdes urbanos é um argumento poderoso para justificar o investimento na sua preservação e recuperação. Luc Abbadie e Yves Lestienne (2021, p. 89) quantificaram estes serviços em termos económicos, demonstrando que os benefícios em termos de saúde pública, regulação climática e qualidade de vida ultrapassam largamente os custos de manutenção e gestão destes espaços.

Por último, a inovação das técnicas de ecologização urbana abre novas perspectivas para a recuperação e a criação de espaços verdes nas cidades. A investigação de Frédéric Madre e Philippe Clergeau (2016, p. 234) sobre as coberturas e fachadas verdes mostra o potencial destas soluções para aumentar a área plantada em meios urbanos densos, ao mesmo tempo que proporcionam benefícios em termos de isolamento térmico e de gestão das águas pluviais.

Em conclusão, a preservação e a recuperação dos espaços verdes urbanos requerem uma abordagem integrada, que combine planeamento urbano, gestão ecológica, participação dos cidadãos e inovação tecnológica. Estes esforços são essenciais se quisermos construir cidades mais resilientes face aos desafios ambientais e climáticos do século XXI.

5.1.2 Gestão integrada dos recursos hídricos e combate ao stress hídrico

A gestão integrada dos recursos hídricos e a luta contra o stress hídrico tornaram-se desafios importantes para as cidades no século XXI, dado que estas enfrentam uma pressão crescente sobre os seus recursos hídricos. Esta questão complexa exige uma abordagem holística que tenha em conta os aspectos ambientais, sociais, económicos e técnicos da gestão da água urbana.

Bernard Barraqué e Pierre-Alain Roche (2020, p. 67) sublinham a importância da gestão integrada dos recursos hídricos à escala das bacias hidrográficas, ultrapassando as fronteiras administrativas tradicionais. Esta abordagem permite ter melhor em conta as interações entre as diferentes utilizações da água (domésticas, industriais, agrícolas) e os ecossistemas aquáticos. Os autores sublinham a necessidade de reforçar a governação dos recursos hídricos através de estruturas de consulta de múltiplos intervenientes, como os comités de bacias hidrográficas em França.

A luta contra o stress hídrico nas zonas urbanas implica a diversificação das fontes de abastecimento de água. Ghislain de Marsily (2018, p. 123) salienta a importância de desenvolver soluções alternativas, como a reutilização de águas residuais tratadas ou a recolha de águas pluviais. Estas práticas reduzem a pressão sobre os recursos hídricos convencionais e aumentam a resiliência dos sistemas de abastecimento urbano aos riscos climáticos.

A melhoria da eficiência das redes de distribuição de água potável é também uma alavanca importante na luta contra o stress hídrico. Jean-Claude Deutsch e

Isabelle Gautheron (2019, p. 201) sublinham a importância de reduzir as fugas nas redes, que podem representar até 20% dos volumes distribuídos em algumas cidades francesas. Os autores recomendam a utilização de tecnologias inteligentes para detetar e reparar rapidamente as fugas, bem como a introdução de programas de renovação das infraestruturas envelhecidas.

A gestão da procura de água é outro aspeto crucial da luta contra o stress hídrico. O trabalho de Marielle Montginoul (2017, p. 89) destaca a eficácia dos incentivos tarifários e das campanhas de sensibilização na redução do consumo doméstico de água. A autora sublinha igualmente a importância de adaptar estas medidas aos contextos socioeconómicos locais para garantir a sua aceitabilidade social.

A preservação e a recuperação dos ecossistemas aquáticos urbanos e periurbanos desempenham um papel essencial na gestão integrada dos recursos hídricos. Jean-Louis Rivière e Cécile Clavel (2021, p. 156) demonstram que as zonas húmidas urbanas, os cursos de água e os espaços verdes contribuem para a purificação natural da água, a recarga das águas subterrâneas e a regulação das inundações. Os autores apelam a uma melhor integração destas zonas no planeamento urbano e na gestão das águas pluviais.

A adaptação às alterações climáticas constitui um desafio importante para a gestão dos recursos hídricos urbanos. Emma Haziza e Jean Jouzel (2020, p. 234) sublinham a necessidade de antecipar os impactos das alterações climáticas no ciclo da água a nível local. Recomendam o desenvolvimento de modelos hidrológicos que tenham em conta os cenários climáticos, a fim de adaptar as estratégias de gestão da água a longo prazo.

Por último, a inovação tecnológica oferece novas perspetivas para uma gestão mais eficiente dos recursos hídricos. Bruno Tassin e Jean-Marie Mouchel (2018, p. 178) destacam o potencial das tecnologias da informação e da comunicação para otimizar a gestão das redes de água, melhorar a previsão dos consumos e facilitar a participação dos cidadãos na gestão da água.

Em conclusão, a gestão integrada dos recursos hídricos e a luta contra o stress hídrico nas zonas urbanas exigem uma abordagem multidimensional, que combine soluções técnicas, organizacionais e comportamentais. Esta abordagem deve fazer parte de uma visão a longo prazo, tendo em conta os desafios das alterações climáticas e a preservação dos ecossistemas aquáticos.

5.1.3 Melhorar a qualidade do ar e reduzir a poluição atmosférica

A melhoria da qualidade do ar e a redução da poluição atmosférica são desafios importantes para a saúde pública e o ambiente nas zonas urbanas. Esta questão complexa exige uma abordagem multidisciplinar e uma ação concertada a diferentes níveis.

Isabella Annesi-Maesano e Rémy Slama (2019, p. 45) sublinham o impacto considerável da poluição atmosférica na saúde das populações urbanas. Os seus trabalhos evidenciam as relações entre a exposição crónica a partículas finas e o aumento das doenças respiratórias e cardiovasculares e de certos cancros. Os autores sublinham a necessidade de adotar políticas ambiciosas de redução das emissões para proteger a saúde pública.

A redução das emissões do tráfego rodoviário é uma alavanca importante para melhorar a qualidade do ar urbano. Mathieu Saujot e Laura Brimont (2021, p. 112) analisam a eficácia das zonas de baixas emissões (ZFE) introduzidas em várias cidades francesas. O seu estudo mostra que estes regimes, associados a medidas de apoio à transição para veículos menos poluentes, podem reduzir significativamente as concentrações de dióxido de azoto e de partículas finas no ar urbano.

O planeamento urbano também desempenha um papel crucial na melhoria da qualidade do ar. De acordo com Sébastien Bourdin e André Torre (2020, p. 78), a conceção de cidades compactas que incentivem a mobilidade suave e os transportes públicos pode reduzir as emissões relacionadas com as deslocações. Os autores sublinham a importância de integrar as questões da qualidade do ar na fase de conceção dos projectos urbanos, nomeadamente através da criação de corredores de ventilação natural.

A melhoria da eficiência energética dos edifícios

é outra forma importante de reduzir a poluição atmosférica. Marie-Hélène Laurent e Bruno Peuportier (2018, p. 156) demonstram que a renovação térmica do parque imobiliário e o desenvolvimento de energias renováveis para o aquecimento urbano podem reduzir consideravelmente as emissões de poluentes atmosféricos ligadas aos sectores residencial e terciário.

A monitorização e a previsão da qualidade do ar são essenciais para informar e proteger as populações. Augustin Colette e Laurence Rouïl (2017, p. 203) apresentam os recentes avanços nos modelos de previsão da qualidade do ar, integrando dados de satélite e sensores urbanos conectados. Estas ferramentas permitem antecipar os picos de poluição e aplicar medidas preventivas adequadas.

A ecologia urbana é cada vez mais reconhecida como uma solução complementar para melhorar a qualidade do ar. Philippe Clergeau e Nathalie Blanc (2022, p. 89) destacam o papel das árvores e dos espaços verdes urbanos na filtragem dos poluentes atmosféricos e na regulação do microclima urbano. No entanto, os autores sublinham a necessidade de escolher espécies vegetais adequadas para maximizar os benefícios para a qualidade do ar, limitando simultaneamente as emissões de compostos orgânicos voláteis biogénicos.

A participação dos cidadãos na luta contra a poluição atmosférica é também um aspeto importante. Isabelle Roussel e Lionel Charles (2020, p. 234) analisam o impacto das iniciativas de ciência participativa na sensibilização e no envolvimento do público na melhoria da qualidade do ar. Os seus trabalhos mostram que estas iniciativas contribuem para uma melhor compreensão das questões e incentivam as pessoas a adotar comportamentos mais virtuosos.

Por último, a cooperação internacional é crucial para enfrentar eficazmente a poluição atmosférica, que não conhece fronteiras. Michel Ramonet e Philippe Ciais (2021, p. 167) sublinham a importância dos acordos internacionais e dos intercâmbios científicos para harmonizar as normas de qualidade do ar e partilhar as melhores práticas entre as cidades de todo o mundo.

Em conclusão, a melhoria da qualidade do ar e a redução da poluição atmosférica nas zonas urbanas exigem uma abordagem integrada, que combine medidas regulamentares, inovações tecnológicas, acções de planeamento urbano e participação dos cidadãos. Estes esforços devem fazer parte de uma estratégia a longo prazo, tendo em conta as interações complexas entre a qualidade do ar, o clima e a saúde pública.

5.1.4 Gestão sustentável dos resíduos e promoção da economia circular

A gestão sustentável dos resíduos e a promoção da economia circular tornaram-se questões cruciais para as cidades do século XXI, confrontadas com o aumento da produção de resíduos e a necessidade de preservar os recursos naturais. Esta questão exige uma abordagem sistémica, integrando aspectos técnicos, económicos, sociais e ambientais.

Dominique Bourg e Nicholas Buclet (2019, p. 56) sublinham a importância de repensar fundamentalmente a nossa relação com os resíduos numa perspetiva de economia circular. Segundo estes autores, é essencial passar de uma lógica linear de "extrair-produzir-consumir-deitar fora" para um modelo circular em que os resíduos são considerados como um recurso. Esta transição implica uma reformulação dos sistemas de produção e de consumo, bem como uma alteração dos comportamentos individuais e colectivos.

A prevenção e a redução dos resíduos na fonte são o primeiro pilar da gestão sustentável. Jean-Michel Balet (2020, p. 123) analisa a eficácia das políticas de prevenção de resíduos aplicadas em várias cidades francesas. O seu estudo mostra que medidas como a promoção da compostagem doméstica, a luta contra o desperdício alimentar e o incentivo à reparação podem reduzir significativamente o volume de resíduos produzidos. O autor sublinha igualmente a importância da sensibilização e da educação para incentivar a adoção de comportamentos eco-responsáveis.

A otimização da recolha e triagem de resíduos é outro aspeto crucial da gestão sustentável. Hélène Beraud e Bruno Durand (2018, p. 89) destacam o valor das novas tecnologias para melhorar a eficiência dos sistemas de recolha. Em particular, o seu estudo analisa a contribuição dos sensores inteligentes e da Internet das Coisas para otimizar as rondas de recolha e melhorar as taxas de triagem. No entanto, os autores sublinham a necessidade de adaptar estas soluções aos contextos locais e de ter em conta as questões de proteção dos dados pessoais.

O desenvolvimento da reciclagem e recuperação de resíduos está no centro da economia circular. Rémi Beulque e Franck Aggeri (2021, p. 178) exploram as oportunidades e os desafios envolvidos na criação de canais de reciclagem inovadores em ambientes urbanos. A sua investigação destaca a importância de desenvolver tecnologias avançadas de triagem, melhorar a qualidade dos materiais reciclados e criar mercados para estes materiais secundários. Os autores sublinham a necessidade de uma estreita colaboração entre as autoridades locais, os fabricantes e os actores da economia social para desenvolver estes canais.

A integração da economia circular no planeamento urbano é um grande desafio para as cidades. Sabine Barles e Josefine Fokdal (2020, p. 234) analisam o conceito de "metabolismo urbano" e a sua aplicação à gestão dos fluxos de materiais e de energia à escala da cidade. O seu estudo mostra como uma abordagem sistémica pode identificar sinergias entre diferentes sectores urbanos e criar ciclos fechados de recursos, reduzindo assim a produção de resíduos e o consumo de recursos virgens.

A recuperação de energia a partir de resíduos não recicláveis é uma componente importante da gestão sustentável. Rémi Guillet e Isabelle Hebe (2017, p. 145) avaliam o desempenho ambiental e económico das modernas centrais de valorização energética de resíduos. O seu estudo mostra que estas instalações, quando concebidas e exploradas utilizando as melhores tecnologias disponíveis, podem dar um contributo significativo para a produção de energia renovável, reduzindo simultaneamente as emissões de gases com efeito de estufa associadas à deposição de resíduos em aterro.

A inovação social e a economia colaborativa oferecem novas perspectivas para a gestão sustentável dos resíduos. Valérie Guillard e Dominique Roux (2022, p. 67) exploram o potencial das iniciativas dos cidadãos, como os centros de reciclagem, os cafés de reparação e os sistemas de troca local, para prolongar a vida dos objectos e reduzir a produção de resíduos. A sua investigação salienta a importância destas iniciativas na criação de laços sociais e na sensibilização para os desafios da economia circular.

Por último, a governação e o financiamento da gestão de resíduos são aspetos cruciais para garantir a sustentabilidade dos sistemas. Mathieu Glachant e Nicolas Buclet (2019, p. 201) analisam os vários modelos de preços baseados em incentivos implementados em cidades francesas. O seu estudo mostra que estes sistemas, quando devidamente concebidos e apoiados, podem reduzir significativamente a produção de resíduos e melhorar o desempenho da triagem, assegurando simultaneamente uma distribuição equitativa dos custos pelos utilizadores.

Em conclusão, a gestão sustentável dos resíduos e a promoção da economia circular em ambientes urbanos exigem uma abordagem integrada, combinando inovações tecnológicas, mudanças de comportamento, planeamento urbano adequado e governação participativa. Estes esforços devem fazer parte de uma visão a longo prazo destinada a transformar as cidades em ecossistemas urbanos sustentáveis e resilientes.

5.1.5 Proteção da biodiversidade urbana e periurbana

A proteção da biodiversidade urbana e periurbana tornou-se um grande desafio para as cidades do século XXI, confrontadas com a erosão acelerada da vida e a necessidade de repensar a sua relação com a natureza. Esta questão complexa exige uma abordagem interdisciplinar, integrando aspectos ecológicos, urbanísticos, sociais e políticos.

Philippe Clergeau e Nathalie Machon (2020, p. 45) sublinham a importância da biodiversidade urbana para o funcionamento dos ecossistemas e o bem-estar dos habitantes das cidades. O seu trabalho destaca o papel dos espaços verdes urbanos, dos terrenos baldios e dos micro-habitats na manutenção de uma diversidade de flora e fauna na cidade. Os autores sublinham a necessidade de considerar a cidade como um ecossistema de pleno direito, com a sua própria dinâmica e interações complexas entre espécies.

O planeamento ecológico urbano é uma alavanca essencial para proteger e restaurar a biodiversidade. De acordo com Luc Abbadie e Audrey Muratet (2019, p. 123), a integração de corredores verdes e azuis nos documentos de planeamento urbano permite preservar e reconectar habitats naturais no tecido urbano. O seu estudo mostra que a criação de corredores ecológicos e a preservação de reservatórios de biodiversidade ajudam a manter a conetividade entre as populações de espécies e a promover a sua resiliência face às pressões urbanas.

A gestão diferenciada dos espaços verdes urbanos desempenha um papel crucial na proteção da biodiversidade. Gilles Lecuir e Grégoire Loïs (2018, p. 89) analisam o impacto destas práticas na riqueza específica dos meios urbanos. Os seus trabalhos mostram que a redução da utilização de pesticidas, a diversificação dos estratos vegetais e a adaptação dos períodos de manutenção aos ciclos biológicos das espécies podem aumentar significativamente a biodiversidade nos parques e jardins urbanos.

A proteção das espécies ameaçadas em meio urbano exige uma ação orientada. Frédéric Jiguet e Romain Julliard (2021, p. 156) estudam as medidas de conservação adoptadas para preservar as populações urbanas de aves nidificantes. A sua investigação destaca a eficácia de medidas como a instalação de caixas de nidificação adequadas, a criação de zonas tranquilas durante a época de reprodução e a gestão ecológica das massas de água urbanas para favorecer a nidificação de espécies ameaçadas.

A luta contra as espécies exóticas invasoras constitui um desafio importante para a proteção da biodiversidade urbana. Emmanuelle Porcher e Anne-Caroline Prévot (2020, p. 234) analisam as estratégias de gestão destas espécies em meio urbano. O seu estudo sublinha a importância da deteção precoce e da intervenção rápida para limitar a sua propagação, alertando simultaneamente para os efeitos potencialmente negativos de certos métodos de controlo nos ecossistemas locais.

É essencial envolver os cidadãos na proteção da biodiversidade urbana. Vincent Pellissier e Cécile Clavel (2019, p. 178) exploram o potencial da ciência participativa para sensibilizar o público e recolher dados sobre a biodiversidade nas cidades. O seu trabalho mostra que estas iniciativas, como os programas de monitorização das aves de jardim ou dos polinizadores urbanos, contribuem tanto para a aquisição de conhecimentos científicos como para a apropriação das questões da biodiversidade pelos habitantes das cidades.

A ecologização inovadora dos edifícios oferece novas perspectivas para a biodiversidade urbana. Nathalie Blanc e Philippe Clergeau (2022, p. 67) estudam o impacto dos telhados e fachadas verdes na flora e fauna urbanas. A sua investigação salienta o potencial destes desenvolvimentos para criar novos habitats e favorecer a presença de espécies raras em meios urbanos densos, sublinhando simultaneamente a necessidade de uma conceção ecológica adaptada aos condicionalismos urbanos.

A proteção da biodiversidade periurbana é também crucial para manter as ligações entre os ecossistemas urbanos e rurais. Laurent Simon e Jean-Marc Berton (2017, p. 201) analisam os desafios da preservação das zonas agrícolas e naturais na periferia das cidades. O seu estudo sublinha a importância de limitar a expansão urbana, preservar as cinturas verdes e promover uma agricultura periurbana favorável à biodiversidade, a fim de manter os serviços ecossistémicos essenciais para as cidades.

Por último, a adaptação às alterações climáticas deve ser integrada nas estratégias de proteção da biodiversidade urbana. Sandra Lavorel e Thierry Tatoni (2021, p. 112) estudam os impactos potenciais das alterações climáticas nos ecossistemas urbanos e propõem medidas de adaptação. O seu trabalho salienta a necessidade de promover a diversidade genética e funcional das espécies urbanas, de criar refúgios climáticos e de antecipar as alterações na distribuição das espécies, a fim de manter a resiliência dos ecossistemas urbanos.

Em conclusão, a proteção da biodiversidade

urbana e periurbana exige uma abordagem integrada, que combine conservação, restauração ecológica, planeamento urbano e sensibilização do público. Estes esforços devem fazer parte de uma visão a longo prazo, com o objetivo de conciliar o desenvolvimento urbano com a preservação dos seres vivos e criar cidades mais resistentes e ecologicamente ligadas.

5.2 Eficiência energética, energias renováveis e economia verde

5.2.1 Promover a eficiência energética nos edifícios e nas infra-estruturas urbanas

A promoção da eficiência energética nos edifícios e nas infra-estruturas urbanas tornou-se uma questão crucial para as cidades do século XXI, que se vêem confrontadas com a necessidade de reduzir a sua pegada de carbono e otimizar o seu consumo de energia. Esta questão complexa exige uma abordagem multidimensional, integrando aspectos técnicos, económicos, sociais e regulamentares.

Bruno Peuportier e Christophe Ménézo (2019, p. 56) destacam a importância da eficiência energética no sector da construção, que representa uma proporção significativa do consumo total de energia nas cidades. O seu trabalho destaca o considerável potencial de poupança de energia associado à renovação térmica do parque imobiliário existente e à construção de edifícios de elevado desempenho. Os autores sublinham a necessidade de adotar uma abordagem global, tendo em conta todo o ciclo de vida dos edifícios, desde a conceção até à demolição.

A renovação energética do parque habitacional existente é um grande desafio para as cidades. Marie-Hélène Laurent e Dominique Osso (2020, p. 123) analisam os obstáculos e as alavancas para acelerar a renovação energética das habitações privadas. O seu estudo sublinha a importância dos incentivos financeiros, do apoio técnico aos proprietários e da estruturação de sectores profissionais competentes para ultrapassar os obstáculos à renovação. Os autores sublinham igualmente o papel fundamental das autarquias locais na coordenação dos actores envolvidos e na criação de sistemas de apoio adaptados aos contextos locais.

A inovação tecnológica desempenha um papel crucial na melhoria da eficiência energética dos edifícios. Etienne Wurtz e Laurent Mora (2018, p. 89) exploram o potencial dos materiais inovadores e dos sistemas inteligentes de gestão da energia para otimizar o desempenho energético dos edifícios. A sua investigação destaca a contribuição que o isolamento de alto desempenho, os vidros dinâmicos e os sistemas de ventilação com recuperação de calor podem dar para reduzir as necessidades energéticas dos edifícios. No entanto, os autores sublinham a necessidade de avaliar o impacto ambiental global destas tecnologias ao longo de todo o seu ciclo de vida.

A integração das energias renováveis nos edifícios urbanos é uma forma importante de melhorar a eficiência energética global das cidades. Françoise Blanc e Philippe Bosseboeuf (2021, p. 178) analisam as oportunidades e os desafios associados ao desenvolvimento de redes fotovoltaicas integradas em edifícios e de redes de aquecimento urbano alimentadas por energias renováveis. O seu estudo sublinha a importância do planeamento energético ao nível dos bairros ou das cidades para otimizar a produção e a distribuição das energias renováveis.

A conceção bioclimática dos edifícios oferece perspectivas interessantes de redução das necessidades energéticas. Alain Guyot e Samuel Courgey (2020, p. 234) exploram os princípios da arquitetura bioclimática e a sua aplicação no contexto urbano. O seu trabalho mostra como a otimização da orientação dos edifícios, a conceção da envolvente térmica e a utilização de proteção solar passiva podem reduzir significativamente as necessidades de aquecimento e arrefecimento, melhorando simultaneamente o conforto dos ocupantes.

A eficiência energética das infra-estruturas urbanas é também uma questão importante. Sabine Barles e Jean-Pierre Lévy (2017, p. 145) analisam o potencial de otimização do consumo de energia das redes urbanas (iluminação pública, distribuição de água, saneamento). O seu estudo sublinha a importância da modernização dos equipamentos, da otimização dos processos e da utilização de tecnologias inteligentes para reduzir o consumo de energia das infra-estruturas urbanas.

A sensibilização dos utilizadores e a prestação de apoio são essenciais para maximizar os benefícios dos investimentos em eficiência energética. Marie-Christine Zélem e Christophe Beslay (2019, p. 67) exploram as dimensões sociais e comportamentais do consumo de energia nos edifícios. A sua investigação destaca a importância da informação, formação e apoio aos ocupantes para otimizar a utilização do equipamento e adotar comportamentos energéticos virtuosos.

Os instrumentos regulamentares e económicos desempenham um papel crucial na promoção da eficiência energética. Bernard Laponche e Olivier Sidler (2022, p. 201) analisam o impacto da regulamentação térmica e dos incentivos financeiros na melhoria do desempenho energético do parque imobiliário. O seu estudo mostra que a combinação de normas ambiciosas e incentivos específicos pode acelerar significativamente a transição para edifícios mais eficientes do ponto de vista energético.

Por último, a abordagem do bairro ou do quarteirão urbano oferece novas perspectivas de otimização energética. Charlotte Tardieu e Morgane Colombert (2020, p. 112) estudam o conceito de "redes inteligentes" térmicas e eléctricas ao nível do bairro. Os seus trabalhos evidenciam o potencial destes sistemas para otimizar a gestão dos fluxos de energia, favorecer o autoconsumo coletivo e reduzir os picos de consumo à escala urbana.

Em conclusão, a promoção da eficiência energética em edifícios e infra-estruturas urbanas exige uma abordagem integrada, combinando inovação tecnológica, alterações regulamentares, incentivos económicos e apoio aos utilizadores. Estes esforços devem fazer parte de uma visão sistémica da cidade, tendo em conta as interações complexas entre edifícios, infra-estruturas e comportamento dos utilizadores, a fim de criar ambientes urbanos mais sustentáveis e resilientes.

5.2.2 Desenvolvimento de energias renováveis locais (solar, eólica)

O desenvolvimento das energias renováveis locais, nomeadamente a energia solar e eólica, tornou-se uma questão crucial para as cidades na sua transição para um modelo energético mais sustentável. Esta questão complexa exige uma abordagem multidimensional, integrando aspectos tecnológicos, urbanísticos, económicos e sociais.

Daniel Lincot e Anne-Sophie Claeys-Mekdade (2019, p. 45) destacam o potencial considerável da energia solar fotovoltaica em ambientes urbanos. O seu trabalho destaca os recentes avanços tecnológicos que melhoraram a eficiência e a integração arquitetónica dos painéis solares. Os autores sublinham a necessidade de um planeamento estratégico à escala da cidade para otimizar a utilização da energia solar, tendo em conta os constrangimentos associados ao sombreamento e à preservação do património edificado.

A integração da energia solar em edifícios existentes coloca desafios específicos. Marion Persem e Bruno Peuportier (2020, p. 123) analisam as questões técnicas e regulamentares da instalação de sistemas fotovoltaicos nas coberturas e fachadas de edifícios urbanos. O seu estudo salienta a importância de uma abordagem integrada, tendo em conta os aspectos estruturais, estéticos e de desempenho energético global do edifício. Os autores destacam também o potencial de tecnologias inovadoras, como as células fotovoltaicas transparentes e as telhas solares, para facilitar a integração arquitetónica.

O desenvolvimento da energia eólica urbana apresenta oportunidades e desafios específicos. Jérôme Defossez e Emmanuel Rey (2018, p. 89) exploram o potencial das turbinas eólicas de eixo vertical e das microturbinas eólicas para a produção de energia em ambientes urbanos densos. A sua investigação destaca as vantagens destas tecnologias em termos de compacidade e de adaptação aos regimes de vento turbulentos caraterísticos dos ambientes urbanos. No entanto, os autores salientam a necessidade de uma avaliação precisa das condições locais de vento e dos potenciais impactos nos vizinhos (ruído, vibrações) para garantir a viabilidade dos projectos.

O autoconsumo coletivo e as comunidades locais de energia abrem novas perspectivas para o desenvolvimento das energias renováveis ao nível dos bairros. Marie Dégremont e Cécile Blatrix (2021, p. 178) analisam os modelos emergentes de organização colectiva da produção e do consumo de energias renováveis nas cidades. O seu estudo sublinha o potencial destas iniciativas para otimizar a adequação entre a produção e o consumo locais, favorecendo simultaneamente a participação dos cidadãos na transição energética.

A integração das energias renováveis nas redes urbanas existentes coloca desafios técnicos e organizacionais. Nouredine Hadjsaïd e Jean-Claude Sabonnadière (2020, p. 234) exploram as questões envolvidas na gestão de redes inteligentes com uma elevada proporção de energias renováveis intermitentes. O seu trabalho destaca a importância das tecnologias de armazenamento, da gestão ativa da procura e dos sistemas avançados de previsão para garantir a estabilidade e a fiabilidade da rede.

O planeamento territorial da energia desempenha um papel crucial no desenvolvimento coerente das energias renováveis a nível local. Gilles Debizet e Stéphane La Branche (2019, p. 67) analisam ferramentas e métodos de planeamento energético urbano. A sua investigação salienta a importância de uma abordagem sistémica, integrando a análise das fontes de energia renováveis, a avaliação das necessidades energéticas e a consideração do planeamento urbano e das restrições ambientais, a fim de definir estratégias de desenvolvimento das energias renováveis adaptadas aos contextos locais.

Os aspectos económicos e financeiros são

cruciais para a viabilidade dos projectos de energias renováveis urbanas. Philippe Menanteau e Dominique Finon (2022, p. 201) estudam os modelos económicos e os mecanismos de apoio adaptados ao desenvolvimento das energias renováveis em meio urbano. A sua análise salienta a importância de regimes de apoio orientados que tenham em conta as caraterísticas específicas dos projectos urbanos (custos de integração mais elevados, restrições de espaço), incentivando simultaneamente a inovação e a otimização dos custos.

A aceitabilidade social de projectos de energias renováveis em ambientes urbanos é uma questão importante. Yves Marignac e Sophia Majnoni d'Intignano (2020, p. 112) exploram os factores que influenciam a perceção e o apoio dos residentes urbanos aos projectos locais de energias renováveis. O seu trabalho salienta a importância da consulta, da transparência e da participação dos residentes locais na conceção e governação dos projectos, a fim de promover a sua apropriação e o seu êxito a longo prazo.

Por último, a inovação tecnológica continua a abrir novas perspectivas para a integração das energias renováveis nos meios urbanos. Christophe Ballif e Nicolas Wyrsch (2021, p. 156) exploram os recentes avanços nas células solares de nova geração (perovskitas, células em tandem) e o seu potencial para melhorar a eficiência e reduzir os custos da produção solar urbana. A sua investigação salienta a importância de um apoio contínuo à I&D para acelerar a implantação destas tecnologias inovadoras.

Em conclusão, o desenvolvimento das energias renováveis locais, nomeadamente a solar e a eólica, exige uma abordagem integrada que combine inovação tecnológica, planeamento estratégico, adaptação dos quadros regulamentares e económicos e participação dos cidadãos. Estes esforços devem fazer parte de uma visão global da transição energética urbana, com o objetivo de criar cidades mais autónomas, resilientes e sustentáveis em termos energéticos.

5.2.3 Criação de sistemas de transportes urbanos sustentáveis e de mobilidade suave

A introdução de transportes urbanos sustentáveis e de sistemas de mobilidade suave tornou-se uma questão importante para as cidades do século XXI, que se vêem confrontadas com os desafios do congestionamento, da poluição atmosférica e da necessidade de reduzir as emissões de gases com efeito de estufa. Esta questão complexa exige uma abordagem holística, integrando o planeamento urbano e os aspectos tecnológicos, sociais e políticos.

Jean-Pierre Orfeuil e Caroline Gallez (2019, p. 56) sublinham a importância de um planeamento urbano que promova a mobilidade sustentável. O seu trabalho destaca a estreita ligação entre a forma urbana e as práticas de mobilidade, defendendo um planeamento urbano local que reduza as distâncias de deslocação e incentive os modos de transporte ativos. Os autores sublinham a necessidade de repensar o planeamento urbano, a fim de criar cidades mais compactas, de utilização mista e multipolares que sejam propícias à mobilidade sustentável.

O desenvolvimento dos transportes colectivos é um pilar essencial dos sistemas de transportes urbanos sustentáveis. Aurélien Delpirou e Mathieu Flonneau (2020, p. 123) analisam estratégias para reforçar e otimizar as redes de transportes públicos nas áreas metropolitanas. O seu estudo salienta a importância da intermodalidade, da integração tarifária e da melhoria da qualidade do serviço para tornar os transportes públicos mais atractivos do que o automóvel particular. Os autores salientam igualmente o potencial do Bus Rapid Transit (BRT) e dos eléctricos modernos para estruturar eficazmente a mobilidade urbana.

A promoção da mobilidade ativa, particularmente a bicicleta e as deslocações a pé, desempenha um papel crucial na transição para sistemas de transporte mais sustentáveis. Frédéric Héran e Emmanuel Ravalet (2018, p. 89) exploram as alavancas para o desenvolvimento do ciclismo nas cidades. A sua investigação destaca a importância de uma rede de ciclovias segura e contínua, instalações de estacionamento adequadas e serviços complementares (bicicletas de autosserviço, oficinas de reparação) para incentivar o uso diário da bicicleta. Os autores também enfatizam a necessidade de uma política abrangente para promover modos de transporte activos, incluindo medidas para moderar o tráfego automóvel e redesenhar os espaços públicos.

A eletrificação dos transportes urbanos oferece perspectivas interessantes de redução das emissões de poluentes e de gases com efeito de estufa. Dominique Finon e Patrice Geoffron (2021, p. 178) analisam as questões relacionadas com a implantação de veículos eléctricos e a eletrificação das frotas de transportes públicos. O seu estudo sublinha a importância de uma abordagem integrada, tendo em conta a energia, as infra-estruturas e os aspectos económicos, para assegurar a sustentabilidade desta transição. Os autores alertam também para os potenciais efeitos de ricochete e para a necessidade de descarbonizar a produção de eletricidade para maximizar os benefícios ambientais.

As novas tecnologias da informação e da comunicação (TIC) desempenham um papel cada vez mais importante na otimização dos sistemas de transportes urbanos. Gilles Pinson e Vincent Kaufmann (2020, p. 234) exploram o potencial da "mobilidade inteligente" para melhorar a eficiência e a flexibilidade das deslocações urbanas. O seu trabalho destaca o contributo das aplicações móveis, dos sistemas de informação em tempo real e das ferramentas de planeamento multimodal para facilitar as deslocações e incentivar a utilização de alternativas ao automóvel particular.

A gestão da procura de mobilidade é uma alavanca importante para reduzir a necessidade de viajar e otimizar a utilização das infra-estruturas existentes. Marie-Hélène Massot e Jimmy Armoogum (2019, p. 67) analisam estratégias de gestão da mobilidade, como o teletrabalho, os horários de trabalho flexíveis e os planos de deslocação das empresas. A sua investigação salienta a importância de uma abordagem coordenada entre as autoridades públicas, os empregadores e os cidadãos para provocar mudanças duradouras nos comportamentos de mobilidade.

A partilha e o agrupamento de veículos oferecem perspectivas interessantes para otimizar a utilização dos recursos e reduzir a utilização de automóveis nas cidades. Sylvie Fol e Caroline Gallez (2022, p. 201) estudam o desenvolvimento do car-sharing e do car-pooling urbano. A sua análise destaca o potencial destas práticas para reduzir a propriedade de automóveis domésticos e otimizar a ocupação dos veículos, salientando simultaneamente os desafios da integração destes serviços na oferta global de mobilidade urbana.

A governação da mobilidade urbana é uma questão crucial para garantir a coerência e a eficácia das políticas de transportes sustentáveis. Pierre-Henri Emangard e Bruno Faivre d'Arcier (2020, p. 112) exploram modelos inovadores de governação, como as autoridades organizadoras da mobilidade (AOM) à escala metropolitana. Os seus trabalhos sublinham a importância de uma maior coordenação entre os diferentes actores (colectividades locais, operadores de transportes, utentes) e de uma abordagem integrada dos transportes e do planeamento urbano.

Por último, a aceitabilidade social e a equidade

das políticas de mobilidade sustentável são aspetos essenciais a ter em conta. Christophe Jemelin e Vincent Kaufmann (2021, p. 156) analisam as questões sociais envolvidas na transição para sistemas de transporte mais sustentáveis. A sua investigação salienta a necessidade de políticas inclusivas, tendo em conta as necessidades específicas dos diferentes grupos sociais e territórios, para garantir um acesso equitativo à mobilidade, ao mesmo tempo que se prosseguem os objectivos de sustentabilidade.

Em conclusão, a introdução de sistemas de transportes urbanos sustentáveis e de mobilidade suave exige uma abordagem sistémica, combinando acções em matéria de oferta de transportes, planeamento urbano, tecnologias e comportamentos. Estes esforços devem fazer parte de uma visão a longo prazo do desenvolvimento urbano, com o objetivo de criar cidades mais habitáveis, acessíveis e respeitadoras do ambiente.

5.2.4 Apoio às iniciativas da economia verde e às eco-indústrias

O apoio às iniciativas da economia verde e às eco-indústrias tornou-se um dos principais objectivos das políticas de desenvolvimento urbano sustentável. Esta abordagem visa conciliar o crescimento económico, a inovação e a proteção do ambiente, criando simultaneamente empregos locais e melhorando a qualidade de vida urbana. A aplicação destas políticas levanta questões complexas, exigindo uma abordagem multidimensional.

Dominique Bourg e Christian Arnsperger (2019, p. 45) destacam a importância da economia circular como um pilar da economia verde urbana. O seu trabalho destaca o potencial de criação de valor e de redução do impacto ambiental através da criação de circuitos de reciclagem e de reutilização de recursos à escala local. Os autores salientam a necessidade de uma abordagem sistémica, integrando toda a cadeia de valor, desde a conceção do produto até ao fim de vida.

O desenvolvimento de eco-indústrias locais desempenha um papel crucial na transição ecológica das cidades. Patricia Crifo e Bénédicte Meurisse (2020, p. 123) analisam as estratégias de apoio às empresas inovadoras nos sectores do ambiente e da energia. O seu estudo sublinha a importância das políticas de inovação direcionadas, das incubadoras especializadas e dos clusters temáticos para incentivar o aparecimento e o crescimento de empresas verdes locais. Os autores sublinham igualmente o papel fundamental das parcerias público-privadas no desenvolvimento de soluções inovadoras para os desafios ambientais urbanos.

A economia colaborativa e as iniciativas dos cidadãos proporcionam um terreno fértil para o surgimento de iniciativas de economia verde à escala local. Valérie Guillard e Dominique Roux (2018, p. 89) exploram o potencial das práticas de partilha, reparação e reutilização para reduzir o consumo de recursos e criar laços sociais nas zonas urbanas. A sua investigação destaca a importância do apoio das autoridades locais a estas iniciativas dos cidadãos, através da disponibilização de espaços, do apoio jurídico e da promoção de práticas colaborativas.

A transição energética oferece grandes oportunidades para o desenvolvimento de eco-indústrias locais. Philippe Quirion e Céline Guivarch (2021, p. 178) analisam o potencial de criação de emprego ligado ao desenvolvimento das energias renováveis e à renovação energética dos edifícios nas zonas urbanas. O seu estudo sublinha a importância de políticas de formação e reconversão adequadas para responder às necessidades de competências das indústrias verdes emergentes.

A agricultura urbana e periurbana é uma área promissora para a economia verde local. Christine Aubry e Jeanne Pourias (2020, p. 234) exploram modelos económicos inovadores ligados à produção urbana de alimentos, desde a agricultura em telhados até às quintas verticais. O seu trabalho destaca o potencial destas iniciativas para criar empregos locais, melhorar a segurança alimentar urbana e reduzir a pegada de carbono associada ao fornecimento de alimentos às cidades.

A gestão sustentável dos resíduos oferece perspectivas interessantes para o desenvolvimento de eco-indústrias locais. Jean-Marc Meunier e Sabine Barles (2019, p. 67) analisam os processos emergentes de valorização de resíduos urbanos, desde a compostagem à metanização e à reciclagem. A sua investigação destaca a importância de uma abordagem integrada da gestão de resíduos, combinando a redução na fonte, a reutilização e a recuperação, para maximizar os benefícios ambientais e económicos.

O desenvolvimento da eco-construção e de materiais de origem biológica é uma área promissora para as eco-indústrias urbanas. Bruno Peuportier e Nadia Hoyet (2022, p. 201) analisam as inovações nos materiais de construção ecológicos e nas técnicas de construção sustentável. A sua análise destaca o potencial destas abordagens inovadoras para criar empregos locais e reduzir a pegada de carbono do sector da construção.

A mobilidade sustentável também oferece oportunidades significativas para o desenvolvimento de eco-indústrias locais. Frédéric Héran e Francis Papon (2020, p. 112) exploram os sectores emergentes ligados aos veículos eléctricos, às bicicletas e aos novos serviços de mobilidade partilhada. O seu trabalho salienta a importância de um ecossistema local de inovação e produção para maximizar os benefícios económicos da transição para uma mobilidade mais sustentável.

Por último, o desenvolvimento de tecnologias verdes e de soluções digitais para cidades sustentáveis é um dos principais objectivos da economia verde urbana. Gilles Pinson e Antoine Picon (2021, p. 156) analisam o potencial das cidades inteligentes para otimizar a gestão dos recursos e reduzir o impacto ambiental das cidades. A sua investigação salienta a importância de uma abordagem ética e inclusiva do desenvolvimento tecnológico, tendo em conta as questões da proteção de dados e da acessibilidade para todos.

Em conclusão, o apoio às iniciativas da economia verde e às eco-indústrias requer uma abordagem integrada, combinando políticas de inovação, apoio ao empreendedorismo, formação profissional e envolvimento cívico. Estes esforços devem fazer parte de uma visão global do desenvolvimento urbano sustentável, com o objetivo de criar ecossistemas económicos locais que sejam resistentes, inovadores e respeitadores do ambiente. O êxito destas políticas depende de uma colaboração estreita entre as autoridades locais, o sector privado, a investigação e a sociedade civil para co-construir soluções adaptadas aos desafios específicos de cada zona urbana.

5.2.5 Sensibilizar e educar o público para o ambiente

A sensibilização e a educação dos cidadãos para o ambiente são cruciais para o êxito das políticas de desenvolvimento urbano sustentável. Estas iniciativas têm como objetivo informar, capacitar e envolver os residentes na transição ecológica da sua cidade. A implementação de estratégias eficazes neste domínio levanta questões complexas, exigindo uma abordagem multidimensional adaptada a diferentes públicos.

Lucie Sauvé e Isabel Orellana (2019, p. 45) sublinham a importância de uma abordagem holística da educação ambiental no ambiente urbano. O seu trabalho destaca a necessidade de ir além da simples transmissão de informações para desenvolver uma verdadeira "ecocidadania" ativa. Os autores salientam a importância da aprendizagem experimental e de as abordagens educativas estarem enraizadas no contexto local, a fim de incentivar os habitantes das cidades a apropriarem-se verdadeiramente das questões ambientais.

A comunicação ambiental desempenha um papel fundamental na sensibilização do público. Thierry Libaert e Jean-Marie Pierlot (2020, p. 123) analisam estratégias de comunicação eficazes para promover comportamentos eco-responsáveis nas cidades. O seu estudo salienta a importância de uma comunicação positiva, centrada nos benefícios individuais e colectivos das acções a favor do ambiente, em vez de uma retórica de culpabilização. Os autores salientam também o potencial das novas tecnologias e das redes sociais para chegar a um público alargado e incentivar o envolvimento cívico.

A participação dos cidadãos em projectos concretos de desenvolvimento sustentável é uma forma poderosa de os sensibilizar e educar. Hélène Subrémon e Gaëtan Brisepierre (2018, p. 89) exploram o potencial das abordagens participativas no domínio do ambiente urbano. A sua investigação destaca a importância de aprender fazendo e o sentimento de capacitação gerado por estas iniciativas na promoção de mudanças duradouras no comportamento.

A educação ambiental nas escolas desempenha um papel fundamental na formação de futuros cidadãos eco-responsáveis. Jean-Marc Lange e Yves Girault (2021, p. 178) analisam abordagens pedagógicas inovadoras para integrar as questões do desenvolvimento sustentável nos programas escolares. O seu estudo sublinha a importância de uma abordagem interdisciplinar, ligando as questões ambientais a outras matérias, e de uma abordagem pedagógica ativa que incentive o pensamento crítico e a participação dos alunos.

As iniciativas de ciência participativa oferecem oportunidades interessantes para sensibilizar os cidadãos para as questões ambientais urbanas. Françoise Gourmelon e Matthieu Noucher (2020, p. 234) exploram o potencial dos projectos de recolha de dados ambientais pelos cidadãos para desenvolver uma consciência ecológica ativa. O seu trabalho salienta a importância destas abordagens na criação de uma ligação direta entre os residentes e o seu ambiente, contribuindo simultaneamente para a produção de conhecimentos científicos úteis para a gestão ambiental urbana.

A formação de adultos em questões ambientais é também crucial para apoiar a transição ecológica das cidades. Emmanuel Rivat e Cécile Renouard (2019, p. 67) analisam os regimes de formação contínua e de reconversão profissional nas profissões ligadas ao ambiente e ao desenvolvimento sustentável. A sua investigação destaca a importância de uma oferta de formação diversificada e acessível para permitir que os cidadãos se adaptem às mudanças no mercado de trabalho ligadas à transição ecológica.

As ferramentas digitais oferecem novas oportunidades para a educação e a sensibilização ambientais. Éric Avenel e Olivier Petit (2022, p. 201) estudam o potencial das aplicações móveis, dos jogos sérios e das plataformas em linha para promover comportamentos eco-responsáveis em ambientes urbanos. A sua análise destaca o valor destas ferramentas na personalização das mensagens, no incentivo ao empenhamento a longo prazo e na criação de comunidades de eco-cidadãos activos.

A arte e a cultura são poderosos vectores de sensibilização para as questões ambientais. Nathalie Blanc e Julie Celnik (2020, p. 112) exploram o papel das intervenções artísticas e dos eventos culturais na sensibilização ecológica em ambientes urbanos. O seu trabalho realça a importância destas abordagens sensíveis para atingir um vasto público e incentivar a reflexão crítica sobre a nossa relação com o ambiente.

Por último, é essencial avaliar e monitorizar o impacto das iniciativas de educação e sensibilização ambiental, a fim de melhorar a sua eficácia. Cécile

Blatrix e Jacques Méry (2021, p. 156) analisam as metodologias utilizadas para avaliar os programas de educação ambiental nas zonas urbanas. Os seus estudos sublinham a importância de uma abordagem que combine indicadores quantitativos e qualitativos para medir não só as mudanças de conhecimento, mas também as mudanças efectivas de comportamento e o impacto na qualidade do ambiente urbano.

Em conclusão, a sensibilização e educação dos cidadãos urbanos para o ambiente exige uma abordagem abrangente, combinando informação, experimentação, participação e empenhamento concreto. Estes esforços devem fazer parte de uma estratégia a longo prazo, adaptada às circunstâncias locais e aos diferentes públicos, para criar uma verdadeira cultura de sustentabilidade urbana. O sucesso destas abordagens depende de uma estreita colaboração entre as autoridades locais, o mundo educativo, as associações, os meios de comunicação social e os próprios cidadãos, a fim de co-construir uma visão partilhada da cidade sustentável e dos meios para a alcançar.

5.3 Planeamento urbano e desenvolvimento regional resilientes

5.3.1 Integrar as questões climáticas nos documentos de planeamento urbano

A integração das questões climáticas nos documentos de planeamento urbano tornou-se um imperativo para as cidades face aos desafios colocados pelas alterações climáticas. O objetivo é antecipar e mitigar os impactos do aquecimento global, ao mesmo tempo que se adapta o tecido urbano às novas condições climáticas. A implementação desta integração levanta questões complexas, exigindo uma abordagem multidisciplinar e uma revisão aprofundada das práticas de planeamento urbano.

Vincent Béal e Max Rousseau (2019, p. 45) sublinham a importância de uma abordagem sistémica para integrar as questões climáticas nos documentos de planeamento urbano. O seu trabalho salienta a necessidade de ir além das abordagens setoriais e adotar uma visão global, tendo em conta as interações entre o clima, o planeamento urbano, a mobilidade, a energia e a biodiversidade. Os autores sublinham a importância da governação a vários níveis para garantir a coerência entre as diferentes escalas de planeamento, desde o bairro até à região urbana.

A tomada em consideração dos cenários climáticos no planeamento urbano é uma questão crucial. Valéry Masson e Aude Lemonsu (2020, p. 123) analisam as metodologias utilizadas para integrar as projecções climáticas regionalizadas nos documentos de planeamento urbano. O seu estudo salienta a importância de uma colaboração estreita entre climatologistas e urbanistas na tradução de dados científicos em orientações de planeamento concretas. Os autores sublinham igualmente a necessidade de adotar uma abordagem dinâmica, que permita que os documentos de planeamento sejam regularmente ajustados em função da evolução dos conhecimentos sobre o clima.

O combate às ilhas de calor urbanas é um dos principais objectivos da integração das questões climáticas no planeamento urbano. Jean-Pierre Lévy e Samuel Royer (2018, p. 89) exploram estratégias de planeamento para reduzir o efeito de ilha de calor através de documentos de planeamento urbano. A sua investigação destaca a importância das prescrições relacionadas com a vegetação, a gestão da água e os materiais de construção na criação de microclimas urbanos mais favoráveis. Os autores também destacam o papel fundamental desempenhado pela morfologia urbana na regulação do calor urbano.

A gestão dos riscos climáticos, nomeadamente as inundações e as secas, deve ser plenamente integrada nos documentos de planeamento urbano. Magali Reghezza-Zitt e Samuel Rufat (2021, p. 178) analisam as abordagens de antecipação e gestão destes riscos através do planeamento urbano. O seu estudo sublinha a importância de uma cartografia precisa das zonas de risco e da adoção de regras de planeamento urbano adequadas, como a limitação da impermeabilização dos solos ou a criação de zonas de expansão das inundações.

A integração das questões energéticas e climáticas nos documentos de planeamento urbano é essencial para reduzir as emissões de gases com efeito de estufa. Olivier Coutard e Jonathan Rutherford (2020,

p. 234) exploram estratégias para promover a eficiência energética e o desenvolvimento de energias renováveis através do planeamento urbano. Os seus trabalhos salientam a importância das prescrições relativas ao desempenho energético dos edifícios, à orientação da construção e à criação de redes de aquecimento urbano.

A mobilidade sustentável é um aspeto crucial da integração das questões climáticas no planeamento urbano. Caroline Gallez e Hélène Reigner (2019, p. 67) analisam as alavancas que podem ser utilizadas para reduzir a dependência do automóvel e promover modos de transporte com baixo teor de carbono através de documentos de planeamento urbano. A sua investigação destaca a importância do planeamento integrado do desenvolvimento urbano e dos transportes, incentivando a densificação em torno das rotas de transportes públicos e a criação de bairros compactos e de utilização mista.

A preservação e o reforço da rede verde e azul urbana desempenham um papel essencial na adaptação às alterações climáticas. Philippe Clergeau e Nathalie Blanc (2022, p. 201) estudam as abordagens utilizadas para integrar as questões da biodiversidade e dos serviços ecossistémicos nos documentos de planeamento urbano. A sua análise sublinha a importância das exigências relativas aos espaços verdes, à gestão das águas pluviais e à continuidade ecológica no reforço da resiliência urbana face às alterações climáticas.

A ligação entre os documentos de planeamento urbano e os planos territoriais clima-ar-energia (PCAET) é uma questão importante para garantir a coerência das políticas locais. François Bertrand e Elsa Richard (2020, p. 112) exploram as formas como os objectivos climáticos dos PCAET podem ser incorporados nos documentos de planeamento urbano. O seu trabalho sublinha a importância de uma abordagem intersectorial que permita integrar os objectivos de redução das emissões e de adaptação às alterações climáticas em todas as componentes do planeamento urbano.

Por último, a participação dos cidadãos na elaboração de documentos de planeamento urbano que tenham em conta as questões climáticas é essencial para garantir a sua integração e aplicação efectiva. Hélène Reigner e Séverine Frère (2021, p. 156) analisam as abordagens participativas utilizadas para envolver os habitantes na definição das orientações climáticas do planeamento urbano. A sua investigação sublinha a importância destas abordagens para sensibilizar os cidadãos para as questões climáticas e favorecer a emergência de soluções inovadoras adaptadas aos contextos locais.

Em conclusão, a integração das questões climáticas nos documentos de planeamento urbano exige uma abordagem abrangente e transdisciplinar, recorrendo a uma vasta gama de conhecimentos especializados e envolvendo todas as partes interessadas na área. Esta abordagem implica uma revisão profunda das práticas de planeamento urbano, colocando a resiliência climática no centro das escolhas de desenvolvimento urbano. O sucesso desta integração depende de uma visão a longo prazo, de uma governação adaptativa e da mobilização de todas as alavancas de planeamento urbano para criar cidades mais sustentáveis e resilientes face às alterações climáticas.

5.3.2 Desenvolvimento de bairros ecológicos e cidades compactas

O desenvolvimento de bairros ecológicos e de cidades compactas tornou-se um dos principais objectivos das políticas urbanas sustentáveis. Esta abordagem tem como objetivo conciliar a densidade urbana, a qualidade de vida e o desempenho ambiental, reduzindo simultaneamente a expansão urbana e os seus impactos negativos. A aplicação destes conceitos levanta questões complexas, exigindo uma abordagem integrada e inovadora do planeamento urbano.

Cyria Emelianoff e Taoufik Souami (2019, p. 45) salientam a importância de uma abordagem holística para a conceção de bairros verdes. O seu trabalho destaca a necessidade de ir além das abordagens puramente técnicas para integrar as dimensões social, económica e cultural do desenvolvimento sustentável. Os autores salientam a importância de envolver os residentes locais na conceção e gestão destes bairros para garantir a sua apropriação e sustentabilidade.

A densificação urbana, um pilar da cidade

compacta, coloca grandes desafios em termos de aceitabilidade social e de qualidade urbana. Vincent Fouchier e Jean-Michel Roux (2020, p. 123) analisam estratégias para conciliar densidade e qualidade de vida em projectos urbanos. O seu estudo salienta a importância de uma abordagem qualitativa da densificação, centrada na diversidade funcional, na qualidade dos espaços públicos e na presença da natureza na cidade para criar ambientes urbanos atractivos e habitáveis.

A integração das questões energéticas é crucial para o desenvolvimento de bairros verdes. Olivier Coutard e Jonathan Rutherford (2018, p. 89) exploram abordagens inovadoras para a produção e gestão de energia à escala dos bairros. A sua investigação destaca o potencial das redes inteligentes, das redes de aquecimento urbano e do autoconsumo coletivo para otimizar a eficiência energética e reduzir a pegada de carbono dos bairros.

A gestão sustentável da água e dos resíduos é um dos principais objectivos dos bairros ecológicos. Bernard Barraqué e Rémi Barbier (2021, p. 178) analisam soluções para reduzir o consumo de água, incentivar a reciclagem e gerir as águas pluviais de forma ecológica. O seu estudo salienta a importância de uma abordagem integrada, combinando tecnologias inovadoras e mudanças no comportamento dos utilizadores.

A mobilidade sustentável está no centro do

conceito de cidade compacta. Caroline Gallez e Hélène Reigner (2020, p. 234) exploram estratégias para reduzir a dependência do automóvel e promover modos de deslocação activos e colectivos em bairros ecológicos. O seu trabalho salienta a importância de um planeamento urbano e de transportes integrado, favorecendo a proximidade dos serviços e a acessibilidade multimodal.

A biodiversidade urbana desempenha um papel essencial na qualidade ambiental dos bairros verdes. Philippe Clergeau e Nathalie Blanc (2019, p. 67) analisam abordagens para integrar a natureza na cidade e melhorar os serviços ecossistémicos em projetos urbanos. A sua investigação destaca a importância de uma abordagem sistémica da rede verde e azul urbana, combinando espaços verdes, telhados verdes e gestão ecológica dos espaços públicos.

A arquitetura bioclimática e a construção ecológica são componentes fundamentais dos bairros verdes. Bruno Peuportier e Nadia Hoyet (2022, p. 201) examinam as inovações na conceção arquitetónica e nos materiais sustentáveis para reduzir o impacto ambiental dos edifícios. A sua análise sublinha a importância de uma abordagem global, integrando o desempenho energético, o conforto dos utilizadores e o ciclo de vida dos materiais.

A diversidade social e funcional é crucial para a sustentabilidade dos bairros ecológicos e das cidades compactas. Marie-Hélène Bacqué e Sylvie Fol (2020,

p. 112) exploram estratégias para promover a diversidade de populações e actividades em projectos urbanos sustentáveis. O seu trabalho salienta a importância de políticas proactivas em matéria de habitação social, equipamentos públicos e actividades urbanas para a criação de bairros vivos e inclusivos.

A economia circular e os circuitos curtos são formas promissoras de reforçar a sustentabilidade dos bairros verdes. Sabine Barles e Josefine Fokdal (2021, p. 156) analisam abordagens para o desenvolvimento de ecossistemas económicos locais e resilientes ao nível dos bairros. A sua investigação destaca a importância das iniciativas de economia colaborativa, dos espaços de produção local e dos sistemas de intercâmbio entre bairros na redução da pegada ecológica urbana.

Por último, a governação e o financiamento de projectos de bairros ecológicos e de cidades compactas levantam questões específicas. Gilles Novarina e Natacha Seigneuret (2019, p. 289) exploram modelos inovadores de parceria público-privada e de participação dos cidadãos na conceção e gestão destes projetos urbanos sustentáveis. O seu trabalho destaca a importância de uma abordagem colaborativa e adaptativa, permitindo que os projectos sejam ajustados à evolução das necessidades e restrições locais.

Em conclusão, o desenvolvimento de bairros ecológicos e de cidades compactas exige uma abordagem integrada, que combine inovações tecnológicas, sociais e organizacionais. Estes projectos urbanos sustentáveis devem fazer parte de uma visão a longo prazo do desenvolvimento territorial, ligando as escalas do edifício, do bairro e da aglomeração. O êxito destas abordagens depende da estreita colaboração entre os actores públicos, privados e cívicos, bem como da capacidade de adaptar as soluções às especificidades locais, inspirando-se nas melhores práticas internacionais. O principal desafio consiste em alargar estas abordagens inovadoras a todo o tecido urbano, a fim de criar cidades mais sustentáveis, resilientes e habitáveis.

5.3.3 Adaptação das infra-estruturas urbanas às alterações climáticas

A adaptação das infra-estruturas urbanas às alterações climáticas tornou-se uma questão crucial para garantir a resiliência e a sustentabilidade das cidades face aos crescentes desafios ambientais. Tal implica uma análise aprofundada das práticas de conceção, construção e gestão das infra-estruturas urbanas, a fim de antecipar e atenuar os impactos do aquecimento global. A implementação desta adaptação levanta questões complexas, exigindo uma abordagem multidisciplinar e inovadora.

Sébastien Blandin e Jean-Pierre Mignot (2019, p. 45) sublinham a importância de uma abordagem sistémica para a adaptação das infraestruturas urbanas. O seu trabalho destaca a necessidade de considerar as interdependências entre as várias redes (água, energia, transportes, telecomunicações) para desenvolver estratégias de adaptação coerentes e eficazes. Os autores sublinham a importância de uma governação integrada para assegurar a coordenação entre os vários actores envolvidos na gestão das infra-estruturas.

A gestão dos riscos associados a fenómenos climáticos extremos é um dos principais objectivos da adaptação das infra-estruturas urbanas. Magali Reghezza-Zitt e Samuel Rufat (2020, p. 123) analisam as abordagens utilizadas para reforçar a resiliência das redes urbanas às inundações, ondas de calor e tempestades. O seu estudo salienta a importância de uma cartografia detalhada da vulnerabilidade e da adoção de soluções flexíveis e redundantes para assegurar a continuidade dos serviços essenciais em caso de crise.

A adaptação das infra-estruturas de gestão da água é crucial face às alterações climáticas. Bernard Chocat e Jean-Claude Deutsch (2018, p. 89) exploram estratégias inovadoras para enfrentar os desafios da escassez de recursos e de fenómenos de precipitação mais intensos. A sua investigação destaca a importância de abordagens integradas de gestão das águas pluviais, combinando soluções técnicas (bacias de retenção, vales ajardinados) e planeamento urbano resiliente (impermeabilização do solo, vegetação).

As infra-estruturas de transportes são particularmente vulneráveis aos impactos das alterações climáticas. Yves Crozet e Alain Bonnafous (2021, p. 178) analisam os desafios colocados pela adaptação das redes rodoviárias, ferroviárias e aeroportuárias às novas condições climáticas. O seu estudo salienta a importância de uma abordagem prospetiva, incorporando as projecções climáticas na conceção e manutenção das infra-estruturas, bem como o desenvolvimento de sistemas de transporte mais flexíveis e resilientes.

A adaptação das redes de energia é essencial para garantir a segurança do aprovisionamento num contexto de alterações climáticas. Olivier Coutard e Jonathan Rutherford (2020, p. 234) exploram estratégias para reforçar a resiliência dos sistemas de produção, distribuição e consumo de energia. Os seus trabalhos salientam a importância das redes inteligentes, da diversificação das fontes de energia e da adaptação das infra-estruturas às novas condições climáticas (resistência ao calor, proteção contra inundações).

As infraestruturas verdes estão a desempenhar um papel crescente na adaptação urbana às alterações climáticas. Philippe Clergeau e Nathalie Blanc (2019, p. 67) analisam o potencial das soluções baseadas na natureza para reforçar a resiliência urbana. A sua investigação destaca a importância das redes verdes e azuis, dos telhados e fachadas verdes e dos espaços abertos para regular o microclima urbano, gerir as águas pluviais e preservar a biodiversidade.

A adaptação dos edifícios e dos espaços públicos às novas condições climáticas constitui um desafio importante para o conforto e a saúde dos habitantes das cidades. Jean-Jacques Terrin e Jean-Baptiste Marie (2022, p. 201) examinam abordagens inovadoras à conceção bioclimática, materiais adaptados e gestão dinâmica dos espaços urbanos. A sua análise destaca a importância de uma abordagem integrada, combinando soluções passivas e activas para criar ambientes urbanos resilientes e confortáveis.

As infra-estruturas digitais estão a desempenhar um papel crescente na adaptação urbana às alterações climáticas. Emmanuel Eveno e Gabriel Dupuy (2020, p. 112) exploram o potencial das tecnologias da informação e da comunicação para melhorar a gestão dos riscos, otimizar os recursos e reforçar a resiliência urbana. O seu trabalho destaca a importância dos sistemas de alerta precoce, das ferramentas de modelação e simulação e das plataformas de gestão integrada de infra-estruturas.

A adaptação das infra-estruturas de gestão de resíduos é também crucial face aos desafios climáticos. Sabine Barles e Josefine Fokdal (2021, p. 156) analisam as abordagens que podem ser utilizadas para reduzir o impacto ambiental da gestão de resíduos e desenvolver a economia circular à escala urbana. A sua investigação destaca a importância das infraestruturas de triagem de resíduos, reciclagem e recuperação de energia na redução das emissões de gases com efeito de estufa e na otimização da utilização dos recursos.

Por último, o financiamento da adaptação das

infra-estruturas urbanas levanta questões importantes. Nicolas Stern e Charlotte Taylor (2019, p. 289) exploram mecanismos inovadores de financiamento da adaptação, combinando investimento público, parcerias público-privadas e instrumentos financeiros ecológicos. O seu trabalho salienta a importância de uma abordagem a longo prazo, incorporando os custos evitados através da adaptação nas análises custo-benefício dos projetos de infraestruturas.

Em conclusão, a adaptação das infra-estruturas urbanas às alterações climáticas exige uma abordagem abrangente e transdisciplinar, que recorra a uma vasta gama de conhecimentos especializados e envolva todas as partes interessadas na área. Tal implica uma revisão exaustiva das práticas de planeamento, conceção e gestão das infra-estruturas, colocando a resiliência climática no centro das escolhas de investimento. O êxito desta adaptação depende de uma visão a longo prazo, de uma governação adaptativa e da capacidade de inovar para desenvolver soluções flexíveis e sustentáveis. O principal desafio consiste em transformar as infra-estruturas existentes, antecipando simultaneamente as necessidades futuras, para criar cidades mais resilientes, capazes de se adaptarem às futuras alterações climáticas.

5.3.4 Gerir as ilhas de calor urbanas e tornar os espaços públicos mais verdes

A gestão das ilhas de calor urbanas e a ecologização dos espaços públicos tornaram-se grandes prioridades nas estratégias de adaptação das cidades às alterações climáticas. Estas abordagens têm como objetivo melhorar o conforto térmico, a qualidade de vida e a resiliência urbana face a ondas de calor cada vez mais frequentes e intensas. A aplicação destas estratégias levanta questões complexas, exigindo uma abordagem integrada e multidisciplinar.

Valéry Masson e Aude Lemonsu (2019, p. 45) sublinham a importância de uma compreensão detalhada dos mecanismos pelos quais as ilhas de calor urbanas são formadas, a fim de desenvolver estratégias de mitigação eficazes. O seu trabalho destaca o impacto da morfologia urbana, dos materiais de superfície e das actividades humanas no microclima urbano. Os autores salientam a importância de uma abordagem sistémica, integrando as interações entre os edifícios, a vegetação, a água e a atmosfera na conceção dos espaços urbanos.

A ecologização dos espaços públicos desempenha um papel crucial na regulação térmica urbana. Philippe Clergeau e Nathalie Blanc (2020, p. 123) analisam os muitos benefícios da natureza urbana na redução das ilhas de calor. O seu estudo salienta a importância da diversidade de formas de espaços verdes (árvores em filas, parques, jardins de bolso, telhados e fachadas verdes) na maximização dos serviços ecossistémicos e na criação de corredores frios em toda a cidade.

A gestão da água urbana está intimamente ligada à questão das ilhas de calor. Bernard Chocat e Jean-

Claude Deutsch (2018, p. 89) exploram abordagens inovadoras à gestão integrada das águas pluviais para arrefecer a cidade. A sua investigação destaca o potencial das soluções baseadas na natureza, como vales paisagísticos, jardins de chuva e bacias de infiltração, para combinar a gestão das águas pluviais e a criação de ilhas de calor.

A adaptação dos edifícios e espaços públicos ao calor extremo é um grande desafio para o planeamento urbano bioclimático. Jean-Jacques Terrin e Jean-Baptiste Marie (2021, p. 178) analisam estratégias de conceção para melhorar o conforto térmico interior e exterior. O seu estudo destaca a importância dos materiais com elevada refletividade solar, dispositivos de sombreamento, ventilação natural e inércia térmica na criação de ambientes urbanos mais frescos e confortáveis.

O planeamento urbano desempenha um papel fundamental na gestão a longo prazo das ilhas de calor. Vincent Béal e Max Rousseau (2020, p. 234) exploram abordagens para integrar as questões climáticas nos documentos de planeamento urbano. O seu trabalho destaca a importância das prescrições relativas à vegetação, gestão da água e forma urbana na criação de cidades mais resistentes às ondas de calor.

A infraestrutura verde à escala da cidade é uma alavanca importante para mitigar as ilhas de calor. Emmanuel Boutefeu e Antoine Brès (2019, p. 67) analisam o potencial das redes verdes e azuis urbanas para criar redes interligadas de arrefecimento. A sua investigação salienta a importância de uma abordagem multifuncional, combinando a biodiversidade, a gestão das águas pluviais e a criação de espaços recreativos para maximizar os benefícios da ecologização urbana.

A participação dos cidadãos na ecologização dos espaços públicos é essencial para garantir o sucesso e a sustentabilidade destas iniciativas. Hélène Reigner e Séverine Frère (2022, p. 201) estudam as abordagens participativas utilizadas para envolver os residentes na criação e manutenção de espaços verdes urbanos. A sua análise sublinha a importância destas abordagens para sensibilizar os cidadãos para as questões climáticas e incentivá-los a apropriarem-se dos espaços verdes.

A agricultura urbana está a emergir como uma solução inovadora para combinar a ecologização, a produção local de alimentos e a atenuação das ilhas de calor. Christine Aubry e Jeanne Pourias (2020, p. 112) exploram o potencial de jardins partilhados, quintas urbanas e telhados produtivos para criar ilhas frias multifuncionais. O seu trabalho realça a importância de uma abordagem integrada, combinando produção alimentar, laços sociais e serviços ecossistémicos.

A gestão dos espaços verdes urbanos no contexto das alterações climáticas coloca desafios específicos. Marianne Cohen e Nathalie Frascaria-Lacoste (2021, p. 156) analisam as estratégias de adaptação da paleta vegetal e das práticas de gestão às novas condições climáticas. A sua investigação destaca a importância de uma abordagem antecipatória, favorecendo espécies adaptadas ao stress hídrico e térmico e promovendo a diversidade para reforçar a resiliência dos ecossistemas urbanos.

Finalmente, a avaliação e o acompanhamento dos efeitos da revegetação no microclima urbano são essenciais para otimizar as estratégias de adaptação. Julien Bigorgne e Morgane Colombert (2019, p. 289) exploram as metodologias e ferramentas para medir e modelar o impacto da revegetação nas ilhas de calor. O seu trabalho destaca a importância de uma abordagem científica rigorosa para orientar as políticas públicas e avaliar a eficácia das medidas implementadas.

Em conclusão, a gestão das ilhas de calor urbanas e a ecologização dos espaços públicos exigem uma abordagem integrada, que combine conhecimentos científicos, inovação técnica e participação dos cidadãos. Estas estratégias devem fazer parte de uma visão a longo prazo do desenvolvimento urbano, combinando as escalas do edifício, do bairro e da aglomeração. O êxito destas abordagens depende da estreita colaboração entre urbanistas, ecologistas, climatologistas e gestores urbanos, bem como da capacidade de adaptar as soluções às condições locais, inspirando-se simultaneamente nas melhores práticas internacionais. O grande desafio é alargar estas abordagens a todo o tecido urbano, para criar cidades mais frescas, mais verdes e mais resistentes às alterações climáticas.

5.3.5 Promover a agricultura urbana e periurbana sustentável

A promoção de uma agricultura urbana e periurbana sustentável tornou-se uma questão importante no contexto da transição ecológica das cidades e da procura de sistemas alimentares mais resistentes. Esta abordagem tem por objetivo aproximar a produção e o consumo, reforçar a segurança alimentar local e gerar múltiplos benefícios ambientais e sociais. A implementação destas iniciativas coloca desafios complexos, exigindo uma abordagem integrada e inovadora.

Christine Aubry e Jeanne Pourias (2019, p. 45) sublinham a importância de uma visão sistémica da agricultura urbana e periurbana. O seu trabalho destaca a diversidade de formas que esta agricultura pode assumir, desde hortas partilhadas a quintas verticais, telhados produtivos e microagrícolas periurbanas. Os autores sublinham a necessidade de considerar estas diferentes formas como complementares, cada uma respondendo a objectivos e contextos específicos.

A integração da agricultura no tecido urbano levanta importantes questões de planeamento. Ségolène Darly e Monique Poulot (2020, p. 123) analisam as estratégias de preservação e valorização das áreas agrícolas em ambientes urbanos e periurbanos. O seu estudo sublinha a importância dos instrumentos de planeamento urbano, como as zonas agrícolas protegidas e os projectos agro-urbanos, para garantir a sustentabilidade destas áreas face à pressão fundiária.

A sustentabilidade das práticas agrícolas em ambientes urbanos e periurbanos é uma questão crucial. Nicolas Bricas e Damien Conaré (2018, p. 89) exploram abordagens agroecológicas adaptadas ao contexto urbano. A sua investigação destaca a importância das práticas de baixo consumo de insumos, a recuperação de resíduos orgânicos urbanos e a preservação da biodiversidade cultivada no desenvolvimento de sistemas de produção resilientes com baixo impacto ambiental.

O acesso à terra é um grande desafio para o desenvolvimento da agricultura urbana e periurbana. Terre de Liens e SAFER (2021, p. 178) analisam as formas inovadoras de facilitar a instalação de agricultores em áreas urbanas e periurbanas. O seu estudo destaca a importância dos instrumentos de gestão pública das terras, dos arrendamentos rurais ambientais e das formas cooperativas de gestão das terras agrícolas para favorecer a emergência de projectos agrícolas sustentáveis.

A dimensão social e educativa da agricultura urbana é um aspeto essencial da sua promoção. Flaminia Paddeu e Antoine Lagneau (2020, p. 234) exploram o potencial das hortas partilhadas e das quintas pedagógicas para reforçar os laços sociais, educar as pessoas sobre o ambiente e sensibilizar para as questões alimentares. O seu trabalho sublinha a importância destes espaços como locais de experimentação de novas formas de cidadania e de solidariedade urbana.

A integração da agricultura na arquitetura e no planeamento urbano está a abrir novas perspectivas. O Vertical Farm Institute e a SOA Architects (2019, p. 67) analisam o potencial das explorações agrícolas verticais, das estufas nos telhados e das fachadas produtivas para intensificar a produção alimentar em ambientes urbanos densos. A sua investigação destaca a importância de uma abordagem integrada, combinando a produção agrícola, a gestão da energia e a economia circular para maximizar os benefícios destes sistemas inovadores.

A promoção de canais de distribuição curtos e da economia social é um foco importante para o desenvolvimento da agricultura urbana e periurbana sustentável. Yuna Chiffoleau e Dominique Paturel (2022, p. 201) estudam modelos económicos inovadores para reforçar as ligações entre os produtores urbanos e os consumidores locais. A sua análise destaca a importância das AMAPs, das mercearias cooperativas e das plataformas digitais de venda direta na criação de sistemas alimentares locais resilientes e equitativos.

É necessário prestar especial atenção à gestão dos riscos sanitários e ambientais associados à agricultura urbana. Laurence Huc e Nathalie Gourmelen (2020, p. 112) exploram as questões da poluição do solo, da qualidade do ar e da segurança sanitária dos produtos da agricultura urbana. O seu trabalho sublinha a importância de uma abordagem preventiva, combinando o diagnóstico do local, a escolha de culturas adequadas e boas práticas agronómicas para garantir a qualidade e a segurança dos produtos urbanos.

A ligação entre a agricultura urbana e periurbana e as políticas alimentares territoriais é essencial. Caroline Brand e Nicolas Bricas (2021, p. 156) analisam as estratégias de integração da agricultura urbana e periurbana em projectos alimentares territoriais. A sua investigação salienta a importância da governação alimentar local, reunindo as partes interessadas públicas, privadas e os cidadãos para desenvolver sistemas alimentares sustentáveis a nível local.

Por fim, avaliar e monitorar o impacto da agricultura urbana e periurbana é fundamental para orientar as políticas públicas. François Mancebo e Sylvie Salles (2019, p. 289) exploram as metodologias e os indicadores para medir os benefícios ambientais, sociais e económicos dessas iniciativas. O seu trabalho destaca a importância de uma abordagem multicritério, integrando as dimensões da segurança alimentar, da biodiversidade, da regulação climática e do bem-estar social para avaliar a sustentabilidade global da agricultura urbana e periurbana.

Em conclusão, a promoção de uma agricultura urbana e periurbana sustentável requer uma abordagem integrada, mobilizando uma variedade de conhecimentos e envolvendo todos os actores na área. Isto implica uma revisão das práticas de planeamento urbano, de gestão do território e de política alimentar, a fim de criar um ambiente propício ao desenvolvimento destas iniciativas. O sucesso desta promoção depende de uma visão a longo prazo, de uma governação participativa e da capacidade de inovar para desenvolver modelos agrícolas adaptados ao contexto urbano. O grande desafio é passar de iniciativas pontuais a uma verdadeira estratégia territorial, fazendo da agricultura urbana e periurbana um pilar da transição ecológica e alimentar nas cidades.

5.4 Redução dos riscos de catástrofes naturais e sistemas de alerta

5.4.1 Cartografia das zonas de risco e regulamentação da utilização dos solos

A cartografia das zonas de risco e a regulação do uso do solo são elementos essenciais para a gestão dos riscos naturais e tecnológicos nas zonas urbanas. Estes instrumentos permitem antecipar os perigos potenciais, limitar a exposição das pessoas e dos bens e orientar o ordenamento do território para uma maior resiliência. A aplicação destas abordagens levanta questões complexas, que exigem uma colaboração estreita entre peritos científicos, decisores políticos e actores locais.

Magali Reghezza-Zitt e Samuel Rufat (2019, p. 45) sublinham a importância de uma abordagem multidimensional à cartografia dos riscos. O seu trabalho salienta a necessidade de considerar não só o perigo (um fenómeno natural ou tecnológico potencialmente perigoso), mas também a vulnerabilidade das partes interessadas expostas e a capacidade de resiliência da zona. Os autores sublinham a importância de uma cartografia dinâmica, tendo em conta a evolução dos riscos no contexto das alterações climáticas e das mutações territoriais.

A regulação do uso do solo em função dos riscos identificados é um instrumento de prevenção importante. Bruno Ledoux e Gilles Hubert (2020, p. 123) analisam os diferentes instrumentos regulamentares utilizados para controlar o desenvolvimento urbano em zonas de risco. O seu estudo destaca a importância dos Planos de Prevenção de Riscos (PPR) em França, que definem zonas e requisitos específicos para o desenvolvimento e a construção em áreas de risco.

A incorporação dos riscos nos documentos de planeamento urbano é crucial para uma gestão preventiva eficaz. Hélène Celdran e Vincent Beccaria (2018, p. 89) exploram as formas como a cartografia de riscos e o planeamento urbano podem ser associados. A sua investigação destaca a importância de uma abordagem interdisciplinar, integrando questões de risco nas Schémas de Cohérence Territoriale (SCoT) e nos Plans Locaux d'Urbanisme (PLU) para orientar o desenvolvimento urbano para áreas menos expostas.

Ter em conta as incertezas na cartografia dos riscos é um grande desafio. Eric Leroi e Frédéric Leone

(2021, p. 178) analisam abordagens probabilísticas e cenários de risco múltiplo para melhor compreender a complexidade e a variabilidade dos fenómenos perigosos. O seu estudo sublinha a importância de uma comunicação transparente sobre as incertezas para informar a tomada de decisões públicas e sensibilizar o público para os riscos potenciais.

A adaptação da regulamentação às condições locais é essencial para uma gestão eficaz dos riscos. Freddy Vinet e Stéphanie Defossez (2020, p. 234) exploram os métodos de consulta e de negociação que permitem adaptar as exigências regulamentares às realidades do terreno. Os seus trabalhos sublinham a importância de uma abordagem participativa, reunindo eleitos locais, peritos e cidadãos para elaborar regras de ordenamento do território adequadas e aceites por todos.

A gestão de zonas já construídas em risco levanta questões específicas. Anne-Laure Moreau e Jean-Michel Tanguy (2019, p. 67) analisam estratégias para reduzir a vulnerabilidade dos edifícios existentes e adaptar as utilizações em zonas expostas. A sua investigação salienta a importância das medidas de atenuação, como o reforço das estruturas, a adaptação das redes e a criação de sistemas de alerta, para reduzir os danos potenciais.

A articulação entre a cartografia dos riscos e as políticas de renovação urbana constitui um desafio importante para as cidades. Yves Raibaud e Hélène

Reigner (2022, p. 201) examinam as abordagens que podem ser utilizadas para conciliar a densificação urbana e a prevenção de riscos. A sua análise destaca a importância de pensar na forma urbana, favorecendo desenvolvimentos resilientes e adaptáveis em áreas moderadamente expostas.

É essencial ter em conta os riscos emergentes e os efeitos de dominó na cartografia e na regulamentação. Valérie November e Marion Lecourt (2020, p. 112) exploram metodologias de antecipação de novos riscos ligados às alterações climáticas, à evolução tecnológica e às interdependências entre sistemas urbanos. O seu trabalho sublinha a importância de uma abordagem sistémica e orientada para o futuro para a adaptação contínua dos instrumentos de gestão dos riscos.

A avaliação económica dos riscos e a análise custo-benefício das medidas de prevenção são cruciais para orientar as políticas públicas. Nicolas Treich e Stéphane Hallegatte (2021, p. 156) analisam as metodologias utilizadas para quantificar os custos potenciais das catástrofes e os benefícios do investimento na prevenção. A sua investigação salienta a importância de uma abordagem a longo prazo, incorporando nas análises económicas os custos evitados através da regulamentação do uso do solo.

Por último, é essencial que os actores locais se apropriem dos regulamentos e os apliquem eficazmente. Julie Daluzeau e Séverine Durand (2019, p. 289) exploram os factores que favorecem ou dificultam a aplicação da regulamentação relativa aos riscos. Os seus trabalhos salientam a importância da sensibilização, da formação e do apoio aos intervenientes locais para garantir a eficácia das medidas preventivas.

Em conclusão, a cartografia das zonas de risco e a regulamentação da utilização dos solos exigem uma abordagem integrada, que combine conhecimentos científicos, instrumentos jurídicos e consulta local. Estas abordagens devem fazer parte de uma visão a longo prazo do planeamento regional, combinando prevenção de riscos e desenvolvimento sustentável. O êxito destas abordagens depende da estreita colaboração entre os departamentos governamentais, as autoridades locais, os peritos e o público em geral, bem como da capacidade de adaptar continuamente os instrumentos à evolução dos conhecimentos e dos contextos locais. O grande desafio consiste em encontrar um equilíbrio entre a proteção da população e o desenvolvimento territorial, a fim de criar cidades mais resilientes face aos riscos naturais e tecnológicos.

5.4.2 Reforço das infra-estruturas críticas para fazer face aos riscos relacionados com o clima

O reforço das infra-estruturas críticas para fazer face aos riscos climáticos tornou-se um desafio importante para garantir a resiliência das cidades e regiões face às alterações climáticas. Estas infra-estruturas, essenciais para o funcionamento da sociedade (redes de energia, água, transportes, telecomunicações, etc.), são particularmente vulneráveis a fenómenos meteorológicos extremos, cuja frequência e intensidade estão a aumentar. A aplicação de estratégias de reforço coloca desafios técnicos, económicos e organizacionais complexos.

Michel Lussault e Magali Reghezza-Zitt (2019, p. 45) sublinham a importância de uma abordagem sistémica na análise da vulnerabilidade das infraestruturas críticas. O seu trabalho destaca as interdependências entre as várias redes e a necessidade de considerar os potenciais efeitos em cascata em caso de falha. Os autores sublinham a importância de uma visão holística da resiliência urbana, integrando as dimensões técnica, social e organizacional.

A adaptação das normas e padrões de conceção das infra-estruturas é um elemento fundamental para reforçar este aspeto. Jean-Marc Tacnet e Didier Richard (2020, p. 123) analisam as abordagens utilizadas para incorporar as projecções climáticas nas normas técnicas. O seu estudo salienta a importância de rever regularmente as normas para ter em conta os novos conhecimentos sobre as alterações climáticas e os seus impactes.

A redundância e a diversificação do sistema são estratégias fundamentais para aumentar a resiliência. Bruno Barroca e Damien Serre (2018, p. 89) exploram a forma de conceber redes multi-escala e multi-fonte capazes de manter um serviço mínimo em caso de perturbação. A sua investigação salienta a importância das soluções descentralizadas e dos sistemas de reserva para reduzir a vulnerabilidade global das infra-estruturas.

A integração de soluções baseadas na natureza no reforço das infraestruturas oferece perspetivas promissoras. Nathalie Blanc e Philippe Clergeau (2021, p. 178) analisam o potencial das infra-estruturas verdes e azuis para reduzir os riscos associados às inundações, às ondas de calor e à erosão. O seu estudo sublinha a importância de uma abordagem multifuncional, combinando a gestão dos riscos e a melhoria da qualidade ambiental urbana.

A gestão adaptativa das infra-estruturas é crucial face à incerteza climática. Guillaume Simonet e Laurent Bopp (2020, p. 234) exploram abordagens de gestão flexíveis que permitem ajustar as estratégias de reforço em função da evolução das condições climáticas e dos conhecimentos científicos. O seu trabalho sublinha a importância dos sistemas de monitorização e de alerta precoce para antecipar e responder aos impactos climáticos.

O financiamento do reforço das infra-estruturas críticas constitui um grande desafio. Nicolas Stern e Joseph Stiglitz (2019, p. 67) analisam mecanismos inovadores de financiamento da adaptação, como as obrigações verdes e as parcerias público-privadas adaptadas às questões climáticas. A sua investigação salienta a importância de uma avaliação económica dos riscos climáticos para justificar os investimentos em resiliência.

A coordenação entre os vários gestores de infra-estruturas é essencial para uma abordagem coerente do reforço. Céline Lutoff e Isabelle Ruin (2022, p. 201) estudam as modalidades de governação que podem melhorar a cooperação entre os actores públicos e privados na gestão das infra-estruturas críticas. A sua análise destaca a importância das plataformas de partilha de informações e dos exercícios de simulação para reforçar a coordenação em situações de crise.

A integração das questões de cibersegurança no reforço das infra-estruturas críticas tornou-se essencial. Eric Rigaud e Valérie November (2020, p. 112) exploram as vulnerabilidades específicas dos sistemas de controlo e gestão de infra-estruturas digitais às ciberameaças. O seu trabalho salienta a importância de uma abordagem integrada da segurança, que combine a proteção física e digital das infra-estruturas críticas.

A adaptação das infra-estruturas energéticas aos desafios das alterações climáticas é um dos principais objectivos do presente relatório. Sébastien Velut e Sylvain Rossiaud (2021, p. 156) analisam estratégias para tornar as redes eléctricas mais resistentes a fenómenos extremos. A sua investigação salienta a importância das redes inteligentes, da diversificação das fontes de energia e do armazenamento descentralizado para aumentar a flexibilidade e a robustez dos sistemas energéticos.

Por último, a avaliação da eficácia das medidas

de reforço é crucial para orientar os investimentos futuros. Freddy Vinet e Frédéric Leone (2019, p. 289) exploram metodologias para medir a resiliência das infraestruturas críticas aos riscos climáticos. O seu trabalho destaca a importância de uma abordagem multicritério, incorporando indicadores de desempenho técnico, continuidade de serviço e capacidade de recuperação pós-crise.

Em conclusão, o reforço das infra-estruturas críticas face aos riscos climáticos exige uma abordagem integrada, que combine soluções técnicas, inovações organizacionais e adaptações regulamentares. Esta abordagem deve fazer parte de uma visão a longo prazo do planeamento regional, combinando a adaptação às alterações climáticas e a transição ecológica. O êxito destas estratégias depende de uma colaboração estreita entre as autoridades públicas, os operadores privados, os peritos científicos e os utilizadores, bem como da capacidade de antecipar e de se adaptar continuamente às alterações climáticas. O grande desafio é transformar a limitação climática numa oportunidade para repensar e modernizar as infra-estruturas urbanas, criando cidades mais resilientes, sustentáveis e agradáveis para viver.

5.4.3 Criação de sistemas de alerta precoce e de planos de evacuação

A introdução de sistemas de alerta precoce e de planos de evacuação é um elemento crucial na gestão dos riscos naturais e tecnológicos nas zonas urbanas. O objetivo destes sistemas é antecipar os perigos iminentes, informar rapidamente as populações em causa e organizar eficazmente a sua segurança. A conceção e a implementação destes sistemas levantam questões complexas que combinam aspectos técnicos, organizacionais e sociais.

Patrick Pigeon e Julien Rebotier (2019, p. 45) sublinham a importância de uma abordagem integrada para a conceção de sistemas de alerta precoce. O seu trabalho destaca a necessidade de considerar toda a cadeia de alerta, desde a deteção de fenómenos perigosos até à resposta das populações. Os autores sublinham a importância de associar estreitamente os conhecimentos científicos, a tomada de decisões políticas e a comunicação pública para garantir a eficácia do sistema.

A fiabilidade e a precisão dos sistemas de deteção e previsão são essenciais para o alerta precoce. Vazken Andréassian e Charles Perrin (2020, p. 123) analisam os recentes avanços na modelação hidrometeorológica e na previsão de inundações. O seu estudo salienta a importância das redes de medição in situ, das imagens de satélite e das técnicas de inteligência artificial para melhorar a qualidade e a rapidez das previsões.

A adaptação dos limiares de alerta às condições locais é crucial para a eficácia do sistema. Johnny Douvinet e Gilles Grandjean (2018, p. 89) exploram abordagens para definir limiares relevantes com base nas vulnerabilidades territoriais e nas capacidades de resposta locais. A sua investigação destaca a importância de uma abordagem participativa, reunindo peritos, decisores e cidadãos para definir níveis de alerta que sejam adequados e compreensíveis para todos.

A divulgação rápida e direcionada dos avisos é um desafio importante. Elise Beck e Samuel Rufat (2021, p. 178) analisam os diferentes canais de comunicação (sirenes, SMS, aplicações móveis, redes sociais) e a sua respetiva eficácia em função do tipo de risco e do perfil da população. O seu estudo sublinha a importância de uma estratégia multicanal para chegar a toda a população, incluindo as pessoas vulneráveis ou difíceis de alcançar.

A elaboração de planos de evacuação eficazes exige um conhecimento pormenorizado da zona e da sua dinâmica. Magali Reghezza-Zitt e Alexis Sierra (2020, p. 234) exploram metodologias para identificar áreas de refúgio, dimensionar fluxos de evacuação e antecipar necessidades logísticas. O seu trabalho salienta a importância de uma abordagem dinâmica, tendo em conta as variações temporais (dia/noite, semana/fim de semana) no planeamento da evacuação.

É essencial ter em conta o comportamento humano na conceção dos sistemas de alerta e evacuação. Céline Lutoff e Isabelle Ruin (2019, p. 67) analisam os fatores que influenciam a perceção do risco e a resposta aos avisos. A sua investigação destaca a importância da sensibilização prévia, da confiança nas instituições e da adaptação das mensagens aos diferentes grupos sociais, a fim de incentivar uma resposta adequada da população.

A coordenação entre os diferentes actores envolvidos na gestão de crises é crucial para a eficácia das evacuações. Ludovic Fressard e Frédéric Leone (2022, p. 201) estudam os métodos de cooperação entre os departamentos governamentais, as autoridades locais, os serviços de polícia e as associações de proteção civil. A sua análise sublinha a importância dos exercícios de simulação e do feedback para melhorar continuamente os procedimentos de evacuação.

A integração de novas tecnologias nos sistemas de alerta e evacuação oferece perspectivas promissoras. David Provitolo e Damien Serre (2020, p. 112) exploram o potencial dos objectos conectados, da realidade aumentada e da inteligência artificial para melhorar a deteção de perigos, a difusão de alertas e a orientação da evacuação. O seu trabalho salienta a importância de uma abordagem ética e inclusiva da utilização destas tecnologias para evitar desigualdades no acesso à informação.

A adaptação dos sistemas de alerta e dos planos de evacuação às pessoas vulneráveis é um grande desafio. Béatrice Quenault e Virginie Duvat-Magnan (2021, p. 156) analisam as abordagens utilizadas para ter em conta as necessidades específicas das pessoas idosas, deficientes ou isoladas nos sistemas de alerta e evacuação. A sua investigação destaca a importância de mapear com precisão as vulnerabilidades e fornecer apoio personalizado a estes grupos.

Por fim, a avaliação e a melhoria contínua dos sistemas de alerta e dos planos de evacuação são essenciais. Freddy Vinet e Anne-Catherine Chardon (2019, p. 289) exploram metodologias para medir a eficácia dos sistemas e identificar áreas de melhoria. O seu trabalho destaca a importância do feedback pós-crise e do envolvimento dos cidadãos na avaliação e revisão dos planos.

Em conclusão, a criação de sistemas de alerta precoce e de planos de evacuação eficazes exige uma abordagem multidimensional, que combine conhecimentos técnicos, organização institucional e consideração de factores humanos e sociais. Estes sistemas devem fazer parte de uma estratégia global de gestão de riscos, combinando prevenção, preparação e gestão de crises. O sucesso destas abordagens depende da estreita colaboração entre os departamentos governamentais, as autoridades locais e regionais, os peritos científicos e o público em geral, bem como da capacidade de adaptar continuamente os sistemas às mudanças no risco e na tecnologia. O grande desafio é criar sistemas de alerta e evacuação que sejam tecnicamente eficientes e adequados à população local, a fim de reforçar a nossa resiliência colectiva face aos riscos naturais e tecnológicos.

5.4.4 Desenvolvimento de capacidades locais de gestão de crises e catástrofes

O desenvolvimento de capacidades locais de gestão de crises e catástrofes é um elemento crucial para reforçar a resiliência local aos riscos naturais e tecnológicos. Esta abordagem tem por objetivo dotar os intervenientes locais das competências, dos recursos e dos instrumentos necessários para enfrentar eficazmente as situações de emergência. A aplicação destas estratégias levanta questões complexas, combinando formação, organização e adaptação às circunstâncias locais específicas.

Sandrine Revet e Julien Langumier (2019, p. 45) sublinham a importância de uma abordagem participativa no desenvolvimento das capacidades locais. O seu trabalho destaca a necessidade de envolver todas as partes interessadas locais (representantes eleitos, serviços técnicos, associações, cidadãos) na conceção e implementação de sistemas de gestão de crises. Os autores sublinham a importância de tirar o máximo partido dos conhecimentos locais e da experiência passada para criar uma cultura de risco partilhada.

A formação dos actores locais é um pilar essencial do reforço das capacidades. Bruno Barroca e Damien Serre (2020, p. 123) analisam abordagens pedagógicas inovadoras para o desenvolvimento de competências de gestão de crises. O seu estudo sublinha a importância dos exercícios de simulação, dos jogos sérios e do feedback para favorecer a aprendizagem e a apropriação dos procedimentos de emergência.

O desenvolvimento de planos de emergência locais (PCS) adaptados às realidades locais é crucial. Johnny Douvinet e Frédéric Leone (2018, p. 89) exploram as metodologias de conceção de PCS operacionais e evolutivos. A sua investigação destaca a importância de uma abordagem iterativa, combinando o diagnóstico de riscos, a definição de funções e responsabilidades e o planeamento de acções prioritárias.

A criação de redes de voluntários e de reservas comunitárias de proteção civil oferece perspectivas interessantes para o reforço das capacidades locais. Elise Beck e Samuel Rufat (2021, p. 178) analisam os factores de sucesso e os desafios envolvidos na mobilização e manutenção destes sistemas baseados nos cidadãos. O seu estudo destaca a importância do reconhecimento institucional, da formação adequada e da integração efectiva nos sistemas de gestão de crises.

É essencial adaptar os recursos materiais e logísticos às condições locais específicas. Magali Reghezza-Zitt e Alexis Sierra (2020, p. 234) exploram abordagens para otimizar o dimensionamento e a utilização dos recursos em função dos riscos locais e das restrições geográficas. O seu trabalho salienta a importância da partilha intermunicipal de recursos e da flexibilidade na sua utilização.

O desenvolvimento de sistemas de informação

geográfica (SIG) dedicados à gestão de crises é uma ferramenta importante para reforçar as capacidades locais. Ludovic Fressard e Gilles Grandjean (2019, p. 67) analisam as vantagens dos SIG para a cartografia dinâmica dos riscos, a localização dos pontos vulneráveis e a coordenação das intervenções. A sua investigação salienta a importância da formação dos agentes locais na utilização destas ferramentas e da atualização regular dos dados.

A coordenação entre os diferentes níveis de governo (municípios, intermunicipalidades, departamentos, regiões) é crucial para uma gestão eficaz das crises. Céline Lutoff e Isabelle Ruin (2022, p. 201) estudam as formas de cooperação vertical e horizontal entre os actores institucionais. A sua análise destaca a importância dos acordos de parceria, dos exercícios inter-serviços e do feedback partilhado para melhorar a sinergia das respostas.

A integração das novas tecnologias nos sistemas locais de gestão de crises oferece perspectivas promissoras. David Provitolo e Damien Serre (2020, p. 112) exploram o potencial dos drones, dos sensores conectados e das aplicações móveis para melhorar a recolha de informações, a comunicação e a coordenação das acções. O seu trabalho sublinha a importância de uma abordagem pragmática, adaptada às capacidades e às necessidades reais das partes interessadas locais.

O reforço da resiliência das comunidades é um

dos principais objectivos do desenvolvimento das capacidades locais. Béatrice Quenault e Virginie Duvat-Magnan (2021, p. 156) analisam as abordagens utilizadas para mobilizar e capacitar as comunidades face ao risco. A sua investigação destaca a importância das iniciativas de autoajuda, das redes de solidariedade e das ações de prevenção coletiva no reforço do tecido social e da capacidade local de adaptação.

Por último, a avaliação e a melhoria contínua dos sistemas locais de gestão de crises são essenciais. Freddy Vinet e Anne-Catherine Chardon (2019, p. 289) exploram metodologias para medir a eficácia das capacidades locais e identificar áreas de melhoria. O seu trabalho sublinha a importância dos exercícios em grande escala, das auditorias externas e da capitalização da experiência para melhorar as práticas.

Em conclusão, o desenvolvimento das capacidades locais de gestão de crises e catástrofes exige uma abordagem global, que combine formação, organização, equipamento e participação dos cidadãos. Esta abordagem deve fazer parte de uma estratégia local de resiliência, combinando prevenção, preparação e gestão pós-crise. O êxito destas abordagens depende de um forte empenho dos representantes eleitos locais, de uma estreita colaboração entre os serviços públicos e os intervenientes privados e da participação ativa dos cidadãos. O principal desafio consiste em criar sistemas simultaneamente robustos e flexíveis, capazes de se adaptarem à diversidade das situações de emergência, tirando partido dos recursos e especificidades locais. O desenvolvimento das capacidades locais parece, pois, ser uma alavanca essencial para reforçar a resiliência dos territórios face aos riscos, em complementaridade com os sistemas nacionais de proteção civil.

5.4.5 Cooperação regional e internacional para a resiliência às alterações climáticas

A cooperação regional e internacional em matéria de resiliência climática tornou-se uma questão crucial, dada a natureza transfronteiriça dos impactos das alterações climáticas. Esta abordagem de colaboração visa reunir recursos, partilhar conhecimentos e coordenar acções para reforçar a capacidade de adaptação dos territórios e das populações. A aplicação destas estratégias coloca desafios complexos, combinando diplomacia ambiental, transferência de tecnologia e governação a vários níveis.

François Gemenne e Aleksandar Rankovic (2019, p. 45) sublinham a importância de uma abordagem integrada da cooperação internacional em matéria de clima. O seu trabalho salienta a necessidade de ultrapassar a divisão Norte-Sul e de adotar uma visão partilhada das questões de resiliência. Os autores sublinham a importância das plataformas de intercâmbio e dos mecanismos de solidariedade na promoção de uma ação colectiva eficaz.

O reforço das capacidades científicas e técnicas é um pilar essencial da cooperação para a resiliência climática. Valérie Masson-Delmotte e Jean Jouzel (2020, p. 123) analisam a colaboração internacional na investigação sobre o clima e o desenvolvimento de soluções de adaptação. O seu estudo salienta a importância de programas de investigação conjuntos, redes de observação e plataformas de partilha de dados para melhorar a compreensão dos fenómenos climáticos e dos seus impactos regionais.

A gestão transfronteiriça dos recursos naturais é uma questão importante para a cooperação regional. Magali Reghezza-Zitt e Michel Lussault (2018, p. 89) exploram abordagens para coordenar a gestão de bacias hidrográficas, ecossistemas partilhados e recursos hídricos num contexto de alterações climáticas. A sua investigação salienta a importância dos acordos internacionais, dos organismos de consulta e dos mecanismos de resolução de conflitos para a gestão sustentável e equitativa dos recursos partilhados.

O financiamento da adaptação às alterações climáticas é um desafio crucial para a cooperação internacional. Nicolas Stern e Joseph Stiglitz (2021, p. 178) analisam mecanismos inovadores de financiamento do clima, como os fundos verdes, as obrigações climáticas e as parcerias público-privadas transnacionais. O seu estudo sublinha a importância de uma abordagem equitativa da distribuição do financiamento, tendo em conta as vulnerabilidades específicas dos países em desenvolvimento.

A transferência de tecnologias de adaptação e de know-how é um dos principais objectivos da cooperação Norte-Sul e Sul-Sul. Bruno Latour e Dipesh

Chakrabarty (2020, p. 234) exploram as formas como as inovações tecnológicas e organizacionais para a resiliência climática são divulgadas e apropriadas. O seu trabalho salienta a importância de uma abordagem contextual, adaptando as soluções às realidades locais e tirando o máximo partido dos conhecimentos tradicionais.

A coordenação dos sistemas de alerta precoce e de gestão de catástrofes a nível regional é crucial. Johnny Douvinet e Freddy Vinet (2019, p. 67) analisam iniciativas de cooperação em matéria de previsão meteorológica, monitorização de riscos e assistência mútua em caso de crise. A sua investigação salienta a importância dos protocolos de intercâmbio de informações, dos exercícios conjuntos e dos mecanismos de solidariedade transfronteiriça para melhorar a capacidade de resposta a fenómenos extremos.

O desenvolvimento de estratégias regionais de adaptação às alterações climáticas oferece perspectivas interessantes. Céline Lutoff e Isabelle Ruin (2022, p. 201) estudam abordagens para o desenvolvimento de visões partilhadas e planos de ação coordenados à escala de grandes áreas geográficas (bacias marítimas, cadeias montanhosas, zonas costeiras). A sua análise sublinha a importância dos órgãos de governação regional, dos instrumentos de planeamento conjunto e dos mecanismos de acompanhamento e avaliação para garantir a coerência e a eficácia das acções.

A integração da resiliência climática nos acordos comerciais e nas políticas de desenvolvimento é uma questão emergente. David Held e Angus Hervey (2020, p. 112) exploram as formas como as questões climáticas, económicas e sociais estão ligadas em parcerias internacionais. O seu trabalho salienta a importância de uma abordagem holística, integrando os objectivos de resiliência em todas as políticas sectoriais e mecanismos de cooperação.

A mobilidade humana associada às alterações climáticas coloca desafios específicos em termos de cooperação internacional. François Gemenne e Christel Cournil (2021, p. 156) analisam as questões jurídicas, políticas e humanitárias associadas às deslocações de populações causadas pelos impactos climáticos. Os seus estudos sublinham a importância de uma abordagem concertada que combine prevenção, assistência e reinstalação planeada, a fim de gerir estes fluxos migratórios de forma sustentável.

Por último, o reforço das capacidades institucionais e da governação climática a nível nacional e local é essencial para uma cooperação eficaz. Béatrice Quenault e Virginie Duvat-Magnan (2019, p. 289) exploram as formas como os países em desenvolvimento podem ser apoiados na criação de políticas e estruturas dedicadas à resiliência climática. O seu trabalho destaca a importância da partilha de experiências, da prestação de assistência técnica e do desenvolvimento de competências para criar um ambiente propício à ação climática.

Em conclusão, a cooperação regional e internacional em matéria de resiliência climática exige uma abordagem multidimensional, que combine o empenhamento político, a solidariedade financeira, a colaboração científica e a mobilização dos cidadãos. Esta abordagem deve fazer parte de uma visão partilhada das questões climáticas, reconhecendo a interdependência das nações face a este desafio global. O sucesso destas abordagens depende de um equilíbrio entre o respeito pela soberania nacional e a ação colectiva, bem como da capacidade de olhar para além dos interesses de curto prazo para construir soluções sustentáveis. O grande desafio consiste em criar um quadro de cooperação simultaneamente ambicioso e operacional, capaz de mobilizar todos os actores e recursos necessários para reforçar a resiliência climática à escala mundial.

Conclusão:

Em conclusão, este capítulo sublinhou a importância crucial das estratégias de adaptação e resiliência face aos desafios climáticos e ambientais que as nossas sociedades enfrentam. A análise das várias abordagens e medidas apresentadas revela a complexidade e multidimensionalidade das questões envolvidas na resiliência urbana e regional.

Vimos que a adaptação às alterações climáticas exige uma profunda transformação na forma como planeamos e gerimos os nossos territórios. As soluções baseadas na natureza, o desenvolvimento urbano sustentável e a gestão integrada dos recursos hídricos parecem ser as principais formas de reforçar a resiliência das nossas cidades e dos nossos ecossistemas.

A redução das vulnerabilidades socioeconómicas é também essencial para a construção de comunidades mais resilientes. Isto significa repensar os nossos modelos económicos, reforçar os sistemas de proteção social e promover uma transição justa e inclusiva para estilos de vida mais sustentáveis.

A preparação para os riscos e a gestão de crises são outro pilar fundamental da resiliência. O desenvolvimento de sistemas de alerta precoce, planos de evacuação eficazes e o reforço das capacidades locais de gestão de catástrofes são elementos cruciais para fazer face a fenómenos extremos.

Por último, a cooperação regional e internacional é uma alavanca essencial para enfrentar os desafios globais das alterações climáticas. A partilha de conhecimentos, a reunião de recursos e a coordenação de acções a uma escala supranacional são essenciais para reforçar a resiliência colectiva das nossas sociedades.

Todas estas estratégias sublinham a necessidade de uma abordagem holística e integrada da resiliência, ligando diferentes escalas de ação (do local ao global), diferentes sectores (ambiental, económico, social) e todos os actores envolvidos (autoridades públicas, sector privado, sociedade civil).

Os desafios são ainda consideráveis, tanto em termos de mobilização de recursos financeiros e técnicos como de mudança de atitudes e práticas. No entanto, as iniciativas e inovações apresentadas neste capítulo mostram que é possível construir territórios e comunidades mais resilientes, capazes de se adaptarem e prosperarem num contexto de mudança global.

Por conseguinte, a resiliência não é apenas uma necessidade face aos riscos crescentes, mas também uma oportunidade para repensar os nossos modelos de desenvolvimento com vista a alcançar uma maior sustentabilidade, equidade e bem-estar coletivo. Trata-se de um grande desafio para as nossas sociedades, mas também de uma forma promissora de construir um futuro mais seguro e sustentável para as gerações actuais e futuras.

Capítulo 6: Reforçar a capacidade institucional para uma maior resiliência

O sexto capítulo deste livro centra-se no reforço da capacidade institucional, um elemento crucial para melhorar a resiliência urbana face aos desafios complexos e multidimensionais que as cidades contemporâneas enfrentam. Num contexto de rápida mudança global e crescente incerteza, é imperativo desenvolver estruturas de governação robustas e adaptáveis, capazes de formular e implementar estratégias eficazes de resiliência urbana.

A governação a vários níveis e a coordenação das políticas urbanas é a primeira área de análise neste capítulo. Esta abordagem reconhece que a resiliência urbana não pode ser tratada isoladamente, mas exige uma articulação coerente de acções entre diferentes níveis de governo, do local ao nacional. A tónica é colocada na clarificação de papéis e responsabilidades, no reforço das capacidades das autoridades locais e no desenvolvimento de mecanismos de coordenação interministerial. Estes elementos são essenciais para ultrapassar os silos institucionais e promover uma abordagem integrada da resiliência urbana.

O segundo domínio diz respeito aos quadros jurídicos e regulamentares, que desempenham um papel fundamental na criação de um ambiente propício à resiliência urbana. A adaptação dos códigos de urbanismo e de construção, o desenvolvimento de normas específicas em matéria de resiliência e a integração destes princípios nos documentos de planeamento regional são alavancas para institucionalizar a resiliência nas práticas urbanas. O reforço dos mecanismos de controlo e o desenvolvimento de incentivos legais e fiscais completam o quadro regulamentar.

A terceira área a considerar é o financiamento da resiliência urbana. Dada a escala do investimento necessário, é crucial diversificar as fontes de financiamento e desenvolver mecanismos inovadores, como as obrigações verdes e os fundos climáticos. O reforço da capacidade das cidades para aceder ao financiamento internacional e a criação de parcerias público-privadas estão também a ser explorados como formas promissoras de mobilizar os recursos necessários para aplicar estratégias de resiliência.

Por último, o capítulo sublinha a importância das parcerias, da cooperação descentralizada e do intercâmbio de boas práticas. Num mundo interligado, as cidades têm todo o interesse em partilhar as suas experiências e inspirar-se mutuamente em soluções inovadoras desenvolvidas noutros locais. A participação em redes internacionais de cidades resilientes, a promoção da cooperação descentralizada e a criação de plataformas de partilha de conhecimentos são formas de capitalizar a inteligência colectiva e acelerar a divulgação de boas práticas em matéria de resiliência urbana.

Ao abordar estes diferentes aspectos, este capítulo oferece uma análise aprofundada das alavancas institucionais que podem ser activadas para reforçar a resiliência urbana. Salienta a necessidade de uma abordagem sistémica e multiescalar, envolvendo uma diversidade de intervenientes e mobilizando uma variedade de recursos. O objetivo final é dotar as cidades da capacidade institucional para fazer face a choques e tensões crónicas, aproveitando simultaneamente as oportunidades de transformação para um desenvolvimento urbano mais sustentável e resiliente.

6.1 Governação a vários níveis e coordenação das políticas urbanas

6.1.1 Clarificação das funções e responsabilidades entre os diferentes níveis de governo

A clarificação dos papéis e responsabilidades dos diferentes níveis de governo é uma questão fundamental para uma governação eficaz da resiliência urbana. No contexto francês, caracterizado por uma organização territorial complexa e uma descentralização progressiva, esta clarificação é particularmente crucial para evitar a sobreposição de competências e otimizar a ação pública em prol da resiliência.

A análise da repartição de competências entre o Estado, as regiões, os departamentos e os municípios revela uma arquitetura institucional complexa que pode, por vezes, dificultar a aplicação coerente de estratégias de resiliência urbana. Como salienta Patrick Le Galès (2020, p. 87) no seu livro "Le retour des villes européennes", esta complexidade institucional pode conduzir a "conflitos de competências e a uma diluição das responsabilidades, que são particularmente prejudiciais no domínio da gestão dos riscos e da resiliência urbana".

A lei NOTRe (Nouvelle Organisation Territoriale de la République) de 2015 tentou clarificar a situação, reforçando o papel das regiões e dos intermunicípios. No entanto, segundo Gilles Pinson (2019, p. 213) em "La ville néolibérale", "esta reforma não resolveu totalmente os problemas de sobreposição de competências, nomeadamente em domínios transversais como a resiliência urbana, que implicam a coordenação entre vários níveis de governo".

Há várias soluções possíveis para estas dificuldades. Em primeiro lugar, o desenvolvimento de esquemas de governação que clarifiquem os papéis de cada nível na implementação de estratégias de resiliência parece ser uma necessidade. Romain Pasquier (2018, p. 156), em "Le pouvoir régional", recomenda "a criação de conferências de ação pública territorial dedicadas especificamente a questões de resiliência, permitindo a coordenação vertical e horizontal das políticas".

Além disso, o reforço do papel dos intermunicípios enquanto líderes da resiliência urbana a nível local parece adequado. Como explica Alain

Faure (2021, p. 78) em "La fabrique politique des métropoles", "as autoridades intermunicipais, em virtude da sua escala intermédia e da sua capacidade de federar municípios, estão particularmente bem colocadas para coordenar acções de resiliência à escala da bacia hidrográfica".

Por último, a introdução de contratos territoriais de resiliência, inspirados nos contratos-plano Estado-região, poderia fornecer um quadro formal para clarificar os compromissos e as responsabilidades de cada nível. De acordo com Helluin Jean-Jacques (2022, p. 134) em "Les nouveaux défis de l'aménagement du territoire", "estes contratos permitiriam formalizar os objectivos de resiliência, os recursos atribuídos e as responsabilidades de cada interveniente, garantindo simultaneamente a coerência global".

Em conclusão, a clarificação das funções e responsabilidades entre os diferentes níveis de governo parece ser uma condição prévia essencial para reforçar a eficácia das políticas de resiliência urbana. Esta clarificação deve ser acompanhada de uma reflexão sobre os mecanismos de coordenação e cooperação entre os diferentes níveis, a fim de garantir uma abordagem integrada e coerente dos desafios complexos da resiliência urbana.

6.1.2 Criação de mecanismos de coordenação interministerial para as questões urbanas

A criação de mecanismos de coordenação interministerial para questões urbanas representa um desafio importante na governação da resiliência urbana, especialmente no contexto francês, em que a fragmentação administrativa é frequentemente considerada um obstáculo a uma ação pública coerente. Esta questão faz parte de uma reflexão mais ampla sobre a natureza transversal das políticas públicas e a necessidade de ir além das abordagens sectoriais tradicionais, a fim de responder aos desafios complexos da resiliência urbana.

Como salienta Pierre Muller (2018, p. 67) no seu livro "Les politiques publiques", "a segmentação ministerial continua a ser um travão importante ao desenvolvimento de políticas integradas, em particular no domínio urbano que, pela sua própria natureza, exige uma abordagem multidimensional". Esta constatação sublinha a urgência de repensar os métodos de coordenação interministerial para as questões urbanas e, mais especificamente, para a resiliência urbana, que envolve domínios tão variados como o ambiente, o ordenamento do território, a economia e a saúde pública.

Podem ser consideradas várias vias de reflexão e ação em resposta a este desafio. Em primeiro lugar, a criação de organismos de coordenação interministerial especificamente dedicados às questões da resiliência urbana parece ser uma necessidade. A este respeito, Olivier Borraz (2020, p. 124), em "Gouverner par les risques", propõe "a criação de um comité interministerial para a resiliência urbana, colocado sob a autoridade do Primeiro-Ministro, a fim de garantir uma visão interdisciplinar e a mobilização de todas as administrações envolvidas".

Além disso, o desenvolvimento de ferramentas integradas de planeamento estratégico à escala nacional poderia encorajar uma melhor coordenação das acções ministeriais. Como explica Gilles Pinson (2019, p. 178) em "La ville néolibérale", "o desenvolvimento de um plano nacional de resiliência urbana, co-construído por todos os ministérios envolvidos, permitiria definir uma visão partilhada e objectivos comuns, facilitando assim a coordenação das acções no terreno".

A introdução de mecanismos orçamentais transversais é também uma forma importante de reforçar a coordenação interministerial. De acordo com Michel Bouvier (2021, p. 215), em "Les finances publiques", "a adoção de orçamentos interministeriais dedicados à resiliência urbana permitiria ultrapassar a lógica dos silos orçamentais e encorajar a colaboração entre administrações".

Por último, o reforço das competências e conhecimentos especializados nas administrações sobre questões de resiliência urbana parece ser um pré-requisito essencial para uma coordenação eficaz. Como salienta Patrick Le Galès (2020, p. 156) em "Le retour des villes européennes", "a formação de funcionários públicos superiores nas questões transversais da resiliência urbana e a criação de postos de peritos interministeriais dedicados a estas questões permitiriam criar uma cultura comum e facilitar os intercâmbios entre administrações".

Em conclusão, a criação de mecanismos de coordenação interministerial para as questões urbanas e, mais especificamente, para a resiliência urbana, exige uma profunda reformulação do modo de funcionamento da administração francesa. Isto implica não só mudanças estruturais e organizacionais, mas também uma transformação das culturas administrativas no sentido de uma maior interfuncionalidade e colaboração. Este é o preço que terá de ser pago para a emergência de uma governação verdadeiramente integrada da resiliência urbana, capaz de responder aos desafios complexos que as cidades francesas enfrentam.

6.1.3 Reforço das capacidades das autoridades locais em matéria de gestão urbana

O reforço das capacidades das autoridades locais na gestão urbana é uma questão central na procura de uma maior resiliência urbana. No contexto francês, onde a descentralização é um processo gradual mas ainda incompleto, esse reforço de capacidades é uma condição sine qua non para que as cidades possam enfrentar os complexos desafios da resiliência.

Como salienta Rémy Le Saout (2019, p. 87) no seu livro "La décentralisation en France", "a transferência de poderes para as autoridades locais nem sempre foi acompanhada por uma transferência equivalente de recursos e competências, criando um fosso entre as responsabilidades confiadas e a capacidade real de ação". Esta observação sublinha a necessidade de um esforço sustentado para dotar as autoridades locais dos recursos humanos, financeiros e técnicos necessários para uma gestão urbana eficaz e resiliente.

Reforçar as capacidades das autarquias locais significa, antes de mais, aumentar as competências dos funcionários das autarquias locais. A este respeito, Emilie Biland-Curinier (2020, p. 156), em "Les fonctionnaires territoriaux", recomenda "a criação de programas de formação contínua especificamente dedicados aos desafios da resiliência urbana, permitindo ao pessoal desenvolver competências de ponta em domínios como a gestão dos riscos, a adaptação às alterações climáticas e o planeamento urbano sustentável".

Além disso, o desenvolvimento de ferramentas de tomada de decisão adaptadas às realidades locais parece ser uma alavanca importante. De acordo com Patrick Le Galès e Gilles Pinson (2018, p. 213) em "Gouverner la ville numérique", "a integração de sistemas de informação geográfica (SIG) e de modelos preditivos nos processos de planeamento urbano permite às autoridades locais antecipar melhor os riscos e conceber estratégias de resiliência mais eficazes".

O reforço da capacidade financeira das colectividades locais é também um desafio importante. Como explica Alain Guengant (2021, p. 78) em "Les finances locales", "é necessário aumentar a autonomia fiscal das autoridades locais e desenvolver mecanismos de perequação mais eficazes para permitir que as cidades, incluindo as mais modestas, financiem os seus projectos de resiliência urbana".

A partilha de recursos e de competências entre as autoridades locais parece ser uma forma promissora de reforçar as capacidades locais. A este respeito, Hélène Reigner (2020, p. 134) em "Gouverner la ville fragmentée" (Governar a cidade fragmentada) salienta que "o desenvolvimento de serviços conjuntos e de agências técnicas partilhadas à escala intermunicipal permite que as autoridades locais beneficiem de conhecimentos especializados de alto nível que não poderiam pagar individualmente".

Por último, o reforço das parcerias entre as autoridades locais e o mundo da investigação parece essencial para alimentar as competências locais. De acordo com Gilles Novarina (2019, p. 245) em "Plan et projet", "a criação de cadeiras universitárias dedicadas à resiliência urbana e o desenvolvimento de programas de investigação-ação em parceria com as autoridades locais ajudam a construir pontes entre a investigação académica e as práticas de gestão urbana".

Em conclusão, o reforço das capacidades das autoridades locais em matéria de gestão urbana exige uma abordagem multidimensional, que combine formação, ferramentas técnicas, recursos financeiros e parcerias estratégicas. É vital que as autoridades locais desenvolvam as competências de que necessitam para desempenhar plenamente o seu papel na construção de cidades resilientes capazes de se adaptarem aos desafios actuais e futuros. Trata-se de um investimento crucial no futuro das nossas zonas urbanas, que deve ser apoiado por uma política nacional ambiciosa de reforço das capacidades locais.

6.1.4 Desenvolvimento de ferramentas de planeamento estratégico integrado à escala metropolitana

O desenvolvimento de ferramentas de planeamento estratégico integrado à escala metropolitana representa um desafio crucial para o reforço da resiliência urbana no contexto francês. Esta abordagem visa ultrapassar os limites do planeamento fragmentado e setorial e propor uma visão holística e coerente do desenvolvimento urbano à escala das grandes aglomerações urbanas.

Como Gilles Pinson (2019, p. 156) salienta no seu livro "La ville néolibérale", "o planeamento estratégico metropolitano parece ser uma resposta necessária à crescente complexidade das questões urbanas e à emergência de riscos sistémicos que vão muito além das fronteiras administrativas tradicionais". Esta observação sublinha a necessidade urgente de repensar os nossos instrumentos de planeamento para os adaptar à realidade das dinâmicas metropolitanas contemporâneas.

Um dos principais desafios consiste em integrar as diferentes dimensões da resiliência urbana num quadro de planeamento coerente. A este respeito, Alain Bourdin (2020, p. 89), em "L'urbanisme d'après crise", propõe "o desenvolvimento de planos diretores para a resiliência metropolitana, ligando questões ambientais, sociais, económicas e de governação numa visão estratégica a longo prazo". Estes planos permitiriam ultrapassar as abordagens sectoriais e propor um roteiro integrado para a resiliência à escala metropolitana.

A tomada em consideração das interdependências entre os diferentes sistemas urbanos é outro dos grandes eixos de desenvolvimento destes instrumentos. De acordo com Nathalie Roseau (2018, p. 213) em "Villes et infrastructures en transition", "o planeamento estratégico metropolitano deve basear-se numa análise detalhada dos fluxos e redes que estruturam o funcionamento da metrópole, a fim de identificar vulnerabilidades sistémicas e conceber estratégias de resiliência adequadas".

A integração de diferentes escalas temporais no planeamento também parece ser uma questão crucial. Como explica Martin Vanier (2021, p. 134) em "Le pouvoir des territoires", "os instrumentos de planeamento estratégico metropolitano devem permitir combinar acções a curto prazo com uma visão a longo prazo, incorporando simultaneamente mecanismos de adaptação contínua face à incerteza".

Além disso, o desenvolvimento de ferramentas avançadas de modelação e simulação parece essencial para apoiar este planeamento estratégico. De acordo com Patrick Le Galès e Tommaso Vitale (2020, p. 78) em "Gouverner la métropole parisienne", "a utilização de modelos digitais integrados, capazes de simular as interações complexas entre diferentes sistemas urbanos, pode melhorar significativamente a qualidade das decisões de planeamento metropolitano".

A participação dos cidadãos e o envolvimento das partes interessadas no processo de planeamento são também elementos-chave. A este respeito, Marie-Hélène Bacqué e Mario Gauthier (2019, p. 167), em "Participation, urbanisme et études urbaines", salientam que "o desenvolvimento de ferramentas de planeamento colaborativo, baseadas em tecnologias digitais e métodos de co-construção, permite enriquecer o planeamento estratégico metropolitano com a experiência dos cidadãos e das partes interessadas locais".

Por último, a ligação entre o planeamento estratégico metropolitano e outros níveis de governação territorial parece ser um desafio importante. De acordo com Philippe Estèbe (2018, p. 245) em "L'égalité des territoires", "os instrumentos de planeamento metropolitano devem assegurar a coerência das estratégias locais, regionais e nacionais, preservando simultaneamente as caraterísticas específicas e a autonomia de cada nível territorial".

Em conclusão, o desenvolvimento de instrumentos integrados de planeamento estratégico à escala metropolitana é uma tarefa complexa mas essencial para reforçar a resiliência urbana no contexto francês. Isto implica não só uma mudança nos métodos e instrumentos técnicos, mas também uma profunda transformação na cultura do planeamento urbano, no sentido de uma abordagem mais sistémica, participativa e adaptativa. Este é o preço que terá de ser pago para que as cidades francesas se dotem de quadros de planeamento à altura dos desafios de resiliência que enfrentam.

6.1.5 Promover a governação participativa e as abordagens da base para o topo

A promoção da governação participativa e de abordagens ascendentes no contexto da resiliência urbana constitui um desafio importante para a transformação dos modos tradicionais de governação e para a plena integração dos cidadãos e dos intervenientes locais na construção de uma cidade resiliente. Este desenvolvimento faz parte de um movimento mais vasto para democratizar a ação pública e reconhecer os conhecimentos especializados dos residentes locais.

Como Loïc Blondiaux (2021, p. 67) salienta no seu livro "La démocratie participative", "envolver os cidadãos na definição e implementação de estratégias de resiliência urbana não é apenas um imperativo democrático, mas também uma garantia da eficácia e relevância das políticas públicas". Esta observação sublinha a necessidade de repensar os processos de decisão em matéria de planeamento urbano e de gestão dos riscos, a fim de integrar plenamente a voz dos cidadãos.

Um dos principais desafios é desenvolver mecanismos de participação adaptados às questões complexas da resiliência urbana. A este respeito, Marie-Hélène Bacqué e Mario Gauthier (2019, p. 134), em "Participation, urban planning and urban studies", propõem "a criação de fóruns híbridos, reunindo peritos, representantes eleitos e cidadãos, para co-construir visões partilhadas da resiliência urbana e definir coletivamente estratégias de ação". Estes fóruns de diálogo permitiriam combinar conhecimentos especializados e leigos para melhorar a compreensão das vulnerabilidades urbanas e das alavancas da resiliência.

A integração de abordagens ascendentes nos processos de planeamento urbano é outro dos grandes eixos desta evolução. Segundo Gilles Pinson (2020, p. 213) em "La ville néolibérale", "o planeamento colaborativo, baseado nas iniciativas dos cidadãos e nas dinâmicas de bairro, permite ancorar as estratégias de resiliência nas realidades locais e mobilizar os recursos endógenos dos territórios". Esta abordagem implica o reconhecimento e a promoção das iniciativas dos cidadãos no domínio da resiliência, seja sob a forma de projectos de agricultura urbana, de solidariedade de proximidade ou de inovações sociais.

O desenvolvimento de ferramentas digitais participativas também parece ser uma alavanca importante para facilitar o envolvimento dos cidadãos. Como explica Dominique Cardon (2018, p. 156) em "Digital Culture", "as plataformas de mapeamento colaborativo e as aplicações de ciência cidadã oferecem novas possibilidades de envolver os residentes na identificação de riscos, na recolha de dados e na proposta de soluções inovadoras para a resiliência urbana".

A formação e o reforço das capacidades dos cidadãos são elementos fundamentais para garantir uma participação efectiva. A este respeito, Jacques Donzelot e Renaud Epstein (2019, p. 89), em "Démocratie et participation: l'exemple de la rénovation urbaine" (Democracia e participação: o exemplo da renovação urbana), sublinham que "o desenvolvimento de programas de educação popular sobre a resiliência urbana e a introdução de orçamentos participativos dedicados a projectos de resiliência permitem reforçar o poder de ação dos cidadãos e a sua capacidade de contribuir ativamente para as políticas urbanas".

A ligação entre as abordagens participativas e os processos formais de tomada de decisão representa um desafio importante. Segundo Yves Sintomer (2020, p. 178) em "Le pouvoir au peuple", "a institucionalização da participação dos cidadãos nos procedimentos de planeamento e gestão urbanos, nomeadamente através da criação de conselhos de cidadãos dedicados à resiliência, é necessária para garantir que os contributos dos cidadãos são verdadeiramente tidos em conta na tomada de decisões públicas".

Por último, a promoção de uma cultura de resiliência a nível local parece ser uma questão crucial. Como salienta Patrick Lagadec (2021, p. 245) em "Le temps de l'invention", "o desenvolvimento de exercícios de simulação participativa e de iniciativas de prospetiva dos cidadãos contribui para sensibilizar os habitantes locais para as questões da resiliência e para reforçar a capacidade colectiva de enfrentar as crises".

Em conclusão, a promoção da governação participativa e de abordagens ascendentes à resiliência urbana é uma tarefa ambiciosa mas essencial se quisermos construir cidades verdadeiramente resilientes e inclusivas. Isto implica não só uma transformação das práticas institucionais, mas também uma mudança profunda na cultura da governação urbana, no sentido de uma abordagem mais colaborativa e aberta à inteligência colectiva dos territórios. Este é o preço que terá de ser pago se as cidades francesas quiserem mobilizar plenamente o potencial dos seus residentes para enfrentar os complexos desafios da resiliência urbana no século XXI.

6.2 Quadros jurídicos e regulamentações para promover a resiliência

6.2.1 Revisão e adaptação dos códigos de urbanismo e de construção

A revisão e adaptação dos códigos do urbanismo e da construção é uma forma fundamental de integrar os princípios da resiliência urbana no quadro regulamentar francês. Esta abordagem faz parte de uma necessidade mais ampla de desenvolver normas e práticas de planeamento urbano face aos desafios contemporâneos, em particular os ligados às alterações climáticas e aos riscos emergentes.

Como salienta Jean-Pierre Lebreton (2019, p. 45) no seu livro "Droit de l'urbanisme", "os códigos actuais, embora regularmente actualizados, continuam a ter dificuldade em integrar plenamente os desafios da resiliência urbana na sua arquitetura global. É necessária uma revisão profunda para passar de uma abordagem essencialmente regulamentar para uma abordagem mais estratégica e adaptativa".

Esta revisão deve, antes de mais, ter em conta a evolução dos conhecimentos científicos sobre os riscos urbanos. A este respeito, Yves Dauge (2020, p. 112), em "La prévention des risques naturels", recomenda "a integração sistemática dos dados mais recentes sobre os riscos climáticos e ambientais nos documentos de planeamento urbano, a fim de assegurar que o planeamento urbano seja verdadeiramente informado pelos riscos".

A adaptação das normas de construção é outro foco importante desta revisão. De acordo com Alain Maugard e Jean-Pierre Hedge (2018, p. 78) em "Regards croisés sur la construction durable", "os regulamentos térmicos devem evoluir para uma abordagem mais global do desempenho ambiental dos edifícios, integrando não só a eficiência energética, mas também a resiliência a fenómenos climáticos extremos e a adaptabilidade de utilização".

A flexibilidade e a adaptabilidade das regras de planeamento urbano também parecem ser questões cruciais. Como explica Elsa Vivant (2021, p. 156) em "L'urbanisme temporaire", "a introdução de um planeamento transitório e de um zonamento flexível nos códigos permitiria às cidades adaptarem-se mais rapidamente às mudanças de contexto e às situações de crise, reforçando assim a sua resiliência".

Além disso, a integração dos princípios da economia circular no planeamento urbano e nos códigos de construção parece inevitável. Segundo Sabine Barles (2020, p. 203) em "L'urbanisme circulaire", "a revisão dos códigos deve favorecer a reutilização dos materiais, a mutabilidade dos edifícios e a conceção de infra-estruturas urbanas mais resistentes e que consumam menos recursos".

Por último, é necessário ter em conta as especificidades territoriais aquando da adaptação dos códigos. Como salienta Gilles Novarina (2019, p. 89) em "Plan et projet", "a revisão dos códigos deve permitir uma maior contextualização das normas, de modo a ter em conta as especificidades geográficas, climáticas e socioeconómicas de cada território na definição das regras de urbanismo e de construção".

A implementação desta revisão requer uma abordagem colaborativa que envolva uma diversidade de partes interessadas. De acordo com Ariella

Masboungi (2018, p. 134) em "L'urbanisme négocié", "a revisão dos códigos deve basear-se numa consulta aprofundada entre as autoridades públicas, os profissionais do planeamento urbano e da construção, os investigadores e a sociedade civil, a fim de garantir normas simultaneamente ambiciosas e operacionais".

Em conclusão, a revisão e adaptação dos códigos do urbanismo e da construção é uma tarefa complexa mas essencial para que os princípios da resiliência urbana sejam ancorados no quadro regulamentar francês. Isto implica não só uma atualização técnica das normas, mas também uma mudança profunda na própria filosofia destes códigos, no sentido de uma abordagem mais integrada, flexível e adaptativa do desenvolvimento urbano. Só assim as cidades francesas disporão de um quadro regulamentar verdadeiramente favorável à sua resiliência face aos desafios do século XXI.

6.2.2 Desenvolvimento de normas e padrões para a resiliência urbana

O desenvolvimento de normas e padrões para a resiliência urbana representa um passo crucial na formalização e operacionalização dos princípios de resiliência no âmbito das práticas de planeamento e gestão urbanos. O objetivo é estabelecer um quadro de referência comum para avaliar, comparar e melhorar a resiliência das cidades face aos vários riscos e perturbações que enfrentam.

Como Serge Salat (2019, p. 78) salienta no seu

livro "Les villes résilientes", "o estabelecimento de normas e padrões para a resiliência urbana é essencial para passar de uma abordagem concetual para a implementação concreta e mensurável dos princípios de resiliência no planeamento e gestão urbanos". Esta observação realça a importância de dispor de ferramentas normalizadas para orientar as acções dos decisores e dos profissionais.

Um dos principais desafios é definir indicadores relevantes e mensuráveis de resiliência urbana. A este respeito, Judith Rodin (2020, p. 156), em "The Resilience Dividend", propõe "o desenvolvimento de um índice composto de resiliência urbana, integrando dimensões como a robustez das infra-estruturas, a diversidade económica, a coesão social e a adaptabilidade institucional". Este tipo de índice forneceria uma avaliação holística do nível de resiliência de uma cidade e identificaria áreas prioritárias para melhoria.

A tomada em consideração das especificidades locais no desenvolvimento de normas é outro ponto importante. De acordo com Simin Davoudi (2018, p. 213) em "Resiliência e o Sistema de Planeamento Europeu", "as normas de resiliência urbana devem ser suficientemente flexíveis para se adaptarem aos variados contextos geográficos, culturais e socioeconómicos das cidades, mantendo simultaneamente um quadro de avaliação comum". Esta abordagem implica o desenvolvimento de normas modulares, que permitam a contextualização, preservando simultaneamente uma base comparativa.

A integração de diferentes escalas temporais e espaciais nas normas também parece ser uma questão crucial. Como explica David Chandler (2021, p. 134) em "Resilience in the Anthropocene", "as normas de resiliência urbana devem permitir ligar acções de curto prazo a objectivos de longo prazo e ter em conta as interdependências entre a escala do bairro, da cidade e da região metropolitana".

Além disso, parece essencial o desenvolvimento de métodos normalizados para avaliar os riscos e vulnerabilidades urbanos. De acordo com Mark Pelling (2020, p. 89) em "Urban Disaster Risk", "o estabelecimento de protocolos normalizados para a análise de riscos urbanos, integrando as dimensões física, social e económica, é necessário para garantir uma abordagem coerente e abrangente da resiliência".

A participação das partes interessadas no desenvolvimento de normas é também um elemento-chave. A este respeito, Laurent Frédéric (2019, p. 167), em "La fabrique de la ville résiliente", sublinha que "o envolvimento dos actores locais, dos profissionais do planeamento urbano e dos investigadores no processo de normalização ajuda a garantir a pertinência e a aplicabilidade das normas desenvolvidas".

Por último, a harmonização das normas de resiliência urbana com outros quadros regulamentares e objectivos de desenvolvimento sustentável parece ser um grande desafio. De acordo com Timon McPhearson

(2018, p. 245) em "Resilient Urban Futures", "as normas de resiliência têm de ser coerentemente articuladas com os Objectivos de Desenvolvimento Sustentável, as políticas de mitigação das alterações climáticas e os regulamentos sectoriais existentes".

Em conclusão, o desenvolvimento de normas e padrões para a resiliência urbana é uma tarefa complexa mas essencial para que os princípios da resiliência sejam postos em prática no contexto urbano francês. Isto implica não só um trabalho técnico para definir indicadores e métodos de avaliação, mas também uma reflexão aprofundada sobre a forma como estas normas podem ser adaptadas às especificidades locais, mantendo um quadro comum. É a este preço que as cidades francesas poderão dispor de ferramentas normalizadas para orientar e avaliar os seus esforços no domínio da resiliência urbana, contribuindo assim para reforçar a sua capacidade de enfrentar os desafios do século XXI.

6.2.3 Integração dos princípios de resiliência nos documentos de planeamento regional

A integração dos princípios de resiliência nos documentos de planeamento regional é um desafio importante para que a resiliência urbana seja firmemente ancorada nas práticas de planeamento e desenvolvimento das regiões francesas. O objetivo desta abordagem é desenvolver os instrumentos de planeamento existentes, como os Schémas de Cohérence Territoriale (SCoT), os Plans Locaux d'Urbanisme Intercommunaux (PLUi) e os Plans Climat-Air- Énergie Territoriaux (PCAET), para integrar sistematicamente as questões de resiliência em todos os domínios.

Como salienta Martin Vanier (2020, p. 112) no seu livro "Le pouvoir des territoires", "a integração da resiliência nos documentos de planeamento não deve limitar-se a acrescentar uma vertente suplementar, mas deve implicar uma revisão profunda da forma como concebemos e organizamos o desenvolvimento territorial". Esta observação sublinha a necessidade de uma abordagem holística e sistémica do planeamento territorial.

Um dos principais desafios é desenvolver uma visão prospetiva e adaptativa nos documentos de planeamento. A este respeito, François Ascher (2019, p. 156), em "Les nouveaux principes de l'urbanisme", propõe "a introdução de cenários de resiliência a longo prazo nos SCoT, permitindo antecipar diferentes trajectórias possíveis para o desenvolvimento do território face aos riscos e às alterações globais". Esta abordagem prospetiva reforçaria a capacidade de antecipação e adaptação das regiões.

A tomada em consideração das interdependências entre os diferentes sistemas urbanos é outro aspeto importante desta integração. Segundo Sabine Barles (2021, p. 213) em "L'urbanisme écologique", "os documentos de planeamento devem adotar uma abordagem metabólica do território, analisando os fluxos de materiais, de energia e de informação para identificar as vulnerabilidades sistémicas e elaborar estratégias integradas de resiliência".

A incorporação do conhecimento dos riscos e vulnerabilidades locais nos documentos de planeamento também parece ser uma questão crucial. Como explica Magali Reghezza-Zitt (2018, p. 134) em "La ville résiliente", "o PLUi deve basear-se em diagnósticos aprofundados dos riscos territoriais, integrando não só os riscos naturais e tecnológicos, mas também as vulnerabilidades sociais e económicas".

Além disso, o desenvolvimento de indicadores de resiliência adaptados às escalas de planeamento parece essencial. Segundo Alain Bourdin (2020, p. 89) em "L'urbanisme d'après crise", "o desenvolvimento de um sistema de indicadores de resiliência territorial, integrado nos instrumentos de acompanhamento e avaliação dos documentos de planeamento, permitiria medir os progressos realizados e ajustar as estratégias em conformidade".

A participação dos cidadãos na elaboração de documentos de planeamento resiliente é também um elemento fundamental. A este respeito, Marie-Christine Jaillet (2019, p. 167), em "La métropole fragile", sublinha que "o envolvimento dos residentes na definição das orientações de resiliência territorial, em particular através de abordagens participativas de prospetiva, permite que os documentos de planeamento sejam enriquecidos pela experiência e aspirações locais".

Finalmente, a ligação entre os diferentes níveis de planeamento parece ser um desafio importante. Segundo Gilles Pinson (2021, p. 245) em "La ville néolibérale", "a integração dos princípios de resiliência nos documentos de planeamento deve garantir a coerência das estratégias locais, metropolitanas e regionais, preservando as especificidades de cada nível territorial".

Em conclusão, a integração dos princípios de resiliência nos documentos de planeamento regional é um empreendimento ambicioso, mas essencial para que as práticas de planeamento e desenvolvimento das regiões francesas sejam radicalmente transformadas. Isto implica não só alterações técnicas nos próprios documentos, mas também uma mudança de paradigma na forma como o ordenamento do território é concebido, no sentido de uma abordagem mais sistémica, adaptativa e participativa. É este o preço a pagar para que os territórios franceses se dotem de quadros de ordenamento verdadeiramente favoráveis à sua resiliência face aos desafios do século XXI.

6.2.4 Reforçar o controlo regulamentar e os mecanismos de aplicação

O reforço dos mecanismos de controlo e aplicação da regulamentação é um elemento crucial para garantir a eficácia das normas e padrões de resiliência urbana. Esta abordagem visa garantir a aplicação efectiva dos princípios de resiliência consagrados no planeamento urbano e rural e nos códigos de construção.

Como salienta Jean-Bernard Auby (2019, p. 78) no seu livro "Droit de la ville", "a eficácia das regras de resiliência urbana depende tanto da qualidade das próprias normas como da robustez dos mecanismos de controlo e sanção". Esta observação sublinha a importância de um sistema rigoroso de controlo e aplicação para traduzir as ambições regulamentares em realidades concretas no terreno.

Um dos principais desafios consiste em reforçar as capacidades de controlo das autoridades locais. A este respeito, Patrice Duran (2020, p. 156), em "Penser l'action publique" (Pensar a ação pública), propõe "o desenvolvimento de uma formação específica para os funcionários locais responsáveis pela monitorização, para os familiarizar com os novos desafios da resiliência urbana e os métodos de avaliação associados". Este reforço de competências é essencial para garantir um acompanhamento eficaz e pertinente.

A introdução de sistemas de acompanhamento e avaliação contínuos dos projectos urbanos é outro ponto importante. De acordo com Cyria Emelianoff (2018, p. 213) em "La ville durable, une notion fossile?", "a introdução de auditorias de resiliência regulares para os grandes projectos urbanos permitiria verificar o cumprimento das normas ao longo do ciclo de vida dos empreendimentos e identificar os ajustamentos necessários". Esta abordagem dinâmica do controlo favoreceria uma adaptação contínua à evolução dos riscos e das normas.

O envolvimento dos cidadãos nos processos de controlo também parece ser uma questão crucial. Como explica Jacques Chevallier (2021, p. 134) em "L'État postmoderne", "o desenvolvimento de mecanismos de vigilância dos cidadãos, baseados em ferramentas digitais participativas, pode complementar eficazmente a ação das autoridades na monitorização da resiliência urbana". Esta abordagem mobilizaria a inteligência colectiva para identificar incumprimentos e vulnerabilidades.

Além disso, parece essencial reforçar as sanções em caso de incumprimento das normas de resiliência. De acordo com Marie-Anne Frison-Roche (2020, p. 89) em "Les outils de la régulation", "a introdução de sanções financeiras dissuasivas, proporcionais ao impacto potencial na resiliência urbana, é necessária para encorajar os actores a cumprir escrupulosamente os regulamentos". Este sistema deve ser acompanhado de mecanismos de apoio para ajudar os actores a cumprir a regulamentação.

A coordenação entre as diferentes autoridades de controlo é também um elemento fundamental. A este respeito, Renaud Epstein (2019, p. 167), em "La gouvernance territoriale", salienta que "a criação de plataformas interserviços para a partilha de informações e a coordenação dos controlos permitiria otimizar os recursos e assegurar uma cobertura mais abrangente das questões de resiliência urbana".

Por último, a adaptação dos mecanismos de controlo às especificidades locais parece ser um desafio importante. De acordo com Alain Bourdin (2018, p. 245) em "L'urbanisme d'après crise", "os mecanismos de controlo devem ser suficientemente flexíveis para se adaptarem a contextos territoriais variados, mantendo ao mesmo tempo um elevado nível de resiliência".

Em conclusão, o reforço dos mecanismos de controlo e aplicação da regulamentação em matéria de resiliência urbana é uma tarefa complexa mas essencial para garantir a eficácia das normas e padrões desenvolvidos. Trata-se não só de reforçar os meios e as competências das autoridades de controlo, mas também de avançar para abordagens de controlo mais participativas e adaptativas. É a este preço que as cidades francesas poderão garantir que os princípios de resiliência consagrados nos seus regulamentos se traduzem efetivamente em transformações concretas no terreno, contribuindo assim para reforçar a sua capacidade de enfrentar os desafios urbanos do século XXI.

6.2.5 Desenvolvimento de incentivos jurídicos e fiscais para promover a resiliência

O desenvolvimento de incentivos legais e fiscais para promover a resiliência urbana é um meio importante de encorajar os intervenientes públicos e privados a incorporar princípios de resiliência nos seus projectos e práticas. Esta abordagem visa complementar o quadro regulamentar com mecanismos de incentivo, criando assim um ambiente propício à adoção voluntária de medidas de resiliência.

Como Philippe Estèbe (2020, p. 112) salienta no seu livro "L'égalité des territoires, une passion française", "os incentivos legais e fiscais podem desempenhar um papel catalisador na disseminação de práticas de resiliência urbana, alinhando os interesses económicos das partes interessadas com os objectivos de sustentabilidade e adaptação". Esta observação realça o potencial dos incentivos para acelerar a transição para cidades mais resilientes.

Um dos principais desafios consiste em conceber mecanismos eficazes de incentivo fiscal. A este respeito, Alain Trannoy (2019, p. 156), em "Taxation and sustainable development", propõe "a introdução de um sistema de bónus-malus fiscal para projectos imobiliários, com base no seu desempenho em termos de resiliência, incorporando critérios como a adaptação às alterações climáticas, a gestão de riscos naturais e a flexibilidade funcional". Este tipo de regime poderia incentivar os promotores a ir além dos requisitos regulamentares mínimos.

Outro domínio fundamental é a introdução de incentivos jurídicos inovadores. De acordo com Jean-Bernard Auby (2021, p. 213) em "Droit de la ville durable", "a introdução de direitos de construção adicionais ou de procedimentos de autorização acelerados para projectos que demonstrem um elevado nível de resiliência poderia estimular a inovação neste domínio". Estes incentivos jurídicos permitiriam reconhecer de forma tangível os esforços no domínio da resiliência urbana.

A adaptação dos mecanismos de incentivo às especificidades locais também parece ser uma questão crucial. Como explica Gilles Novarina (2018, p. 134) em "Plan et projet", "os regimes de incentivos devem ser suficientemente flexíveis para se adaptarem a contextos territoriais variados, mantendo simultaneamente a coerência nacional nos objetivos de resiliência prosseguidos". Esta abordagem permitiria ter em conta os desafios de resiliência específicos de cada território.

Além disso, o desenvolvimento de incentivos para a renovação dos edifícios existentes parece essencial. De acordo com Hélène Peskine (2020, p. 89) em "La rénovation urbaine", "a introdução de mecanismos de isenção fiscal condicionados à melhoria da resiliência dos edifícios existentes poderia acelerar a atualização do parque imobiliário face a novos riscos". Este tipo de incentivo é particularmente importante no contexto francês, onde o parque imobiliário é antigo.

A criação de incentivos para iniciativas colectivas de resiliência é também um elemento-chave. A este respeito, Cyria Emelianoff (2019, p. 167), em "La ville durable, une notion fossile?", salienta que "o desenvolvimento de mecanismos de financiamento participativo com benefícios fiscais para projectos de resiliência à escala do bairro poderia encorajar abordagens colectivas e o envolvimento dos cidadãos".

Por último, a relação entre os incentivos e os outros instrumentos de política pública constitui um desafio importante. Segundo Patrick Le Galès (2021, p. 245) em "Le retour des villes européennes", "os incentivos devem ser integrados de forma coerente no conjunto dos instrumentos de política urbana, complementando a regulamentação, os investimentos públicos e as acções de sensibilização".

Em conclusão, o desenvolvimento de incentivos legais e fiscais para promover a resiliência urbana é uma forma promissora de acelerar a transição para cidades mais bem adaptadas aos desafios contemporâneos. Isto implica não só um exame aprofundado dos mecanismos de incentivo mais eficazes, mas também uma análise cuidadosa da sua adequação ao quadro regulamentar existente e às caraterísticas regionais específicas. É a este preço que as cidades francesas poderão criar um ambiente verdadeiramente favorável à adoção generalizada dos princípios da resiliência urbana, mobilizando assim todos os actores locais para esta transformação necessária.

6.3 Financiamento da resiliência urbana e mobilização de recursos

6.3.1 Diversificação das fontes de financiamento para projectos de resiliência urbana

A diversificação das fontes de financiamento para projectos de resiliência urbana é uma questão crucial para que as estratégias de resiliência sejam implementadas de forma eficaz e a longo prazo. Dada a escala do investimento necessário e as restrições orçamentais das autoridades locais, é essencial explorar e mobilizar uma variedade de mecanismos financeiros inovadores.

Como salienta Dominique Lorrain (2018, p. 78) no seu livro "L'urbanisme 1.0", "a resiliência urbana exige investimentos maciços e de longo prazo que excedem as capacidades financeiras tradicionais das autoridades locais, exigindo uma profunda revisão dos modelos de financiamento". Esta observação realça a necessidade urgente de repensar as abordagens ao financiamento da resiliência urbana.

Um dos principais desafios é a mobilização de financiamento privado para projectos de resiliência. A este respeito, Isabelle Baraud-Serfaty (2020, p. 156), em "La nouvelle économie des territoires", propõe "o desenvolvimento de parcerias público-privadas especificamente concebidas para projectos de resiliência, incorporando mecanismos de partilha de riscos e benefícios adaptados à natureza de longo prazo destes investimentos". Esta abordagem permitiria obter fundos substanciais, alinhando simultaneamente os interesses dos actores públicos e privados.

A exploração do potencial dos mercados financeiros é outro foco importante. De acordo com Michel Aglietta (2019, p. 213) em "La monnaie entre dettes et souveraineté", "a emissão de obrigações verdes e resilientes pelas autoridades locais oferece uma oportunidade de captar as poupanças de investidores institucionais e particulares para financiar projectos de resiliência urbana". Este tipo de instrumento financeiro permitiria diversificar as fontes de financiamento, sensibilizando simultaneamente os investidores para as questões da resiliência.

O desenvolvimento de mecanismos de financiamento participativo também parece ser uma questão crucial. Como explica Raphaël Besson (2021, p. 134) em "Les Laboratoires Urbains", "as plataformas de financiamento coletivo dedicadas a projectos de resiliência urbana podem mobilizar as poupanças dos cidadãos e reforçar a apropriação local das iniciativas de resiliência". Esta abordagem permitiria não só angariar fundos, mas também reforçar a participação dos cidadãos na construção da resiliência urbana.

Além disso, parece essencial otimizar os mecanismos de perequação e de solidariedade territorial. De acordo com Laurent Davezies (2020, p. 89) em "L'État a toujours soutenu ses territoires", "a criação de fundos de perequação especificamente dedicados à resiliência urbana permitiria reunir esforços à escala nacional e apoiar os territórios mais vulneráveis". Este tipo de mecanismo é particularmente importante para garantir que os investimentos em resiliência sejam distribuídos de forma justa em todo o país.

A utilização inovadora de instrumentos fiscais é também um elemento-chave. A este respeito, Alain Trannoy (2019, p. 167), em "Fiscalité et développement durable", salienta que "a criação de impostos reservados ou de mecanismos de captura do valor acrescentado da propriedade ligada a investimentos de resiliência poderia gerar recursos dedicados e a longo prazo para financiar estes projectos".

Por fim, a coordenação com os financiamentos europeus e internacionais é um desafio importante. De acordo com Patrick Le Galès (2021, p. 245) em "Le retour des villes européennes", "as cidades francesas devem reforçar a sua capacidade de atrair financiamento europeu dedicado à resiliência urbana, em particular através de uma melhor estruturação dos seus projectos e de uma maior cooperação com outras cidades europeias".

Em conclusão, a diversificação das fontes de financiamento para projectos de resiliência urbana é uma tarefa complexa mas essencial para que as cidades francesas sejam efetivamente transformadas no sentido de uma maior resiliência. Isto implica não só uma inovação financeira significativa, mas também mudanças nas práticas de governação e de gestão de projectos nas autoridades locais. É a este preço que as cidades francesas poderão mobilizar os recursos de que necessitam para implementar estratégias de resiliência ambiciosas e de longo prazo que estejam à altura dos desafios do século XXI.

6.3.2 Desenvolvimento de mecanismos de financiamento inovadores (obrigações verdes, fundos climáticos)

O desenvolvimento de mecanismos de financiamento inovadores para apoiar projectos de resiliência urbana é uma questão crucial, dada a escala do investimento necessário e as restrições orçamentais das autoridades locais. As obrigações verdes e os fundos climáticos estão entre os instrumentos mais promissores para mobilizar capital dedicado à resiliência e à adaptação às alterações climáticas.

Como salienta Olivier Godard (2020, p. 112) no seu livro "La finance verte", "os mecanismos de financiamento inovadores oferecem uma oportunidade única para canalizar a poupança privada para projectos de resiliência urbana, satisfazendo simultaneamente as expectativas crescentes dos investidores em termos de impacto ambiental e social". Esta observação realça o potencial destes instrumentos para alinhar os interesses financeiros com os objectivos de resiliência.

As obrigações verdes são uma das principais alavancas do financiamento inovador. A este respeito, Dominique Dron (2019, p. 156), em "Finance durable et transition écologique", explica que "as obrigações verdes emitidas pelas autoridades locais permitem angariar fundos dedicados a projectos específicos de resiliência, oferecendo simultaneamente aos investidores transparência sobre a utilização dos fundos e os impactos esperados". Este mecanismo já foi adotado com êxito por várias grandes cidades francesas para financiar projectos de adaptação às alterações climáticas.

O desenvolvimento de fundos climáticos é outro foco importante. De acordo com Benoît Leguet (2021, p. 213) em "Financer la transition bas-carbone", "a criação de fundos de investimento especializados em projectos de resiliência climática urbana permite reunir riscos e atrair investidores institucionais para este sector emergente". Estes fundos podem assumir várias formas, desde fundos de infraestruturas resilientes a fundos locais de adaptação climática.

A inovação nas estruturas de financiamento também parece ser uma questão crucial. Como explica Michel Aglietta (2018, p. 134) em "Money between debt and sovereignty", "o desenvolvimento de estruturas de titularização verde, que permitam agrupar e refinanciar carteiras de projectos de resiliência urbana, poderia aumentar significativamente a capacidade de financiamento das autoridades locais". Esta abordagem permitiria mobilizar capitais em grande escala, reduzindo simultaneamente os riscos percebidos pelos investidores.

Além disso, a utilização de mecanismos de financiamento baseados em resultados parece prometedora. De acordo com Emilie Alberola (2020, p. 89) em "Les instruments économiques au service du climat", "as obrigações de impacto ambiental oferecem uma forma inovadora de financiar projectos de resiliência, ligando os retornos financeiros à realização de objectivos mensuráveis em termos de resiliência urbana". Este tipo de instrumento permite a partilha de riscos entre os sectores público e privado, garantindo simultaneamente a eficácia dos investimentos.

A tokenização dos activos de resiliência é também uma via inovadora. A este respeito, Pierre-Jean Benghozi (2019, p. 167), em "Blockchain and sustainable finance", salienta que "a utilização da tecnologia blockchain para criar fichas que representem acções em projectos de resiliência urbana poderia democratizar o acesso a estes investimentos e facilitar a mobilização das poupanças dos cidadãos".

Por último, a ligação entre estes mecanismos inovadores e os instrumentos de financiamento tradicionais parece ser um desafio importante. De acordo com Patrick Artus (2021, p. 245) em "Et si les salariés se révoltaient?", "a integração de critérios de resiliência nos mecanismos de notação financeira e nos índices bolsistas poderia tornar os projectos de resiliência urbana mais atractivos para os investidores tradicionais".

Em conclusão, o desenvolvimento de mecanismos de financiamento inovadores, tais como obrigações verdes e fundos climáticos, é crucial para aumentar a capacidade das cidades francesas para financiar a sua transformação no sentido de uma maior resiliência. Isto implica não só uma inovação financeira significativa, mas também mudanças nas práticas de gestão de projectos e de apresentação de relatórios no seio das autoridades locais. É a este preço que as cidades serão capazes de mobilizar o capital de que necessitam para implementar estratégias ambiciosas de resiliência, contribuindo simultaneamente para a emergência de um financiamento sustentável alinhado com os desafios do século XXI.

6.3.3 Reforçar a capacidade das cidades para aceder ao financiamento internacional

O reforço da capacidade das cidades francesas para aceder ao financiamento internacional dedicado à resiliência urbana é um desafio importante se quisermos aumentar os recursos disponíveis para a ação. Com a proliferação de fundos internacionais dedicados à adaptação às alterações climáticas e à resiliência, é crucial que as autoridades locais desenvolvam as suas competências e estratégias para captar estes recursos.

Como Harriet Bulkeley (2019, p. 78) salienta no seu livro "Cities and Climate Change", "o acesso ao financiamento internacional representa não só uma oportunidade de recursos adicionais para as cidades, mas também um meio de se tornar parte de redes globais de especialização e inovação em resiliência urbana". Esta observação realça os muitos benefícios que as cidades francesas podem retirar de uma melhor ligação aos circuitos internacionais de financiamento.

Um dos principais desafios consiste em reforçar

as competências internas das colectividades locais em matéria de engenharia financeira internacional. A este respeito, Emmanuelle Baudoin (2020, p. 156), em "L'action internationale des collectivités territoriales", propõe "a criação de unidades dedicadas nos serviços municipais, compostas por peritos em financiamento internacional e na criação de projectos de resiliência, capazes de navegar na complexidade dos convites à apresentação de projectos e dos procedimentos de candidatura". Esta profissionalização é essencial para otimizar as hipóteses de sucesso na obtenção de financiamento internacional.

O desenvolvimento de parcerias estratégicas é outra das grandes apostas. Segundo Eric Huybrechts (2021, p. 213) em "Les réseaux de villes face aux défis globaux", "a criação de consórcios entre cidades francesas e europeias permite reunir recursos e competências para responder a convites à apresentação de projectos internacionais de grande envergadura". Esta abordagem de colaboração reforça a credibilidade das candidaturas e facilita a partilha de experiências.

Melhorar a visibilidade internacional das iniciativas locais de resiliência também parece ser uma questão crucial. Como explica Michèle Pappalardo (2018, p. 134) em "Diplomatie des villes", "o desenvolvimento de uma estratégia de comunicação internacional sobre projectos de resiliência urbana, apoiando-se em particular nas redes sociais e em plataformas especializadas, pode chamar a atenção dos doadores internacionais para iniciativas locais inovadoras". Esta abordagem é essencial para que os projectos se destaquem da multidão à medida que a concorrência pelo financiamento aumenta.

Parece igualmente essencial reforçar os laços com as instituições financeiras internacionais. De acordo com Michel Aglietta (2020, p. 89) em "La monnaie entre dettes et souveraineté", "o estabelecimento de relações diretas e contínuas com instituições como o Banco Europeu de Investimento ou o Banco Mundial pode facilitar o acesso das cidades francesas a linhas de financiamento específicas para a resiliência urbana". Este tipo de parceria institucional pode abrir oportunidades de financiamento a longo prazo.

A adaptação dos projectos aos critérios de financiamento internacional é também um elemento-chave. A este respeito, Jean-Pierre Elong Mbassi (2019, p. 167), Secretário-Geral da CGLU África, salienta num relatório que "as cidades devem aprender a formular os seus projetos de resiliência de forma a responder explicitamente aos objetivos e indicadores dos fundos internacionais, preservando ao mesmo tempo a sua relevância local".

Por último, o desenvolvimento de uma abordagem integrada da resiliência parece ser um desafio importante para o acesso ao financiamento internacional. De acordo com Laurence Tubiana (2021, p. 245), CEO da Fundação Europeia do Clima, numa entrevista ao "Le Monde", "as cidades que conseguem atrair financiamento internacional são aquelas que apresentam uma visão holística da resiliência, integrando as dimensões ambiental, social e económica nos seus projectos".

Em conclusão, o reforço da capacidade das cidades francesas para acederem ao financiamento internacional para a resiliência urbana é um passo crucial para aumentar os recursos disponíveis para a ação. Isto implica não só o desenvolvimento de competências e estratégias a nível local, mas também a alteração da forma como os projectos de resiliência são concebidos e apresentados. É a este preço que as cidades francesas poderão tirar o máximo partido das oportunidades oferecidas pelo financiamento internacional, reforçando a sua capacidade de implementar estratégias de resiliência ambiciosas e inovadoras.

6.3.4 Criação de parcerias público-privadas para financiar a resiliência

A criação de parcerias público-privadas (PPP) para financiar a resiliência urbana é uma abordagem inovadora e potencialmente frutuosa para mobilizar recursos adicionais e partilhar os riscos associados ao investimento neste domínio. Dada a dimensão dos desafios e as restrições orçamentais enfrentadas pelas autoridades locais, as PPP constituem uma forma promissora de acelerar a execução de projectos ambiciosos em matéria de resiliência.

Como Frédéric Marty (2020, p. 112) salienta no

seu livro "Les partenariats public-privé", "as PPP adaptadas aos desafios da resiliência urbana permitem não só mobilizar capitais privados, mas também integrar a experiência e a inovação do sector privado na conceção e gestão de infra-estruturas resilientes". Esta observação sublinha a dupla vantagem financeira e técnica das PPP no contexto da resiliência urbana.

Um dos principais desafios é conceber modelos de PPP especificamente adaptados a projectos de resiliência. A este respeito, Isabelle Baraud-Serfaty (2019, p. 156), em "La nouvelle économie des territoires", propõe "o desenvolvimento de contratos de desempenho de resiliência, em que a remuneração do parceiro privado está parcialmente ligada à realização de objectivos mensuráveis em termos de resiliência urbana". Este tipo de mecanismo permitiria alinhar os interesses dos intervenientes públicos e privados com os objectivos de resiliência a longo prazo.

A integração de externalidades positivas nos modelos económicos das PPP é outro ponto importante. De acordo com Dominique Bureau (2021, p. 213) em "Économie des partenariats public-privé", "a valorização dos benefícios colaterais dos projectos de resiliência, como a melhoria da saúde pública ou a criação de empregos locais, pode tornar as PPP neste domínio mais atractivas do ponto de vista económico". Esta abordagem permitiria justificar investimentos mais avultados, tendo em conta todas as repercussões positivas para a região.

O desenvolvimento de mecanismos inovadores de partilha de riscos também parece ser uma questão crucial. Como explica Stéphane Saussier (2018, p. 134) em "The Economics of Public Contracts", "a utilização de mecanismos de seguro paramétricos ou de garantias públicas específicas pode facilitar o envolvimento do sector privado em projectos de resiliência que envolvam riscos climáticos significativos". Estes instrumentos permitiriam reduzir a exposição financeira dos parceiros privados, mantendo simultaneamente o seu incentivo ao desempenho.

Além disso, a participação dos actores locais nas PPP parece essencial. Segundo Raphaël Besson (2020, p. 89) em "Les Laboratoires Urbains", "a inclusão de empresas locais e de organizações da sociedade civil nos consórcios de PPP pode reforçar a ancoragem territorial dos projectos de resiliência e facilitar a sua aceitação social". Esta abordagem permitiria combinar a experiência global com o conhecimento pormenorizado do contexto local.

A criação de estruturas de governação adequadas é também um elemento fundamental. A este respeito, Jean-Pierre Gaudin (2019, p. 167), em "Critique de la gouvernance", salienta que "a criação de comités de direção com várias partes interessadas, incluindo representantes públicos, privados e cidadãos, pode melhorar a transparência e a eficácia das PPP no domínio da resiliência urbana".

Finalmente, a relação entre as PPP e outros

instrumentos de financiamento da resiliência é um grande desafio. De acordo com Michel Aglietta (2021, p. 245) em "La monnaie entre dettes et souveraineté", "as PPP devem ser integradas de forma coerente numa combinação de financiamento que também inclui obrigações verdes, fundos dedicados e financiamento público tradicional, a fim de otimizar a estrutura global de financiamento das estratégias de resiliência urbana".

Em conclusão, a criação de parcerias público-privadas para financiar a resiliência urbana é uma forma promissora de acelerar a transformação das cidades francesas face aos desafios actuais. Esta abordagem implica não só uma inovação na estruturação dos contratos e dos mecanismos financeiros, mas também uma mudança na governação e na própria conceção dos projectos de resiliência. Só assim as PPP poderão dar o seu pleno contributo para a mobilização dos recursos e das competências necessárias para implementar estratégias de resiliência ambiciosas e de longo prazo, assegurando simultaneamente uma partilha equilibrada dos riscos e dos benefícios entre os intervenientes públicos e privados.

6.3.5 Integrar os custos da resiliência no planeamento orçamental a longo prazo

A integração dos custos da resiliência no planeamento orçamental a longo prazo das cidades francesas é um desafio fundamental para que as estratégias de resiliência urbana sejam sustentáveis e eficazes. Isto implica uma mudança de paradigma na gestão financeira das autoridades locais, passando de uma abordagem reactiva para uma visão proactiva e antecipatória dos investimentos necessários para enfrentar os desafios futuros.

Como salienta Alain Trannoy (2020, p. 78) no seu livro "Économie des finances publiques", "a integração sistemática dos custos de resiliência nos orçamentos municipais exige uma revisão profunda dos métodos de planeamento financeiro, incorporando horizontes temporais mais longos e múltiplos cenários ligados aos riscos climáticos e sociais". Esta observação realça a complexidade e a escala da mudança necessária nas práticas orçamentais actuais.

Um dos principais desafios é desenvolver ferramentas de avaliação económica adaptadas aos projetos de resiliência. A este respeito, Émilie Coudel (2019, p. 156), em "L'évaluation des politiques de développement durable", propõe "a adoção de métodos de análise custo-benefício que incorporem as externalidades positivas a longo prazo dos investimentos em resiliência, tais como a redução dos custos futuros relacionados com catástrofes ou a melhoria da qualidade de vida". Esta abordagem facilitaria a justificação e a atribuição de prioridades aos investimentos na resiliência no âmbito das soluções de compromisso orçamental.

A criação de provisões financeiras dedicadas à resiliência é outra abordagem importante. De acordo com Michel Klopfer (2021, p. 213) em "La gestion financière des collectivités locales", "a criação de fundos de reserva especificamente afectados a investimentos de resiliência, alimentados por uma proporção fixa do orçamento anual, pode garantir a disponibilidade de recursos para projectos a longo prazo, independentemente das flutuações orçamentais a curto prazo". Este mecanismo permitiria afetar fundos à resiliência, assegurando a continuidade da ação.

O desenvolvimento de uma contabilidade verde e resiliente também parece ser uma questão crucial. Como explica Jacques Richard (2018, p. 134) em "La comptabilité du XXIe siècle", "a integração de indicadores de resiliência nos documentos contabilísticos e financeiros das autoridades locais permitiria refletir melhor o valor real dos activos urbanos face aos riscos futuros e orientar as decisões de investimento". Estas alterações contabilísticas contribuiriam para garantir que as questões de resiliência fossem mais bem tidas em conta na gestão dos activos urbanos.

Além disso, a ligação entre o planeamento urbano e o planeamento financeiro parece essencial. Segundo Patrizia Ingallina (2020, p. 89) em "Le projet urbain", "a integração sistemática de uma dimensão financeira a longo prazo nos documentos de planeamento urbano, nomeadamente nos PLU e nos SCOT, permitiria assegurar a coerência entre as ambições de resiliência e as capacidades de financiamento das colectividades locais". Esta abordagem facilitaria a antecipação e o planeamento dos investimentos necessários a longo prazo.

A introdução de mecanismos de suavização financeira é também um elemento-chave. A este respeito, Gilbert Cette (2019, p. 167), em "Le bilan des réformes Macron", salienta que "a utilização de instrumentos financeiros, tais como emissões de obrigações a muito longo prazo ou mecanismos de titularização verde, pode permitir distribuir ao longo do tempo o custo dos investimentos maciços necessários para a resiliência urbana".

Por último, o desenvolvimento de uma cultura de avaliação e de ajustamento contínuo parece ser um desafio importante. De acordo com Patrice Duran (2021, p. 245) em "L'évaluation des politiques publiques", "o estabelecimento de processos regulares de revisão e ajustamento dos planos financeiros ligados à resiliência, com base em avaliações de impacto rigorosas, é essencial para manter a eficácia e a relevância dos investimentos a longo prazo".

Em conclusão, a integração dos custos da resiliência no planeamento orçamental a longo prazo das cidades francesas é uma tarefa complexa mas essencial para que as estratégias de resiliência urbana sejam implementadas de forma eficaz e sustentável. Isto implica não só uma mudança nas ferramentas e práticas de gestão financeira, mas também uma mudança profunda na forma como os investimentos públicos são concebidos e valorizados. Só assim as cidades poderão alinhar os seus recursos financeiros com as suas ambições de resiliência, garantindo assim a sua capacidade de enfrentar os desafios futuros e optimizando a utilização dos fundos públicos a longo prazo.

6.4 Parcerias, cooperação descentralizada e intercâmbio de boas práticas

6.4.1 Desenvolver redes de cidades resilientes a nível nacional e internacional

O desenvolvimento de redes de cidades resilientes, tanto a nível nacional como internacional, constitui uma importante alavanca estratégica para acelerar a transição para modelos urbanos mais robustos e adaptáveis. Estas redes constituem plataformas inestimáveis para o intercâmbio de experiências, a partilha de recursos e a co-construção de soluções inovadoras para os desafios comuns da resiliência urbana.

Como Michele Acuto (2019, p. 45) salienta no seu livro "Global City Challenges", "as redes de cidades resilientes actuam como aceleradores da inovação, permitindo a rápida disseminação das melhores práticas e uma acumulação colectiva de conhecimentos especializados sobre questões de resiliência". Esta observação destaca o papel catalisador destas redes na transformação das práticas urbanas.

A nível nacional, a criação de redes temáticas especializadas parece ser uma abordagem adequada. A este respeito, Cyria Emelianoff (2020, p. 112), em "La ville durable, une notion à géométrie variable", propõe "a criação de comunidades de prática entre cidades francesas, estruturadas em torno de questões específicas como a gestão dos riscos de inundação ou a adaptação ao calor urbano". Esta abordagem permitiria uma partilha orientada de conhecimentos especializados e de feedback entre as autoridades locais que enfrentam desafios semelhantes.

A ligação entre redes nacionais e internacionais é outro domínio fundamental. De acordo com Harriet Bulkeley (2021, p. 78) em "Cities and Climate Change", "a interligação entre as redes locais e as iniciativas globais, como o programa 100 Resilient Cities, permite que as cidades francesas beneficiem dos conhecimentos internacionais, promovendo simultaneamente as suas próprias inovações à escala mundial". Esta abordagem a várias escalas reforça a capacidade de ação e a visibilidade das cidades empenhadas na resiliência.

O desenvolvimento de ferramentas digitais de colaboração também parece ser uma questão crucial. Como explica Antoine Picon (2018, p. 156) em "Smart Cities", "a criação de plataformas digitais dedicadas à resiliência urbana, integrando a partilha de dados, a modelação colaborativa e as funcionalidades de ligação em rede das partes interessadas, pode amplificar significativamente o impacto das redes de cidades". Estas ferramentas encorajariam uma colaboração mais fluida e uma capitalização efectiva do conhecimento dentro das redes.

Além disso, a participação de actores não estatais nestas redes parece essencial. De acordo com Saskia Sassen (2020, p. 89) em "The Global City", "a integração de empresas, universidades e organizações da sociedade civil em redes de cidades resilientes enriquece os intercâmbios e incentiva o aparecimento de parcerias inovadoras". Esta abordagem multi-setorial reforçaria a capacidade de inovar e aplicar soluções de resiliência.

O estabelecimento de mecanismos de financiamento colaborativo é também um elemento-chave. A este respeito, Olivier Coutard (2019, p. 167), em "Urban Energy Transitions", salienta que "a criação de fundos de investimento comuns entre cidades membros da mesma rede pode facilitar o financiamento de projectos-piloto de resiliência e acelerar a expansão de soluções promissoras".

Finalmente, o desenvolvimento de uma diplomacia das cidades centrada na resiliência parece ser um desafio importante. Segundo Benjamin Barber (2021, p. 245) em "If Mayors Ruled the World", "o reforço das capacidades diplomáticas das cidades no seio das redes internacionais permite-lhes ter mais peso nas negociações globais sobre o clima e a resiliência, complementando assim a ação dos Estados".

Em conclusão, o desenvolvimento de redes de cidades resilientes a nível nacional e internacional representa uma alavanca estratégica essencial para acelerar a transição para modelos urbanos mais robustos e adaptáveis. Isto implica não só a criação de estruturas de intercâmbio e colaboração, mas também o desenvolvimento de ferramentas, mecanismos de financiamento e competências específicas. É a este preço que as cidades francesas poderão beneficiar plenamente da dinâmica colectiva das redes de resiliência, reforçando a sua capacidade de inovar, aprender e implementar estratégias de resiliência ambiciosas e eficazes face aos desafios do século XXI.

6.4.2 Promover a cooperação descentralizada e a geminação centradas na resiliência

A promoção da cooperação descentralizada e da geminação centrada na resiliência representa uma oportunidade significativa para as cidades francesas reforçarem as suas capacidades e enriquecerem as suas abordagens à resiliência urbana. Esta forma de cooperação internacional, enraizada nas relações diretas entre autoridades locais, oferece um quadro propício ao intercâmbio de experiências, à transferência de competências e à implementação de projectos conjuntos inovadores.

Como Bertrand Gallet (2019, p. 67) salienta no seu livro "La coopération décentralisée des collectivités territoriales", "as parcerias entre cidades centradas na resiliência permitem não só a aprendizagem mútua, mas também a mobilização conjunta de recursos e conhecimentos especializados para enfrentar desafios comuns". Esta observação realça o potencial transformador destas colaborações internacionais.

Um dos principais desafios é identificar e estruturar parcerias que sejam relevantes para a resiliência. A este respeito, Marie-Christine Jaillet (2020, p. 123), em "Les villes en partage", propõe "o estabelecimento de critérios específicos para a escolha das cidades parceiras, com base na complementaridade das competências em matéria de resiliência e na semelhança dos desafios climáticos e sociais". Esta abordagem maximizaria o valor acrescentado dos intercâmbios e da colaboração.

Outro domínio importante é o desenvolvimento de programas de intercâmbio de pessoal. De acordo com Eric Huybrechts (2021, p. 189) em "Les réseaux de villes face aux défis globaux", "a criação de programas de mobilidade profissional entre os departamentos técnicos das cidades parceiras pode acelerar a transferência de competências e a adoção de novas práticas no domínio da resiliência urbana". Estes intercâmbios favoreceriam a fertilização cruzada das abordagens e do saber-fazer.

O desenvolvimento de projectos conjuntos de resiliência também parece ser uma questão crucial. Como explica Michèle Pappalardo (2018, p. 145) em "Diplomatie des villes", "a co-construção de projectos-piloto de resiliência entre cidades geminadas, com riscos e benefícios partilhados, pode estimular a inovação e facilitar o acesso ao financiamento internacional". Esta abordagem colaborativa permitiria reunir recursos e amplificar o impacto das iniciativas de resiliência.

Além disso, a participação dos actores locais nas parcerias parece essencial. De acordo com Yves Viltard (2020, p. 78) em "L'action internationale des collectivités territoriales", "a inclusão de empresas, universidades e associações locais em projectos de cooperação descentralizada sobre resiliência reforça a ancoragem territorial e a sustentabilidade das iniciativas". Esta abordagem multi-setorial encorajaria uma ampla apropriação das questões de resiliência nas comunidades.

A criação de mecanismos de acompanhamento e avaliação adequados é também um elemento fundamental. A este respeito, Franck Petiteville (2019, p. 201), em "La coopération décentralisée", salienta que "o estabelecimento de indicadores de resiliência comuns e a realização de avaliações conjuntas regulares permitem medir o impacto real das parcerias e ajustar as estratégias de cooperação".

Por último, o desenvolvimento de uma comunicação eficaz em torno das iniciativas de cooperação parece ser um desafio importante. De acordo com Anne-Marie Autissier (2021, p. 167) em "L'Europe des festivals", "a cobertura mediática dos projectos de resiliência resultantes de geminações pode reforçar o empenho cívico e político nestas parcerias, inspirando simultaneamente outras autoridades locais".

Em conclusão, a promoção da cooperação descentralizada e da geminação centrada na resiliência representa uma forma promissora de reforçar a capacidade das cidades francesas face aos desafios contemporâneos. Isto implica não só a estruturação de parcerias pertinentes e a realização de projectos comuns, mas também o desenvolvimento de competências específicas em matéria de cooperação internacional. Só assim as cidades poderão beneficiar plenamente do potencial transformador destas colaborações, enriquecendo as suas abordagens à resiliência através de um diálogo internacional frutuoso e contribuindo para a emergência de uma comunidade global de práticas em matéria de resiliência urbana.

6.4.3 Participação em iniciativas globais sobre resiliência urbana (100 Cidades Resilientes, etc.)

A participação das cidades francesas em iniciativas globais sobre resiliência urbana, como o programa 100 Cidades Resilientes (100RC) iniciado pela Fundação Rockefeller, representa uma grande oportunidade para acelerar a sua transição para modelos urbanos mais resilientes. Estas plataformas internacionais oferecem um quadro estruturante, recursos significativos e uma rede global de especialistas para apoiar as cidades no desenvolvimento e implementação das suas estratégias de resiliência.

Como Michael Berkowitz (2019, p. 34), antigo presidente da 100RC, salienta em "Building Urban Resilience", "iniciativas globais como a 100RC actuam como catalisadores, fornecendo às cidades conhecimentos de ponta, apoio financeiro e uma rede internacional para impulsionar os seus esforços de resiliência". Esta observação realça o potencial transformador destes programas para as cidades participantes.

Uma das principais vantagens destas iniciativas é o acesso a uma metodologia comprovada. A este respeito, Judith Rodin (2020, p. 156), em "The Resilience Dividend", explica que "o quadro metodológico desenvolvido pelo 100RC, estruturado em torno da avaliação do risco sistémico e do desenvolvimento de estratégias holísticas, oferece às cidades uma abordagem robusta para lidar com a complexidade das questões de resiliência". Esta metodologia permite que as cidades beneficiem de um processo estruturado e comprovado para o desenvolvimento das suas estratégias.

O financiamento de um cargo de Chief Resilience Officer (CRO) é outro dos principais trunfos destes programas. De acordo com Arnoldo Matus Kramer (2021, p. 78), antigo CRO da Cidade do México, em "Urban Resilience in Action", "a criação de um cargo dedicado à resiliência no seio da administração municipal, apoiado por competências internacionais, ajuda a catalisar esforços transversais e a manter a resiliência como uma prioridade estratégica". Esta liderança dedicada desempenha um papel crucial na coordenação e promoção de iniciativas de resiliência.

O acesso a uma rede global de especialistas e profissionais também parece ser um benefício crucial. Como explica Lauren Sorkin (2018, p. 123), Diretora da Rede Global de Cidades Resilientes, em "Networked Urban Resilience", "a participação nestas iniciativas oferece às cidades um acesso privilegiado a uma comunidade internacional de prática, facilitando a partilha de experiências e a identificação de soluções inovadoras". Esta rede permite às cidades inspirarem-se mutuamente e acelerarem a sua aprendizagem.

Além disso, a visibilidade internacional oferecida por estes programas parece ser um trunfo significativo. De acordo com Saskia Sassen (2020, p. 89) em "The Global City", "a integração em iniciativas globais como a 100RC reforça o posicionamento das cidades na cena internacional, atraindo potencialmente investimentos e parcerias ligadas à resiliência". Esta visibilidade pode traduzir-se em maiores oportunidades de financiamento e colaboração.

A ligação com parceiros do sector privado é também um elemento-chave destas iniciativas. A este respeito, Peter Williams (2019, p. 201), em "Resilient Cities", salienta que "programas como o 100RC facilitam o diálogo entre as cidades e as empresas inovadoras no domínio da resiliência, abrindo caminho a parcerias público-privadas inovadoras".

Por último, o acesso a ferramentas e plataformas tecnológicas parece ser uma vantagem significativa. De acordo com Anthony Townsend (2021, p. 167) em "Smart Cities", "as iniciativas globais de resiliência oferecem frequentemente às cidades participantes acesso a ferramentas avançadas de modelação e análise de riscos, aumentando a sua capacidade de tomar decisões informadas".

Em conclusão, a participação das cidades francesas em iniciativas globais sobre resiliência urbana representa uma oportunidade estratégica para acelerar e reforçar as suas iniciativas de resiliência. Esta participação oferece não só um quadro metodológico robusto e recursos dedicados, mas também o acesso a uma rede global de especialização e inovação. No entanto, para tirar o máximo partido destas oportunidades, as cidades devem garantir que as contribuições destas iniciativas são efetivamente integradas nas suas estruturas e processos existentes, adaptando simultaneamente as abordagens globais aos seus contextos locais específicos. É nesta condição que a participação nestes programas internacionais pode realmente catalisar a transformação das cidades francesas em modelos mais resilientes, capazes de enfrentar os complexos desafios do século XXI.

6.4.4 Criação de plataformas de partilha de conhecimentos e de melhores práticas

A criação de plataformas de intercâmbio de conhecimentos e boas práticas é uma alavanca essencial para acelerar e amplificar os esforços de resiliência urbana nas cidades francesas. Estas plataformas constituem um espaço estruturado de capitalização, partilha e divulgação de experiências e inovações no domínio da resiliência, favorecendo assim a aprendizagem colectiva e o aumento generalizado das competências dos actores urbanos.

Como refere Etienne Wenger (2018, p. 45) no seu livro Comunidades de Prática, "as plataformas de intercâmbio de conhecimentos actuam como catalisadores da inovação, permitindo a fertilização cruzada de ideias e acelerando a adoção das melhores práticas". Esta observação realça o potencial transformador destas ferramentas de colaboração para a resiliência urbana.

Um dos principais desafios consiste em conceber plataformas adaptadas às necessidades específicas das pessoas envolvidas na resiliência urbana. A este respeito, Saskia Sassen (2020, p. 112), em "The Global City", propõe "a criação de plataformas temáticas estruturadas em torno das principais questões de resiliência urbana, como a adaptação climática, a gestão de riscos ou a coesão social". Esta abordagem permitiria uma partilha de conhecimentos orientada e pertinente entre os intervenientes que enfrentam desafios semelhantes.

O desenvolvimento de ferramentas de capitalização e formalização do conhecimento é outro domínio importante. Segundo Ikujiro Nonaka (2021, p. 78) em "Knowledge Creation in Urban Planning", "a integração de metodologias sistemáticas de capitalização da experiência, como o feedback estruturado ou estudos de caso aprofundados, é essencial para transformar as práticas individuais em conhecimento partilhável". Estes métodos permitiriam uma utilização efectiva das lições aprendidas com as iniciativas de resiliência.

A animação ativa das comunidades de utilizadores também parece ser uma questão crucial. Como explica Jane Jacobs (2019, p. 156) em "The Death and Life of Great American Cities", "a vitalidade das plataformas de intercâmbio depende fortemente da animação contínua das comunidades de utilizadores, através da organização de eventos virtuais, webinars ou desafios de inovação". Isto favoreceria uma dinâmica de intercâmbio e de aprendizagem mútua entre os participantes.

Além disso, a integração de funcionalidades de co-criação parece essencial. De acordo com Henry Chesbrough (2020, p. 89) em "Open Innovation", "a inclusão de espaços de trabalho colaborativos em linha, que permitam aos utilizadores co-construir soluções ou resolver problemas coletivamente, pode enriquecer significativamente o valor das plataformas de intercâmbio". Estas caraterísticas favoreceriam a emergência de soluções inovadoras baseadas na inteligência colectiva.

A introdução de mecanismos de validação e certificação de boas práticas é também um elemento fundamental. A este respeito, Elinor Ostrom (2019, p. 167), em "Governing the Commons", refere que "o estabelecimento de processos de revisão por pares e de rotulagem das melhores práticas pode reforçar a credibilidade e a disseminação do conhecimento partilhado nas plataformas".

Por último, o desenvolvimento de interfaces com os sistemas de informação das cidades parece ser um desafio importante. Segundo Carlo Ratti (2021, p. 245) em "The City of Tomorrow", "a integração das plataformas de intercâmbio com os sistemas de gestão urbana e as ferramentas de modelização das cidades pode facilitar a aplicação concreta dos conhecimentos partilhados nos processos de decisão e de planeamento".

Em conclusão, a criação de plataformas de intercâmbio de conhecimentos e boas práticas é uma alavanca estratégica essencial para acelerar e amplificar os esforços de resiliência urbana nas cidades francesas. Isto requer não só o desenvolvimento de ferramentas tecnológicas adequadas, mas também a implementação de processos para capitalizar, coordenar e validar o conhecimento. Só então estas plataformas serão capazes de desempenhar verdadeiramente o seu papel como catalisadores da inovação e aceleradores da transição para modelos urbanos mais resilientes.

Para maximizar o impacto destas plataformas, é crucial adotar uma abordagem inclusiva, envolvendo não só os actores institucionais, mas também os cidadãos, as empresas e as organizações da sociedade civil. Além disso, deve ser dada especial atenção à acessibilidade e à facilidade de utilização das interfaces, de modo a garantir a sua utilização alargada e eficaz por todas as partes interessadas na resiliência urbana.

Por último, é importante considerar estas plataformas não como fins em si mesmas, mas como ferramentas ao serviço de uma dinâmica mais ampla de aprendizagem e inovação colectivas. O seu sucesso dependerá da sua capacidade de se integrarem harmoniosamente nos ecossistemas de gestão e planeamento urbanos existentes, catalisando simultaneamente novas formas de colaboração e inteligência colectiva para aumentar a resiliência das cidades francesas.

6.4.5 Reforçar as parcerias com o mundo académico e os centros de investigação

O reforço das parcerias entre as cidades e o mundo académico, incluindo universidades e centros de investigação, é uma alavanca estratégica importante para melhorar a resiliência urbana. Estas parcerias permitem mobilizar conhecimentos de ponta, desenvolver abordagens inovadoras e ancorar as práticas de resiliência numa abordagem científica rigorosa.

Como refere Michael Batty (2018, p. 23) no seu livro Inventing Future Cities, "a interface entre a investigação académica e a prática urbana é um terreno fértil para a inovação em matéria de resiliência, permitindo confrontar modelos teóricos com realidades no terreno". Esta observação realça o potencial transformador destas parcerias para repensar e reforçar a resiliência das cidades.

Um dos principais desafios consiste em estruturar colaborações eficazes e sustentáveis. A este respeito, Sheila Jasanoff (2020, p. 112), em "Science and Public Reason", propõe "o estabelecimento de estruturas de governação partilhadas entre cidades e instituições académicas, tais como laboratórios urbanos conjuntos ou cadeiras de investigação dedicadas à resiliência". Estes dispositivos permitiriam institucionalizar a colaboração e garantir o empenhamento a longo prazo das partes envolvidas.

O desenvolvimento de programas de investigação-ação é outro dos principais focos. De acordo com Yvonne Rydin (2021, p. 78) em "The Future of Planning", "o desenvolvimento de projectos de investigação co-construídos entre investigadores e profissionais urbanos, enraizados em questões concretas de resiliência, encoraja a produção de conhecimentos diretamente aplicáveis". Esta abordagem colaborativa ajuda a colmatar o fosso entre a teoria e a prática.

A integração dos investigadores nos serviços municipais também parece ser uma questão crucial. Como explica Patrick Le Galès (2019, p. 156) em "Cidades Europeias", "a presença de investigadores em residência nas administrações urbanas pode facilitar a transferência de conhecimentos e a adoção de metodologias científicas nos processos de tomada de decisão ligados à resiliência". Esta imersão favoreceria a fertilização cruzada entre a investigação e a ação pública.

Além disso, a formação contínua dos profissionais das cidades parece essencial. Segundo Susan Fainstein (2020, p. 89) em "The Just City", "a introdução de programas de formação contínua co-desenvolvidos por universidades e cidades permite manter as competências dos profissionais actualizadas em relação aos últimos avanços em matéria de resiliência urbana". Esta formação reforçaria a capacidade das cidades para incorporar inovações nas suas práticas.

A criação de espaços de diálogo e intercâmbio é também um elemento fundamental. A este respeito, Richard Sennett (2019, p. 167), em "Building and Dwelling", salienta que "a organização regular de fóruns híbridos, reunindo investigadores, profissionais e cidadãos em torno de questões de resiliência, pode estimular o surgimento de ideias inovadoras e fomentar a apropriação colectiva do conhecimento científico".

Por último, o desenvolvimento de plataformas de dados abertos parece ser um desafio importante. De acordo com Rob Kitchin (2021, p. 245) em "The Data Revolution", "a implementação de sistemas de partilha de dados urbanos entre cidades e investigadores, em conformidade com as regras éticas e de confidencialidade, pode enriquecer consideravelmente a investigação sobre a resiliência e melhorar a tomada de decisões com base em provas".

Em conclusão, o reforço das parcerias com o mundo académico e os centros de investigação representa uma grande oportunidade para as cidades francesas melhorarem a sua resiliência. Isto envolve não só a estruturação de colaborações institucionais, mas também o desenvolvimento de novas práticas para a coprodução de conhecimento e a transferência de experiência.

Para maximizar o impacto destas parcerias, é crucial adotar uma abordagem transdisciplinar, recorrendo a uma vasta gama de competências, desde as ciências naturais às ciências sociais. Além disso, deve ser dada especial atenção à tradução dos resultados da investigação em ferramentas e recomendações que possam ser diretamente aplicadas pelos decisores urbanos.

É igualmente importante encarar estas parcerias como catalisadores da inovação social, encorajando a experimentação e a adoção de novas abordagens à governação e ao planeamento urbano. O seu sucesso dependerá da sua capacidade de construir pontes duradouras entre os mundos da investigação e da ação pública, mantendo-se ao mesmo tempo enraizadas nas realidades e necessidades específicas dos territórios em causa.

Por último, estas colaborações devem inserir-se numa perspetiva internacional, encorajando intercâmbios e comparações entre cidades de diferentes países. Esta dimensão global não só enriqueceria as abordagens locais, mas também posicionaria as cidades francesas como actores principais na investigação e inovação em resiliência urbana à escala global.

Conclusão:

O reforço da cooperação e das parcerias parece ser uma alavanca essencial para acelerar e amplificar os esforços de resiliência das cidades francesas. Como salienta Saskia Sassen (2021, p. 312) em "The Global City", "a complexidade dos desafios urbanos contemporâneos exige uma abordagem colaborativa e multi-escalar que transcenda as fronteiras institucionais e geográficas tradicionais".

As várias secções do capítulo puseram em evidência um certo número de domínios estratégicos:

1. O reforço da coordenação interdepartamental e intermunicipal é uma condição sine qua non para o desenvolvimento de uma abordagem holística da resiliência. Como afirma Patrick Le Galès (2020, p. 178) em "European Cities", "a resiliência urbana só pode ser alcançada através de uma governação integrada que ultrapasse os silos administrativos".

2. Promover a cooperação descentralizada e a geminação baseada na resiliência oferece às cidades francesas

   oportunidades de aprendizagem mútua e inovação partilhada. De acordo com Bertrand Badie (2019, p. 45) em "La diplomatie des villes", "estas parcerias internacionais são verdadeiros laboratórios experimentais para a resiliência urbana".

3. A participação em iniciativas globais sobre resiliência urbana, como as 100 Cidades Resilientes, dá às cidades acesso a recursos, conhecimentos e redes globais. Eric Corijn (2021, p. 89), em "The Urbanity of Science", salienta que "estas plataformas internacionais actuam como catalisadores da inovação e da aceleração das transições urbanas".

4. A criação de plataformas de intercâmbio de conhecimentos e de boas práticas favorece a capitalização e a divulgação de experiências bem-sucedidas. Segundo Etienne Wenger (2018, p. 156) em "Comunidades de Prática", "estes espaços colaborativos são essenciais para a construção de uma inteligência colectiva de resiliência urbana".

5. Ao reforçar as parcerias com o mundo académico e os centros de investigação, as estratégias de resiliência podem ser ancoradas numa abordagem científica rigorosa. Michael Batty (2020, p. 234) em "Inventing Future Cities" afirma que "a interface entre a investigação e a prática é o cadinho da inovação urbana".

Estas diferentes formas de cooperação e parceria não se excluem mutuamente; pelo contrário, são complementares. A sua articulação coerente pode criar um ecossistema propício à emergência de soluções inovadoras e à aceleração das transformações urbanas necessárias para enfrentar os desafios do século XXI.

No entanto, a implementação efectiva destas

colaborações levanta uma série de desafios. Como refere Ash Amin (2021, p. 278) em "Seeing Like a City", "passar de uma cultura de competição para uma cultura de cooperação entre cidades e instituições requer uma profunda mudança de paradigma e de prática".

Para o futuro, é fundamental:

1. Desenvolver quadros institucionais e jurídicos para facilitar a cooperação entre as várias partes interessadas e a vários níveis.
2. Reforçar as competências dos actores urbanos na gestão de parcerias complexas.
3. Criar mecanismos de financiamento inovadores para apoiar estas colaborações a longo prazo.
4. Integrar sistematicamente uma dimensão de colaboração no desenvolvimento e implementação de estratégias de resiliência urbana.

Em conclusão, o reforço da cooperação e das parcerias parece ser uma condição sine qua non para a construção de cidades resilientes capazes de se adaptarem e transformarem face aos desafios complexos e interligados do mundo contemporâneo. Como afirma Richard Sennett (2018, p. 301) em "Building and Dwelling", "o futuro das nossas cidades dependerá da nossa capacidade de construir alianças criativas e sustentáveis que transcendam as fronteiras tradicionais entre disciplinas, sectores e territórios".

Conclusão geral: Rumo a cidades marroquinas mais resilientes; Perspectivas e recomendações

Uma análise aprofundada da resiliência urbana no contexto marroquino pôs em evidência os muitos desafios que as cidades do país enfrentam face à globalização e às mudanças globais. A concetualização teórica da resiliência como paradigma multidimensional revelou-se particularmente relevante para a compreensão da complexidade das dinâmicas urbanas contemporâneas. De facto, a abordagem holística adoptada neste estudo, integrando as dimensões económica, social, ambiental e institucional da resiliência, fornece um quadro analítico robusto para avaliar a capacidade de adaptação e transformação das cidades marroquinas.

A análise do impacto da mundialização da economia nas zonas urbanas marroquinas evidenciou as vulnerabilidades estruturais herdadas de um modelo de desenvolvimento há muito baseado na industrialização dependente e na terciarização desigual do tecido económico. A reestruturação económica provocada pela abertura da economia mundial conduziu à desindustrialização e à precariedade do emprego nas zonas urbanas, agravando as desigualdades socioespaciais e as pressões demográficas ligadas ao êxodo rural. Neste contexto, o reforço da resiliência económica das cidades marroquinas é um imperativo estratégico que exige políticas proactivas de diversificação da produção, de atração de investimentos e de apoio ao empreendedorismo local e à economia social.

A dimensão social da resiliência urbana é crucial para enfrentar os desafios da pobreza, da exclusão e das tensões comunitárias que ameaçam a coesão das cidades marroquinas. A melhoria do acesso a serviços essenciais, o reforço da participação dos cidadãos e a promoção do património cultural como vetor de identidade local são áreas prioritárias para a construção de comunidades urbanas mais coesas e resilientes. A segurança urbana e a prevenção de conflitos estão também a emergir como desafios importantes, exigindo abordagens integradas que combinem o planeamento urbano, a coesão social e a governação inclusiva.

Face à urgência das alterações climáticas e aos riscos ambientais crescentes, a resiliência ecológica das cidades marroquinas está a tornar-se um pilar fundamental do seu desenvolvimento sustentável. É essencial adotar estratégias ambiciosas de adaptação às alterações climáticas, associadas a políticas proactivas de transição energética e de preservação dos ecossistemas urbanos. O planeamento urbano resiliente, que incorpora os princípios do desenvolvimento urbano sustentável e da redução do risco de catástrofes, é uma alavanca essencial para moldar cidades marroquinas mais resilientes do ponto de vista ambiental.

O reforço das capacidades institucionais está a emergir como uma condição sine qua non para a implementação eficaz de estratégias de resiliência urbana em Marrocos. A melhoria da governação a vários níveis, a criação de quadros jurídicos e regulamentares adequados e o desenvolvimento de mecanismos inovadores para o financiamento da resiliência são prioridades para os decisores públicos. A promoção de parcerias com vários intervenientes e o reforço da cooperação descentralizada também oferecem oportunidades promissoras para reunir recursos e capitalizar as melhores práticas em matéria de resiliência urbana.

Em última análise, este estudo destaca a necessidade de uma abordagem sistémica e integrada da resiliência urbana em Marrocos, transcendendo os tradicionais silos sectoriais. A construção de cidades marroquinas mais resilientes requer uma visão estratégica de longo prazo, articulando intervenções em diferentes escalas espaciais e temporais. Implica também uma mudança de paradigma na governação urbana, incentivando a experimentação, a aprendizagem colectiva e a adaptação contínua face a um ambiente em constante mudança. Embora tenham sido feitos progressos significativos nos últimos anos, serão necessários esforços sustentados para colocar a resiliência no centro das políticas urbanas marroquinas a longo prazo e enfrentar os complexos desafios do século XXI.

Lista de bibliografias :

- Agénor, P. R. e El Aynaoui, K. (2015). Marrocos: Estratégia de crescimento até 2025 num ambiente internacional em mudança. Rabat: OCP Policy Center.
- Ameur, M. (2016). Novos territórios urbanos em Marrocos: Entre a globalização e o desenvolvimento local. Rabat: Éditions universitaires du Maroc.
- Barthel, P. A. e Planel, S. (2010). Tanger-Med e Casa-Marina, projectos de prestígio em Marrocos: Novos quadros capitalistas e contexto local. Environnement Bâti, 36(2), 176-191.
- Belkadi, A. (2018). Política urbana e coesão social em Marrocos. Casablanca: Éditions Afrique Orient.
- Benlahcen Tlemçani, M. (2018). Governação urbana e desenvolvimento sustentável em Marrocos. Casablanca: Éditions La Croisée des Chemins.
- Berriane, M. e Signoles, P. (eds.) (2015). Les terroirs au Sud, vers un nouveau modèle? Une expérience marocaine. Paris: Karthala Editions.
- Bogaert, K. (2018). Globalized authoritarianism: Megaprojects, slums, and class relations in urban Morocco [Autoritarismo globalizado: Megaprojetos, favelas e relações de classe no Marrocos urbano]. Minneapolis: University of Minnesota Press.
- Catusse, M. e Vairel, F. (eds.) (2016). Marrocos no presente: D'une époque à l'autre, une société en mutation. Casablanca: Centre Jacques-Berque.

- Chaline, C. (2014). Novas políticas urbanas: uma geografia das cidades. Paris: Armand Colin.
- Chouiki, M. (2017). La ville marocaine : Entre tradições e mutações. Rabat: Publications de la Faculté des Lettres et des Sciences Humaines.
- Dekker, K. e Barthel, P. A. (2019). Inovações urbanas e desafios de sustentabilidade no Magrebe. Paris: L'Harmattan.
- El Adnani, J. (2017). Desenvolvimento local e governação territorial em Marrocos. Marraquexe: Éditions Universitaires Marrakech.
- El Faiz, M. (2016). Marrakech, patrimoine en péril. Arles: Actes Sud.
- El Gharras, A. e Zerouali, M. (eds.) (2015). Smart cities in Morocco: Challenges and opportunities (Cidades inteligentes em Marrocos: desafios e oportunidades). Rabat: Instituto Real de Estudos Estratégicos.
- Elloumi, M. e Jouve, A. M. (eds.) (2013). Bouleversements fonciers en Méditerranée : Des agricultures sous le choc de l'urbanisation et des privatisations. Paris: Karthala Editions.
- Goeury, D. e Leray, L. (2017). Resiliência urbana e gestão de riscos em Marrocos. Rabat: Institut National d'Aménagement et d'Urbanisme.
- Harroud, T. (2018). Grandes projectos urbanos em Marrocos: entre ambições globais e realidades locais. Rabat: Éditions REMALD.
- Idrissi Janati, M. (2019). Métropolisation et recompositions territoriales au Maroc. Casablanca:

Éditions Afrique Orient.
- Iraki, A. e Tamim, M. (2019). Governança metropolitana em Marrocos: questões e perspectivas. Casablanca: Éditions La Croisée des Chemins.
- Jaïdi, L. e Msadfa, Y. (2017). A complexidade da implementação de estratégias de desenvolvimento sustentável em Marrocos. Rabat: Centro de Políticas do PCO.
- Kadiri, Z. e Errahj, M. (2015). Liderança rural em Marrocos: Entre a afirmação "de baixo" e o reconhecimento "de cima". Alternatives Rurales, 3, 57-68.
- Khrouz, D. e Hajji, A. (eds.) (2010). O Norte de África na Globalização: Que perspectivas para o Magrebe? Casablanca: Fundação Konrad Adenauer.
- Lehzam, A. (2016). Urban risk governance and management in Morocco. Rabat: Éditions de l'INAU.
- Lekehal, A. (2016). Desigualdades e justiça espacial nas cidades marroquinas. Paris: Karthala.
- Mechkouri, A. e Mouloudi, H. (2019). A resiliência das cidades costeiras marroquinas às alterações climáticas. Tânger: Publicações da Universidade Abdelmalek Essaâdi.
- Naciri, M. (2017). Déserts: D'hier à demain, permanences et mutations. Rabat: Academia do Reino de Marrocos.
- Naciri, R. (2017). Género e políticas urbanas em Marrocos. Rabat: Association Marocaine d'Études et de Recherches sur les Migrations.

- Navez-Bouchanine, F. (2012). Efeitos sociais das políticas urbanas: O entrelaçamento das políticas institucionais e das dinâmicas sociais. Paris: Karthala Editions.
- Navez-Bouchanine, F. e Berry-Chikhaoui, I. (2017). L'espace public dans les villes marocaines : Entre pratiques du quotidien et enjeux d'aménagement. Casablanca: Éditions Le Fennec.
- Niang, A. (2018). Economia social e solidária e desenvolvimento local em Marrocos. Rabat: Éditions REMALD.
- Oudada, M. (2018). Turismo sustentável e desenvolvimento local em Marrocos. Agadir: Publications de l'Université Ibn Zohr.
- Peyroux, E. e Sanjuan, T. (eds.) (2016). Estratégias metropolitanas e relações urbano-rurais em África e na Ásia. Paris: Éditions Petra.
- Pinson, G. (2009). Gouverner la ville par projet: Urbanisme et gouvernance des villes européennes. Paris: Presses de Sciences Po.
- Rachik, A. (2016). A sociedade contra o Estado: movimentos sociais e estratégia de rua em Marrocos. Casablanca: La Croisée des Chemins.
- Rachik, H. (2016). Moroccan society in flux: Social and cultural changes. Casablanca: La Croisée des Chemins.
- Rousset, M. e Gariel, G. (2017). Le Maroc en transition : Du royaume chérifien à l'État de droit. Paris: L'Harmattan.
- Reino de Marrocos (2018). Estratégia Nacional de Desenvolvimento Urbano 2020. Rabat: Ministère de

l'Aménagement du Territoire National, de l'Urbanisme, de l'Habitat et de la Politique de la Ville.
- Sedjari, A. (ed.) (2017). Governação, riscos e crises. Paris: L'Harmattan.
- Semmoud, B. e Cattedra, R. (eds.) (2015). Métropolisations en Méditerranée: Cas du Maroc et de la Tunisie. Paris: Éditions Karthala.
- Taleb, A. (2017). Cidades inteligentes em Marrocos: Oportunidades e desafios. Casablanca: Éditions Maghrébines.
- Toulali, M. (2018). Inovação e competitividade dos territórios em Marrocos. Fez: Publicações da Universidade Sidi Mohamed Ben Abdellah.
- Toutain, O. e Rachmuhl, V. (2014). Avaliação e impacto do Programme d'appui à la résorption de l'habitat insalubre et des bidonvilles em Marrocos. Nogent-sur-Marne: GRET.
- Troin, J. F. (2015). O Grande Magrebe (Argélia, Líbia, Marrocos, Mauritânia, Tunísia): Globalização e construção de territórios. Paris: Armand Colin.
- Vermeren, P. (2016). Le Maroc en 100 questions : Un royaume de paradoxes. Paris: Tallandier.
- Zaki, L. (ed.). 2019. A ação pública no Magrebe: questões profissionais e políticas. Paris: Karthala / IRMC.
- Zeino-Mahmalat, E. e Bennis, A. (eds.) (2018). Ambiente e alterações climáticas no Magrebe: desafios e perspectivas. Rabat: Konrad-Adenauer-Stiftung.

Apêndices

Tabela (01): Proposta de plano estratégico para a resiliência urbana em Marrocos

Foco estratégico	Objectivos	Acções concretas	Indicadores de desempenho
1. Governação e planeamento urbano resiliente	1.1 Reforço da coordenação a vários níveis	- Criação de um comité interdepartamental para a resiliência urbana - Desenvolvimento de planos locais de resiliência	- Número de reuniões dos comités - de cidades com um plano de resiliência local
	1.2 Integrar a resiliência nos documentos de planeamento urbano	- Rever as SDAU e as PAU para incluir critérios de resiliência - Formação de planeadores urbanos em questões de resiliência	- % de documentos de planeamento urbano que têm em conta a resiliência - Número de planeadores formados
2. Desenvolvimento económico inclusivo	2.1 Diversificação a economia local	- Criar pólos de competitividade sectoriais - Apoiar o espírito empresarial e a inovação	- Número de novos sectores económicos desenvolvidos - Taxa de arranque das empresas
	2.2 Promover a economia social	- Criação de viveiros de empresas da ESS - Facilitar o acesso das cooperativas ao financiamento	- Número de estruturas SSE criadas - Montante do financiamento atribuído à ESS

3. Coesão social e redução das desigualdades	3.1 Melhorar o acesso a uma habitação condigna	- Desenvolvimento de programas de habitação social - Reabilitação de aglomerados populacionais informais	- Número de unidades de habitação social construídas - % da população que vive em bairros reabilitados
-	3.2 Reforçar a participação dos cidadãos	- Elaboração de orçamentos participativos - Criação de conselhos de bairro	- % do orçamento municipal atribuído a projectos participativos - Taxa de participação nos conselhos de bairro
4. Adaptação às alterações climáticas	4.1 Reduzir a vulnerabilidade aos riscos naturais	- Mapeamento das áreas de risco - Criação de sistemas de alerta precoce	- de território cartografado - Tempo de reação em caso de alerta
	4.2 Promover a eficiência energética	- Renovação de edifícios públicos com eficiência energética - Desenvolvimento de energias renováveis urbanas	- redução do consumo de energia - Quota de energias renováveis no cabaz energético urbano
5. Gestão sustentável dos recursos	5.1 Otimizar a gestão da água	- Modernização das redes de água potável - Promover a reutilização das águas residuais tratadas	- Taxa de redução de perdas de água - Volume de água reutilizada

-	5.2 Melhorar a gestão dos resíduos	- Desenvolver a triagem selectiva e a reciclagem - Criação de canais de valorização de resíduos	- Taxa de reciclagem - Quantidade de resíduos recuperados
6. Mobilidade urbana sustentável	6.1 Desenvolver os transportes públicos	- Criar linhas de BRT ou de elétrico - Melhorar a intermodalidade	- Km de linhas de transportes públicos criadas Quota modal de transportes públicos
	6.2 Promover a mobilidade suave	- Desenvolvimento de ciclovias - Pedonalização dos centros das cidades	- Km de ciclovias - Zona pedonal
7. Reforço das capacidades e inovação	7.1 Formação dos actores locais	- Criar uma academia de resiliência urbana - Organização de intercâmbios de experiências entre cidades	- Número de pessoas formadas - Número de intercâmbios organizados
	7.2 Incentivar a inovação urbana	- Lançamento de convites à apresentação de projectos inovadores - Criar laboratórios urbanos vivos	- Número de projectos inovadores financiados - Número de inovações testadas

Quadro (02): Estratégia operacional para a adaptação das cidades marroquinas aos desafios da globalização

Orientação estratégica	Objectivos	Acções operacionais	Jogadores envolvidos	Indicadores de controlo
1. Competitividade económica	1.1 Atrair o investimento direto estrangeiro	- Criar zonas urbanas isentas de impostos - Simplificação dos procedimentos administrativos para os investidores - Desenvolvimento de uma estratégia de marketing territorial	- Ministério da Indústria -CRI - Autoridades locais	- Número de IDE atraídos - Montante dos investimentos efectuados
	1.2 Desenvolvimento de sectores com elevado valor acrescentado	- Criação de clusters sectoriais (TI, aeronáutica, automóvel) - Criar parques tecnológicos urbanos	- Ministério do Ensino Superior - CNRST - Empresas privadas	- Número de postos de trabalho criados em sectores específicos - Número de patentes registadas
		- Apoiar a I&D e a inovação		

2. Conectividade e infra-estruturas	2.1 Melhorar a conetividade digital	- Implantação do 5G nas grandes cidades - Desenvolvimento de redes de fibra ótica - Criar espaços públicos interligados	-ANRT - Operadores de telecomunicações - Autoridades locais	- Taxa de Cobertura 5G - % da população com acesso a banda larga de muito alta velocidade
	2.2 Modernizar as infra-estruturas de transportes	- Desenvolvimento de plataformas logísticas multimodais - Melhorar as ligações entre portos, aeroportos e zonas urbanas	- Ministério das Obras Públicas - ONCF - ADM	- Reduzir os custos logísticos - Tempos de trânsito entre centros económicos
		- Criação de sistemas de transporte inteligentes		
3. Capital humano e formação	3.1 Adequar as competências às necessidades da empresa mercado mundial	- Criar parcerias universidade-empresa - Desenvolvimento de cursos de formação em línguas estrangeiras - Configuração programas formação contínua	- Ministério da Educação - OFPPT - Câmaras de comércio	- Taxa de integração profissional dos diplomados - Número de acções de formação criadas em parceria com empresas

	3.2 Atrair e reter talentos	- Criação de viveiros de empresas e viveiros empresas - Configuração programas orientação	- ANAPEC - Arranque em Marrocos - Diáspora Mulher marroquina	- Número de empresas em fase de arranque criadas - Taxa de retorno talento Marroquinos de No estrangeiro

Printed by Books on Demand GmbH, Norderstedt / Germany